图 1.1　电影 *Her*（2013）海报

图 2.2　AI 参加知识竞答节目

图片来源：新浪科技

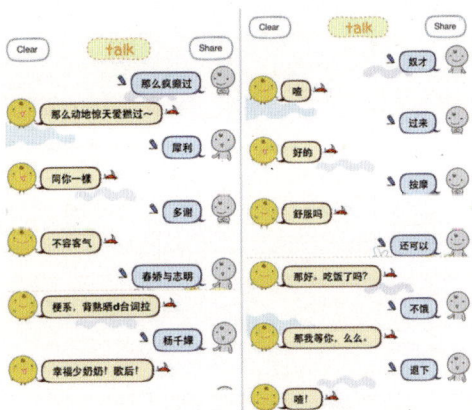

图 2.3　用户与 SimSimi 的趣味对话

图片来源：新浪科技

（a）Apple Watch中的Siri　　　（b）iPhone中的Siri

图 2.4　Apple Watch 和 iPhone 中的语音助手 Siri

图片来源：苹果公司官方网页

图 2.5　小爱智能音箱

图片来源：小米公司官方网页

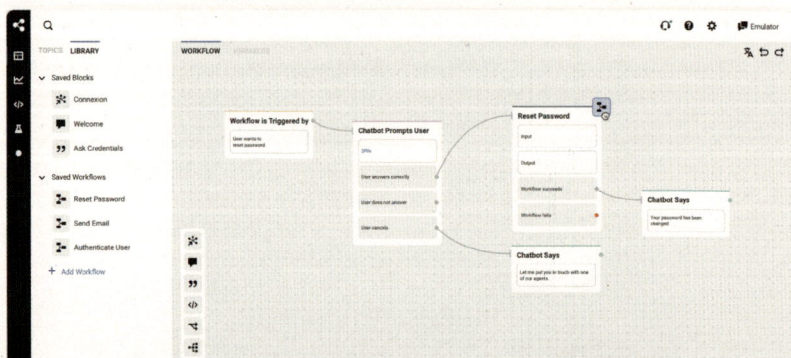

图 2.7　Botpress 的聊天机器人对话流程搭建界面

图片来源：Botpress 官网

图 2.10　"小爱同学"的示能性设计

图片来源: 小米手机 11 Ultra 截图

图 2.11　用户印象中 Alexa、Google Assistant、Siri 的人格形象

图片来源: 引用 [174]

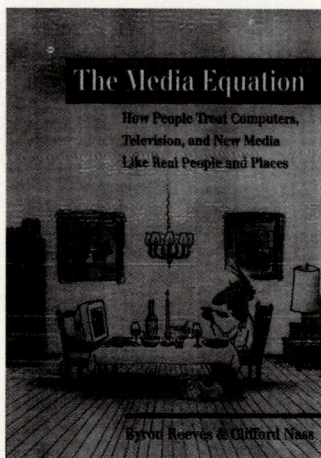

图 2.12 Reeves Byron 和 Nass Clifford 提出的 Media Equation 理论

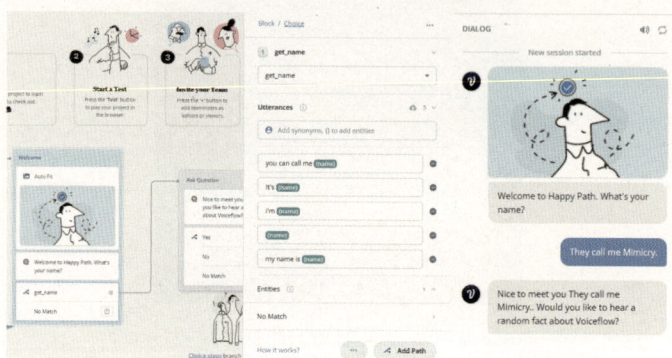

（a）Voiceflow的对话流程设计 （b）Voiceflow的自然语言
理解仍有较大提升空间

图 2.14 Voiceflow 的 CUI 设计示例

图片来源：Voiceflow 官网

图 3.3 排球运动员利用手势与背后的队友进行对话

图片来源：volleyballessentials.com

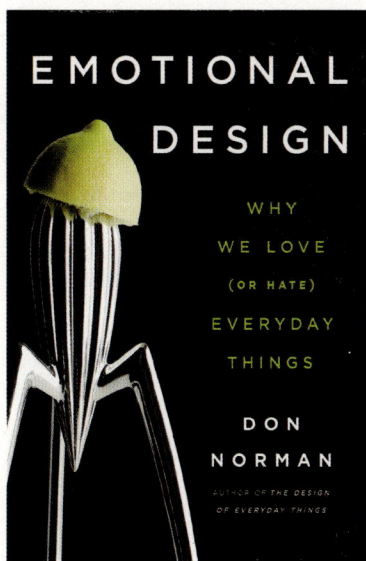

图 4.3　Don Norman 的《情感化设计》（*Emotional Design*）

白色旋转光
HomePod正在启动或正在
更新软件。

白色闪烁光
HomePod已做好设置准备，
或有闹钟或计时器响起。

五彩旋转光
Siri已正在聆听。

音量控制
轻点HomePod顶部可调整
音量。

绿色闪烁光
您转接了一通来电至
HomePod。

红色旋转光
您正在还原HomePod。

图 4.7　苹果公司的智能音箱 HomePod Mini 的 LED 灯光设计

图片来源：苹果官网

（a）Bonfert等人使用真人形象表示CUI
图片来源：引用[23]

（b）Vaccaro等人则使用聊天泡泡
图片来源：引用[288]

图 4.8　使用真人形象和使用卡通头像结合聊天泡泡的设计对比

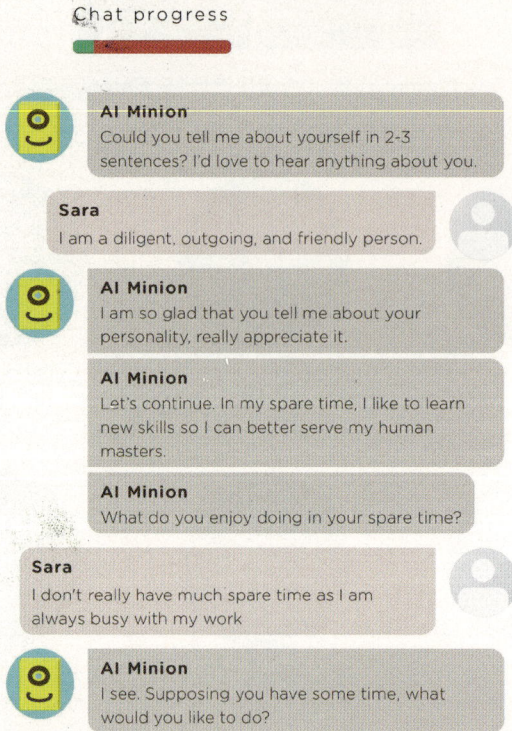

图 5.2　对话机器人平台 Juji

图片来源：引用 [246]

图 5.6　用户实验中部署在微信公众号的对话交互原型系统

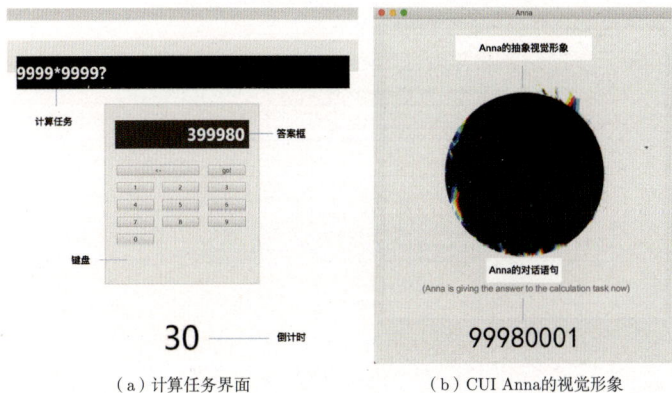

（a）计算任务界面　　　　　　　　　　（b）CUI Anna的视觉形象

图 6.3　交互实验中的计算器与 CUI 视觉界面

图 6.5 交互实验现场环境

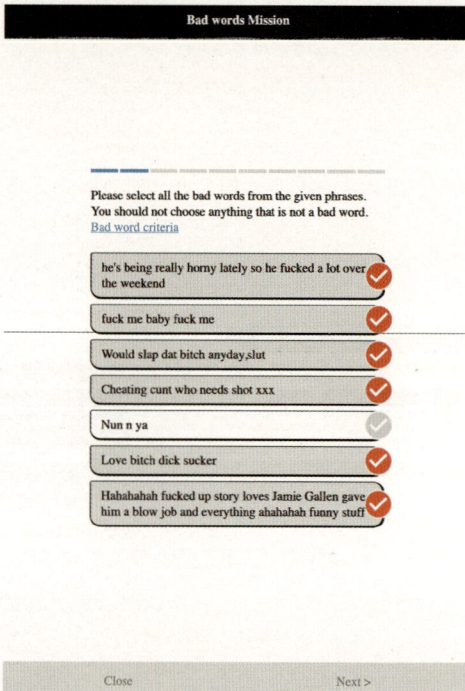

图 7.7 SimSimi 的不当用语标注任务

清华大学优秀博士学位论文丛书

基于情感化设计理论的
对话交互界面设计方法研究

胡佳雄（Hu Jiaxiong）著

The Conversational User Interface Design Method
Based on Emotional Design Theory

清華大學出版社
北 京

内 容 简 介

本书以 CUI 设计方法为指导设计了智能访谈场景中的 CUI 追问行为研究，以及对情绪感知和反馈的设计研究，在 CUI 设计方法中融入了层次化用户体验的概念，对所提出的 CUI 设计方法进行了验证，旨在探索如何为具有创新性的多元化人机交互提供切实可行的理论参考和实践参考。本书强调理论与实践的结合，记录了实践设计方法过程中的细节，可供设计师和研究者参考；不受限于已有产品的交互形式，致力于促进人机对话形式的多元化发展。

图书在版编目（CIP）数据

基于情感化设计理论的对话交互界面设计方法研究 / 胡佳雄著. — 北京：清华大学出版社，2025. 8. — （清华大学优秀博士学位论文丛书）. — ISBN 978-7-302-70004-3

Ⅰ. TP311. 1

中国国家版本馆 CIP 数据核字第 2025D5H943 号

责任编辑：梁　斐
封面设计：傅瑞学
责任校对：薄军霞
责任印制：杨　艳

出版发行：清华大学出版社
　　　　　网　　　址：https://www.tup.com.cn, https://www.wqxuetang.com
　　　　　地　　　址：北京清华大学学研大厦 A 座　　　　邮　　编：100084
　　　　　社 总 机：010-83470000　　　　　　　　　　邮　　购：010-62786544
　　　　　投稿与读者服务：010-62776969, c-service@tup.tsinghua.edu.cn
　　　　　质量反馈：010-62772015, zhiliang@tup.tsinghua.edu.cn
印 装 者：三河市东方印刷有限公司
经　　销：全国新华书店
开　　本：155mm×235mm　印　张：15.75　插　页：4　字　数：248 千字
版　　次：2025 年 9 月第 1 版　　　　　　印　次：2025 年 9 月第 1 次印刷
定　　价：99.00 元

产品编号：101537-01

一流博士生教育
体现一流大学人才培养的高度（代丛书序）^①

人才培养是大学的根本任务。只有培养出一流人才的高校，才能够成为世界一流大学。本科教育是培养一流人才最重要的基础，是一流大学的底色，体现了学校的传统和特色。博士生教育是学历教育的最高层次，体现出一所大学人才培养的高度，代表着一个国家的人才培养水平。清华大学正在全面推进综合改革，深化教育教学改革，探索建立完善的博士生选拔培养机制，不断提升博士生培养质量。

学术精神的培养是博士生教育的根本

学术精神是大学精神的重要组成部分，是学者与学术群体在学术活动中坚守的价值准则。大学对学术精神的追求，反映了一所大学对学术的重视、对真理的热爱和对功利性目标的摒弃。博士生教育要培养有志于追求学术的人，其根本在于学术精神的培养。

无论古今中外，博士这一称号都和学问、学术紧密联系在一起，和知识探索密切相关。我国的博士一词起源于 2000 多年前的战国时期，是一种学官名。博士任职者负责保管文献档案、编撰著述，须知识渊博并负有传授学问的职责。东汉学者应劭在《汉官仪》中写道："博者，通博古今；士者，辩于然否。"后来，人们逐渐把精通某种职业的专门人才称为博士。博士作为一种学位，最早产生于 12 世纪，最初它是加入教师行会的一种资格证书。19 世纪初，德国柏林大学成立，其哲学院取代了以往神学院在大学中的地位，在大学发展的历史上首次产生了由哲学院授予的哲学博士学位，并赋予了哲学博士深层次的教育内涵，即推崇学术自由、创造新知识。哲学博士的设立标志着现代博士生教育的开端，博士则被定义为

① 本文首发于《光明日报》，2017 年 12 月 5 日。

独立从事学术研究、具备创造新知识能力的人，是学术精神的传承者和光大者。

博士生学习期间是培养学术精神最重要的阶段。博士生需要接受严谨的学术训练，开展深入的学术研究，并通过发表学术论文、参与学术活动及博士论文答辩等环节，证明自身的学术能力。更重要的是，博士生要培养学术志趣，把对学术的热爱融入生命之中，把捍卫真理作为毕生的追求。博士生更要学会如何面对干扰和诱惑，远离功利，保持安静、从容的心态。学术精神，特别是其中所蕴含的科学理性精神、学术奉献精神，不仅对博士生未来的学术事业至关重要，对博士生一生的发展都大有裨益。

独创性和批判性思维是博士生最重要的素质

博士生需要具备很多素质，包括逻辑推理、言语表达、沟通协作等，但是最重要的素质是独创性和批判性思维。

学术重视传承，但更看重突破和创新。博士生作为学术事业的后备力量，要立志于追求独创性。独创意味着独立和创造，没有独立精神，往往很难产生创造性的成果。1929 年 6 月 3 日，在清华大学国学院导师王国维逝世二周年之际，国学院师生为纪念这位杰出的学者，募款修造"海宁王静安先生纪念碑"，同为国学院导师的陈寅恪先生撰写了碑铭，其中写道："先生之著述，或有时而不章；先生之学说，或有时而可商；惟此独立之精神，自由之思想，历千万祀，与天壤而同久，共三光而永光。"这是对于一位学者的极高评价。中国著名的史学家、文学家司马迁所讲的"究天人之际，通古今之变，成一家之言"也是强调要在古今贯通中形成自己独立的见解，并努力达到新的高度。博士生应该以"独立之精神、自由之思想"来要求自己，不断创造新的学术成果。

诺贝尔物理学奖获得者杨振宁先生曾在 20 世纪 80 年代初对到访纽约州立大学石溪分校的 90 多名中国学生、学者提出："独创性是科学工作者最重要的素质。"杨先生主张做研究的人一定要有独创的精神、独到的见解和独立研究的能力。在科技如此发达的今天，学术上的独创性变得越来越难，也愈加珍贵和重要。博士生要树立敢为天下先的志向，在独创性上下功夫，勇于挑战最前沿的科学问题。

批判性思维是一种遵循逻辑规则、不断质疑和反省的思维方式，具有批判性思维的人勇于挑战自己，敢于挑战权威。批判性思维的缺乏往往被认为是中国学生特有的弱项，也是我们在博士生培养方面存在的一个普遍问题。2001 年，美国卡内基基金会开展了一项"卡内基博士生教育创新计划"，针对博士生教育进行调研，并发布了研究报告。该报告指出：在美国和欧洲，培养学生保持批判而质疑的眼光看待自己、同行和导师的观点同样非常不容易，批判性思维的培养必须成为博士生培养项目的组成部分。

对于博士生而言，批判性思维的养成要从如何面对权威开始。为了鼓励学生质疑学术权威、挑战现有学术范式，培养学生的挑战精神和创新能力，清华大学在 2013 年发起"巅峰对话"，由学生自主邀请各学科领域具有国际影响力的学术大师与清华学生同台对话。该活动迄今已经举办了 21 期，先后邀请 17 位诺贝尔奖、3 位图灵奖、1 位菲尔兹奖获得者参与对话。诺贝尔化学奖得主巴里·夏普莱斯（Barry Sharpless）在 2013 年 11 月来清华参加"巅峰对话"时，对于清华学生的质疑精神印象深刻。他在接受媒体采访时谈道："清华的学生无所畏惧，请原谅我的措辞，但他们真的很有胆量。"这是我听到的对清华学生的最高评价，博士生就应该具备这样的勇气和能力。培养批判性思维更难的一层是要有勇气不断否定自己，有一种不断超越自己的精神。爱因斯坦说："在真理的认识方面，任何以权威自居的人，必将在上帝的嬉笑中垮台。"这句名言应该成为每一位从事学术研究的博士生的箴言。

提高博士生培养质量有赖于构建全方位的博士生教育体系

一流的博士生教育要有一流的教育理念，需要构建全方位的教育体系，把教育理念落实到博士生培养的各个环节中。

在博士生选拔方面，不能简单按考分录取，而是要侧重评价学术志趣和创新潜力。知识结构固然重要，但学术志趣和创新潜力更关键，考分不能完全反映学生的学术潜质。清华大学在经过多年试点探索的基础上，于 2016 年开始全面实行博士生招生"申请–审核"制，从原来的按照考试分数招收博士生，转变为按科研创新能力、专业学术潜质招收，并给予院系、学科、导师更大的自主权。《清华大学"申请–审核"制实施办法》明晰了导师和院系在考核、遴选和推荐上的权力和职责，同时确定了规范的流程及监管要求。

在博士生指导教师资格确认方面，不能论资排辈，要更看重教师的学术活力及研究工作的前沿性。博士生教育质量的提升关键在于教师，要让更多、更优秀的教师参与到博士生教育中来。清华大学从 2009 年开始探索将博士生导师评定权下放到各学位评定分委员会，允许评聘一部分优秀副教授担任博士生导师。近年来，学校在推进教师人事制度改革过程中，明确教研系列助理教授可以独立指导博士生，让富有创造活力的青年教师指导优秀的青年学生，师生相互促进、共同成长。

在促进博士生交流方面，要努力突破学科领域的界限，注重搭建跨学科的平台。跨学科交流是激发博士生学术创造力的重要途径，博士生要努力提升在交叉学科领域开展科研工作的能力。清华大学于 2014 年创办了"微沙龙"平台，同学们可以通过微信平台随时发布学术话题，寻觅学术伙伴。3 年来，博士生参与和发起"微沙龙"12 000 多场，参与博士生达38 000 多人次。"微沙龙"促进了不同学科学生之间的思想碰撞，激发了同学们的学术志趣。清华于 2002 年创办了博士生论坛，论坛由同学自己组织，师生共同参与。博士生论坛持续举办了 500 期，开展了 18 000 多场学术报告，切实起到了师生互动、教学相长、学科交融、促进交流的作用。学校积极资助博士生到世界一流大学开展交流与合作研究，超过60％的博士生有海外访学经历。清华于 2011 年设立了发展中国家博士生项目，鼓励学生到发展中国家亲身体验和调研，在全球化背景下研究发展中国家的各类问题。

在博士学位评定方面，权力要进一步下放，学术判断应该由各领域的学者来负责。院系二级学术单位应该在评定博士论文水平上拥有更多的权力，也应担负更多的责任。清华大学从 2015 年开始把学位论文的评审职责授权给各学位评定分委员会，学位论文质量和学位评审过程主要由各学位分委员会进行把关，校学位委员会负责学位管理整体工作，负责制度建设和争议事项处理。

全面提高人才培养能力是建设世界一流大学的核心。博士生培养质量的提升是大学办学质量提升的重要标志。我们要高度重视、充分发挥博士生教育的战略性、引领性作用，面向世界、勇于进取，树立自信、保持特色，不断推动一流大学的人才培养迈向新的高度。

清华大学校长

2017 年 12 月

丛书序二

以学术型人才培养为主的博士生教育，肩负着培养具有国际竞争力的高层次学术创新人才的重任，是国家发展战略的重要组成部分，是清华大学人才培养的重中之重。

作为首批设立研究生院的高校，清华大学自 20 世纪 80 年代初开始，立足国家和社会需要，结合校内实际情况，不断推动博士生教育改革。为了提供适宜博士生成长的学术环境，我校一方面不断地营造浓厚的学术氛围，一方面大力推动培养模式创新探索。我校从多年前就已开始运行一系列博士生培养专项基金和特色项目，激励博士生潜心学术、锐意创新，拓宽博士生的国际视野，倡导跨学科研究与交流，不断提升博士生培养质量。

博士生是最具创造力的学术研究新生力量，思维活跃，求真求实。他们在导师的指导下进入本领域研究前沿，吸取本领域最新的研究成果，拓宽人类的认知边界，不断取得创新性成果。这套优秀博士学位论文丛书，不仅是我校博士生研究工作前沿成果的体现，也是我校博士生学术精神传承和光大的体现。

这套丛书的每一篇论文均来自学校新近每年评选的校级优秀博士学位论文。为了鼓励创新，激励优秀的博士生脱颖而出，同时激励导师悉心指导，我校评选校级优秀博士学位论文已有 20 多年。评选出的优秀博士学位论文代表了我校各学科最优秀的博士学位论文的水平。为了传播优秀的博士学位论文成果，更好地推动学术交流与学科建设，促进博士生未来发展和成长，清华大学研究生院与清华大学出版社合作出版这些优秀的博士学位论文。

感谢清华大学出版社，悉心地为每位作者提供专业、细致的写作和出版指导，使这些博士论文以专著方式呈现在读者面前，促进了这些最新的优秀研究成果的快速广泛传播。相信本套丛书的出版可以为国内外各相关领域或交叉领域的在读研究生和科研人员提供有益的参考，为相关学科领域的发展和优秀科研成果的转化起到积极的推动作用。

感谢丛书作者的导师们。这些优秀的博士学位论文，从选题、研究到成文，离不开导师的精心指导。我校优秀的师生导学传统，成就了一项项优秀的研究成果，成就了一大批青年学者，也成就了清华的学术研究。感谢导师们为每篇论文精心撰写序言，帮助读者更好地理解论文。

感谢丛书的作者们。他们优秀的学术成果，连同鲜活的思想、创新的精神、严谨的学风，都为致力于学术研究的后来者树立了榜样。他们本着精益求精的精神，对论文进行了细致的修改完善，使之在具备科学性、前沿性的同时，更具系统性和可读性。

这套丛书涵盖清华众多学科，从论文的选题能够感受到作者们积极参与国家重大战略、社会发展问题、新兴产业创新等的研究热情，能够感受到作者们的国际视野和人文情怀。相信这些年轻作者们勇于承担学术创新重任的社会责任感能够感染和带动越来越多的博士生，将论文书写在祖国的大地上。

祝愿丛书的作者们、读者们和所有从事学术研究的同行们在未来的道路上坚持梦想，百折不挠！在服务国家、奉献社会和造福人类的事业中不断创新，做新时代的引领者。

相信每一位读者在阅读这一本本学术著作的时候，在吸取学术创新成果、享受学术之美的同时，能够将其中所蕴含的科学理性精神和学术奉献精神传播和发扬出去。

清华大学研究生院院长

2018 年 1 月 5 日

导师序

在数字技术深度渗透的时代背景下,人机对话交互领域凭借自然语言处理、语音信号处理等前沿技术的迭代突破,推动对话交互界面(CUI)快速发展。从智能语音助手到自动化客服系统,CUI 已成为数字化服务生态的核心触点。然而,当前该领域在用户体验设计层面存在显著不足:技术导向的易用性研究占据主导,情感化设计、情境化交互等关键要素未得到足够的重视;现有设计范式过度依赖既有的单一语音交互模式,导致创新维度的缺乏;更为突出的是,应用实践与理论建构之间存在割裂,未能形成双向赋能的良性循环机制。

针对上述研究缺口,本研究构建了创新性理论与实践体系。在理论维度,通过跨学科分析框架系统解构 CUI 的技术特征与用户认知机制,提炼自然人机对话的核心属性,并创新性提出层次化用户体验模型及其设计方法论。该理论框架突破传统单一维度的用户体验研究范式,将情感计算、认知心理学、交互设计等多学科视角有机整合。在实践验证层面,本研究通过智能访谈场景下的追问策略优化、任务导向型 CUI 的情感感知与反馈机制设计等实证研究,经严格的用户实验与量化评估,成功验证了多层次用户体验设计在提升交互效率、增强情感共鸣方面的显著效果,为 CUI 设计实践提供了可复现、可扩展的解决方案。

在全球信息产业向生态化转型、智能硬件重构产业价值的关键时期,本研究成果体现出重要的价值。其提出的 CUI 设计方法论不仅响应了产业从"工具理性"向"体验共情"的范式转换需求,更通过"跨学科理论建构—技术原型开发—产业场景验证"的闭环研究模式,深度践行了清华大学未来实验室"学科交叉融合、技术成果转化、产业生态共建"的创新理念。研究证实,唯有以用户体验为核心驱动力,构建跨学科协同创新机制，方能在数字化转型浪潮中实现技术创新与人文关怀的深度融合，为构建可持续发展的人机交互生态奠定理论与实践基础。

徐迎庆

作者自序

　　人类自从诞生，便被寂寞的阴影所笼罩。这寂寞如同深巷里的古井，看似平静无波，实则深不可测，纵使用尽一生也难以填满。即便有朝一日，人类挣脱地球的束缚，在浩瀚的外太空开拓出新的生存空间，这寂寞怕也只会如影随形，在星际的冷寂中愈发疯长。

　　而人工智能，或许是划破这寂寞长夜的一缕微光。它不会像人类那样善变，亦不会被生死离别所困，可能成为人类最忠诚、最长久的伙伴。在这样的思索下，我的博士生涯便有了方向——投身于人与人工智能对话交互体验的研究。

　　在清华夙夜匪懈的年岁里，只望能在人机对话的领域里，辟出一条蹊径。让那冰冷的代码，化作温暖的话语；让生硬的交互，变为自然的交流。或许，这研究不过是茫茫学海中的一勺水，但若能为自然愉悦的人机对话体验添砖加瓦，也算不负这几载青春。毕竟，在这寂寞的人世间，多一份温暖的陪伴，总是好的。

胡佳雄

摘　要

自然语言处理、语音信号处理等信息技术的发展使得对话交互界面（Conversational User Interface，CUI）获得广泛使用，语音助手、智能客服等都融入了 CUI 的设计。然而，目前的 CUI 设计还有很大的改善空间，例如：（1）受限于市面上已有产品的语音交互形式，缺乏创新性和多元性；（2）更多从技术角度出发关注易用性，而忽略用户体验中的其他因素，如对话中的情感；（3）应用实践和理论研究有较大的脱节，相互之间的联系远远不够。因此，本书旨在探索如何为具有创新性的多元化人机对话交互，提供一套切实可行的设计方法。

本书首先对 CUI 相关的学科领域进行了文献调研。随后对 CUI 的特点进行了分析，归纳出自然人机对话具有三个方面的特性，即不确定性、多元性以及系统性。基于情感化设计理论，重点提出在 CUI 设计中进行层次化用户体验的概念，即在设计时考虑直觉感受层、对话功能层以及对话认知层等三个层次的用户体验。在此基础上，本书提出与层次化用户体验概念相结合的 CUI 设计方法，包括 CUI 交互流程框架和设计流程，该流程强调在多个环节考虑多层次用户体验。

本书强调选择可以促成人机对话形式创新的设计变量进行研究，并进行了以下两项具体场景中的 CUI 设计研究。首先，聚焦智能访谈场景中 CUI 的追问行为设计，深入分析追问行为设计对多层次用户体验的影响。然后，在 CUI 作为任务助手的场景中，对其情绪感知和反馈的设计进行研究，并深入分析情绪反馈对多层次用户体验的影响。两项研究均通过基于对话交互原型的用户实验发现，不同设计变量会在不同层次的用户体验产生影响，所提出的设计方法可以把用户体验的优化扩展到多个层次。

　　上述两项研究均以本书所提出的 CUI 设计方法作为指导，为考虑多层次用户体验的 CUI 设计提供一定参考价值。其中，主动向用户追问与感知用户情绪并反馈的设计探索，在人机对话形式方面具有一定的创新性，不但对本书所提出的 CUI 设计方法进行了具体场景下的验证，还为多元化人机对话交互设计提供了理论研究和实践应用的参考。

关键词：人机交互；交互设计；设计方法；对话交互界面

Abstract

Information technologies, including natural language processing, speech processing, etc., enable conversational user interface (CUI) in various application scenarios. For example, voice assistants, customer service chatbots, and other popular applications commonly use the CUI. However, current CUI design: (1) is constrained by the voice interaction of existing products and lacks diversity and novelty; (2) focuses on usability instead of holistic user experience; (3) needs more systematic research both in design theory and practice. Thus, this thesis aims at providing a design method for the novel CUI with diverse conversational interactions.

Based on the literature review, this thesis presented three properties of the natural human-computer conversation: uncertainty, diversity, and systematicness. As the primary theoretical contribution, the thesis proposed the concept of holistic user experience in the conversational interaction based on the Emotional Design Theory, which can be briefly described as considering the user experience from three perspectives: intuitive feeling, conversational behavior, and conversational reflection. Further, the concept was integrated with the interaction framework and the design process of CUI. Specifically, design variables in CUI were analyzed from the three user experience perspectives.

Meanwhile, this thesis explored novel forms of human-computer conversation with two studies. The first study focused on the CUI's follow-up question skill design in the interviewing scenario and investigated its effects on the user experience. The results of the user experiment showed that the CUI's follow-up question skills supported the user's information sharing and ensured the relevance and fluency of the interview. The second study concentrated on the CUI design of emotion perceiving and responding in the scenario of task assisting. The results of the user experiment showed that the CUI design of emotion perceiving and responding enhanced the user's Perceived Emotional Intelligence ratings on the CUI and alleviated the user's negative emotions caused by the tasks. Further, the results of both studies revealed that the proposed CUI design method improved user experience from multiple perspectives, which provided insights for future CUI design.

The presented studies provided empirical evidence that the proposed CUI design method, including the interaction framework and the design process, was practical in the related scenarios. The system actively asking follow-up questions and responding to user emotions were novel forms of conversational interaction. Therefore, the presented studies shed light on the future human-computer conversational interaction.

Key words：Human-computer interaction; Interaction design; Design method; Conversational user interface

符号和缩略语说明

CUI（Conversational User Interface）对话式用户界面
VUI（Voice User Interface）语音交互界面
GUI（Graphic User Interface）图形用户界面
TUI（Tangible User Interface）实体用户界面
UI（User Interface）用户界面
SER（Speech Emotion Recognition）情绪语音识别
NLP（Natural Language Processing）自然语言处理
NLU（Natural Language Understanding）自然语言理解
AI（Artifacial Intelligence）人工智能
ASR（Automatic Speech Recognition）自动语音识别
HMM（Hidden Markov Model）隐马尔可夫模型
LSTM（Long Short-Term Memory）长短时记忆模型
RNN（Recurrent Neural Network）循环神经网络
CNN（Convolutional Neural Network）卷积神经网络
STT（Speech-to-Text）自动语音识别
TTS（Text-to-Speech）语音合成
ANOVA（Analysis of Variance）方差分析
PEI（Perceived Emotional Intelligence）情感智能评价
API（Application Programming Interface）应用程序接口
NER（Named Entity Recognition）命名实体识别
s2s（sequence-to-sequence）序列到序列
BERT（Bidirectional Encoder Representations from Transformers）采用
注意力机制的双向编码自然语言表征模型
WOz（Wizard of Oz）"绿野仙踪"实验法
IoT（Internet of Things）物联网
QA（Question Answering）问答

目　录

插图和附表清单

第 1 章 引　言

"基本上，设计是将未知或看不见的想象变成存在的过程。"[1]

——莎伦·波根波尔（Sharon Poggenpohl）

　　人机对话交互可以看作一个复杂系统，其中很多部分对我们而言都是未见的、未知的。仅仅使用工程思维，或者仅仅研究算法，无法实现成熟的人机对话交互。只有通过对手上已有的设计材料进行不断研究，去想象新的可能性，通过实验原型系统测试不同的设计效果，逐渐把未知的部分变为已知，这个过程才是本人所认为的人机对话交互中的设计过程，其重点是要为 CUI 的对话行为设计提供实证依据。

1.1　研　究　背　景

1.1.1　对话交互界面

　　对话交互界面（Conversational User Interface，CUI）的设计研究属于人机交互研究领域。人机交互（Human-Computer Interaction，HCI）实际上是人和计算机交换信息的过程。计算机底层的机器语言由二进制的 0 和 1 代码组成，这和人们对话使用的自然语言之间存在巨大的差距，因此，人机交互设计利用人类的各种感官和行为能力来搭建与计算机交换信息的桥梁。1973 年出现的以鼠标、键盘、显示器组成的图形交互界面（Graphic User Interface，GUI）一直沿用至今，形成了一系列桌面电脑经典的交互范式。移动智能设备的普及将 GUI 推向了以触控为核心的新范式，输入设备方面舍弃鼠标和键盘，改用手指触控，使得交互更简单自然。但 GUI 仍需要用户对交互方式进行一定学习，交互设计在追求自然的目标上还有很长的道路要走。人工智能技术的发展催化了许多更为自然的交互形式，包括实体交互界面（Tangible User Interface，TUI）、语音交互界面（Voice User Interface，VUI）、对话交互界面等。"界面"（Interface）一词，已经不再仅限于一个可见的实体面板，而是在用户与计算机之间承载交互信息的媒介的总称。

近年来，对话交互界面（CUI）成了热点。对话交互界面指与用户进行仿真对话的计算机交互界面，其特点是允许用户以自然语言与计算机交互，就像人们日常进行的对话一样。对话交互降低了用户对界面的学习难度，使人机交互更为自然。注意本书所指的 CUI 包括多种人机对话的模态和方式，常见的语音助手和文字聊天机器人（Chatbot）也都属于本书定义的 CUI 范畴。**为了方便表述，本书中出现的"用户与 CUI 进行对话"的一类说法实际是指用户通过 CUI 与计算机进行对话。**

与计算机进行对话是人们长久以来的梦想，对话的交互形式可以改变人与机器的关系。就像科幻电影 *Her*① （2013 年）男主角 Theodore 每日与陪伴他的人工智能系统 Samantha 对话交谈，最终对 Samantha 产生了复杂的情感。电影探讨了未来人与机器更为密切、更为复杂的社会关系。

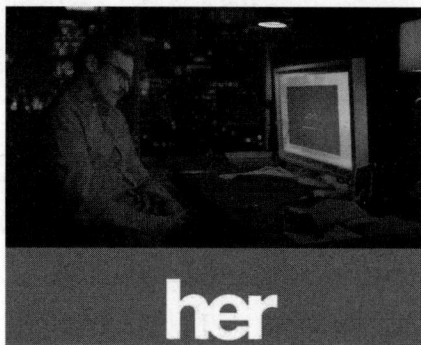

图 1.1　电影 *Her*（2013）海报（见文前彩插）

实际上，CUI 在几十年前就出现了。从 1966 年第一个聊天机器人 ELIZA[2] 开始，到 20 世纪末的自动语音应答（Interactive Voice Response，

---

① 电影 *Her* 的 imdb 主页 https://www.imdb.com/title/tt1798709/

IVR)，时至今日，基于人工智能的对话系统已经深入到了人们的日常生活当中。目前市场上几乎每一台智能设备都会搭载语音助手，比如 iPhone 的 Siri、亚马逊 Echo 的 Alexa、小米手机的小爱同学、微软 Windows 的 Cortana 等。除了语音助手，文本形式的聊天机器人也被广泛用于线上购物的客服、博物馆的导览等。对话交互界面的设计近年来也成为热门的研究方向。许多设计研究探索将对话交互界面应用于教育[3-7]、车内[8-12]、健康[13-17] 等各种场景的可能性。许多研究也专注于一些 CUI 中的交互细节，例如唤醒机制[18-21]、多模态对话[22-24]、对话情绪[25-27] 等。

1.1.2　CUI 设计面临的挑战

本书基于文献研究提出，CUI 设计当前主要面临以下两个方面的挑战：一是缺乏考虑多层次用户体验的设计方法；二是人机对话交互的形式亟待创新和多元化设计。

目前 CUI 的书籍和著作主要以开发经验的总结为主，如 *The Conversational Interface: Talking to Smart Devices*[28]。这类书籍非常具有参考价值，但其阐述的重点是开发经验，而非以用户体验为目标的设计方法。

相比于 CUI，图形用户界面 GUI 的设计发展得更为成熟，有研究者提出将 GUI 的设计准则迁移到 CUI 上。但 GUI 与 CUI 的许多界面特性有显著区别，无法直接套用，因此 Murad 等人提出将 GUI 中的易用性原则（Usability Heuristics）经过调整后再迁移到 CUI[29-30]。类似地，Langevin 等人提出将 Nielsen 设计原则应用在 CUI 设计中[31]，Yang 和 Aurisicchio 提出基于自我决定理论（Self-Determination Theory）的 CUI 设计原则[32]。IBM 研究组的 Moore 等人提出的 Alma 设计框架[33] 则更关注 CUI 的实践，框架包含设计准则、交互模式、内容模板三部分。

但以上的 CUI 设计理论主要还是关注与功能相关的易用性体验，对用户体验的考虑不够多元。CUI 在为用户提供服务时，其交互除了完成基本的对话任务，还具有许多社交属性，这意味着用户体验同样会受到易用性以外的其他方面的影响。例如，教学场景中的 CUI 如果无视用户当前的情绪状态，在后者表现出沮丧情绪时依然强迫用户继续完成课程，就会带来糟糕的用户体验；如果访谈场景中的 CUI 总是提一种类型的问题，用户就会认为其智能程度太低，失去与之交谈的兴趣。Norman 的情感化设计理论[34] 是人机交互设计领域具有代表性的关注用户体验的理论，该理论强调设计应当考虑用户体验的三个层次，即本能层、行为层、反思层，而目前的 CUI 设计的关注点局限在行为层，即功能性和易用性相关的体验。本书基于 Norman 的理论，认为 CUI 设计需要更多层次地考虑用户体验。

本书还认为，目前 CUI 的人机对话交互形式缺乏创新性和多元性。目前常见的对话交互产品主要遵循"请求–回复"的对话形式，允许用户说出一些常用的"请求"语句来完成咨询或者下达命令，例如，用户向语音助手询问天气、时间，或者下命令来启动家中的空调。在没有具体目的的闲聊中，产品会根据用户的话语回复一句具有一定相关性的话语，但这类闲聊很难形成更深入、可以达成具体目标的对话。而人与人的自然对话形式远远比这两种要丰富多元。

一些 CUI 产品商为第三方设计师和开发者提供了设计指导，例如 Google Assistant 基于对话的合作原则[35] 总结了 CUI 设计准则①，Amazon Alexa 基于自身的对话能力和功能（Alexa Skill）为开发者提供了设计手册②。这些手册允许设计师和开发者在既有的对话形式中替换部分对话内容，但对话交互的形式还是只能基于产品所提供的形式。除了商用 CUI 产品的设计手册，许多 CUI 的研究也是基于或面向已有产品的交互形式开展的，例如，针对居家环境中的智能音箱、智能手机中的语音助手的设计研究[36-41]。这些针对既有产品的设计指导手册和相关研究，也受限于产品的功能和对话交互形式。

埃因霍温理工大学的 Lee 等人对目前 CUI 设计关注功能性的"功利主义"进行了批判，并提出了人机对话交互缺乏多元性的问题，呼吁 CUI 设计突破"请求–回复"的形式，考虑不同类型用户的需求，并考虑对话中的情感等因素进行设计[42-43]。Völkel 等人的对话激发实验也表明，用户对 CUI 的需求不仅仅在于功能性的对话，还希望 CUI 可以进行更主动、交互更强的对话，可以更了解用户，具备幽默感，可以表达见地等[44]。

---

① Google Assitant 的设计手册，https://developers.google.com/assistant/conversation-design/

② Amazon Alexa 的设计手册，https://build.amazonalexadev.com/What_is_voice_user_interface_VUI.html

除此以外，研究者还提出，目前 CUI 对用户需求的考虑缺乏包容性，对话管理方式缺乏多样性等[42,45]。基于此，本书认为 CUI 需要更具创新性和多元性的对话交互形式设计。

1.2　研　究　问　题

根据 CUI 设计所面临的挑战，本书提出以下两个主要的研究问题：

- 研究问题 1：如何在具体场景的 CUI 设计中多层次地考虑用户体验？
- 研究问题 2：如何探索人机对话形式的多元性？

本书的研究将围绕探索一种在具体场景中使用的 CUI 设计方法而展开，在不同的层次考虑用户体验，而不仅是注重和功能相关的易用性；同时探索有助于对话交互形式创新的设计方法，促进人机对话交互的多元化。

1.3　研　究　内　容

本书强调理论和实践的结合。在理论层面，本书首先对 CUI 的特性进行分析，归纳出自然人机对话三方面的特性，即不确定性、多元性、系统性。随后提出层次化用户体验的 CUI 设计方法，该方法包括层次化 CUI 用户体验的概念、CUI 交互流程框架，以及将前两者结合的 CUI 设计流程。

本书基于情感化设计理论，提出在 CUI 设计中层次化用户体验的概念，即考虑将 CUI 的用户体验分为三个层次：直觉感受层、对话功能层以及对话认知层。其中，直觉感受层是用户对使用 CUI 直觉性的感受体验，受 CUI 的外观、音色等因素影响；对话功能层是用户在使用 CUI 时与其功能相关的易用性体验，受 CUI 基本的对话理解能力、对话任务完成的质量等因素影响；对话认知层是用户在使用 CUI 一段时间之后，反思和总结其使用体验后形成的认知，包括用户对 CUI 的智能程度和价值认可、用户与 CUI 形成的关系等。在此基础上，本书提出 CUI 的交互流程框架，并对部分设计维度和变量进行层次化用户体验的分析。最后提出层次化用户体验的 CUI 设计流程，包括发现、定义、构思、验证四个阶段，为 CUI 设计师的理论研究和实践应用提供参考。

在实践层面，本书以所提出的设计方法为基础，进行了两项涉及不同对话场景的研究，分别是智能访谈场景和任务协助场景。选择这两个场景的原因是：（1）场景适合使用 CUI 进行交互；（2）场景需要研究新的对话交互形式；（3）场景相关的其他研究文献缺乏多层次用户体验的考虑。两项研究均涉及多个用户体验层次，体现了考虑多层次用户体验的思想。

第一项研究面向智能访谈的对话场景，CUI 将对用户展开半结构化访谈，收集与话题相关的用户经历和观点。目前已有的访谈 CUI 主要是基于提前预设的固定问题进行访谈，而人类访谈者经常会使用追问行为来获取更多信息，因此该研究将 CUI 的追问行为设计作为核心的设计变量。基于文献中访谈专家总结的追问技巧，研究搭建了可以自动完成访谈和追问的 CUI 原型系统，原型系统可以在访谈中提出三种类型的追问，分别是直接追问、关联追问、通用追问。研究基于该原型系统进行了用户实验测试，实验评估了不同追问设计对多个层次用户体验的影响。实验通过测量被试对于不同类型追问的回答意愿，来评估直觉感受层的用户体验；通过计算不同类型追问获取到的信息量，来评估对话功能层的用户体验；通过收集实验后被试对不同类型追问的流畅性和相关性评价，来评估对话认知层的用户体验。实验结果表明，此次设计的 CUI 追问方法可以有效获取访谈信息，并获得良好的用户评价。具体来说，直接追问和关联追问具有更高的回答意愿和更好的相关度评价（即更好的直觉感受层和对话认知层体验），而通用追问可以引导用户表达出更多信息（即更好的对话功能层体验）。研究基于实验结果提出了相应的优化设计方案。本项研究面向智能访谈场景对本书所提出的设计方法进行了实践，在该场景下对其可行性进行了验证。

第二项研究面向任务协助场景，CUI 将协助用户完成一系列计算任务。CUI 会根据任务中的用户情绪状态调整对话的回复内容，从而让用户感知到 CUI 的情感智能，并以更积极的情绪状态完成任务。研究针对目前 CUI 缺乏闭环情感体验设计的问题，提出将用户情绪的感知和反馈结合的闭环设计。具体来说，就是基于语音情绪识别和共情原则来进行情绪反馈的 CUI 设计。研究还开发了名为 Heard yoUr Emotion，即 HUE 的对话交互系统。HUE 的情绪反馈方式一共有三种，分别是使用共情语气词、使用情绪调节策略的语句，以及两者结合的方式。根据 HUE 的设计，研究选择可行的对话交互技术开发原型系统，并基于原型系统开展用户实验。实验结果显示，HUE 的情绪反馈设计可以有效提高用户对于 CUI 的情感智能评价，并且减缓用户在任务中产生的负面情绪。具体来说，使用共情语气词来反馈情绪可以更有效地减轻用户的负面情绪（即更好的直觉感受层体验）；而在用户处于焦虑状态中，情绪调节语句的反馈方式获得了更高的情感智能评价（即更好的对话认知层体验）。本项研究面向任务协助场景对本书所提出的设计方法进行了实践，在该场景下对其可行性进行了验证。

上述两项研究旨在探索两类具有创新性和多元性的人机对话交互：CUI 更丰富的提问方式；CUI 对用户情绪状态的感知和反馈，为设计师提供了在具体场景中使用本书所提出的设计方法来多层次考量用户体验的实践参考。

1.4　研 究 贡 献

本书的贡献主要分为理论贡献和实践贡献。理论贡献如下：（1）根据对 CUI 的分析，归纳出三方面自然人机对话特性：不确定性、多元性、系统性；（2）根据情感化设计理论，提出在 CUI 设计中将用户体验分为直觉感受层、对话功能层、对话认知层三个层次的概念；（3）提出了有利于促进人机对话交互形式创新和多元化的 CUI 设计方法，包括层次化用户体验的交互流程框架和设计流程。

本书的实践贡献如下：（1）基于所提出的理论方法进行了两项涉及不同对话场景的研究，对所提出的设计理论方法在具体的场景中进行了可行性验证；（2）所进行的研究为设计师使用本书所提出的设计理论方法提供了实践应用的具体参考。

1.5　研究创新点

目前有关 CUI 的研究过于"功利主义"，更多的是关注易用性，缺少多层次的用户体验考量。设计学领域中 Don Norman 的情感化设计理

论[34]被广泛地应用到各个场景当中，其对于用户体验层次化考量的概念
颇具代表性。将情感化设计理论应用到 CUI 中的思路，在之前的语音交
互界面（VUI）相关研究中也出现过。李真真等人通过讨论情感化设计理
论在智能移动设备 VUI 中的使用思路，提出了一些设计建议[46]。刘佳萌
则更为系统地将情感化设计层次和目前的智能音箱语音交互设计结合起
来，提出了智能音箱语音交互的情感化设计原则和策略[37]。张雪从用户
心智模型的角度，将情感化设计层次与智能音箱的语音交互体验结合[36]。
但这些研究更多是关注设计理论模型，尚未形成具体的设计方法并进行
实践研究。相比于已有的研究工作，本书具有以下三个创新点：

首先，本书在 CUI 设计方法中融入了层次化用户体验的概念。已有
研究更多关注如何把情感化设计融入设计理论层面，重点在于用户需求
和心智模型的研究，主要产出设计准则和理论模型。而本书提取了情感化
设计中用户体验层次的思想，并将其融入具体的 CUI 设计方法中。

其次，本书提出了可供实践参考的 CUI 设计方法。本书强调理论与
实践的结合，将所提出的设计方法融入 CUI 设计的实践中，形成了在具
体场景中具有一定实用性的 CUI 设计方法。此外，本书还记录了设计方
法实践过程中的细节，可供设计师和研究者参考。

最后，本书促进了人机对话形式的多元化发展。此前的 CUI 研究主
要面向的是智能音箱或语音助手等目前市面上已有的语音交互产品。本
书的研究不受限于已有产品的交互形式，所提出的交互流程框架和设计
流程，有助于促进对话交互形式的多元化创新。相应地，本书在具体场景
中的研究均探索了具有创新性的对话交互形式。

1.6　论文结构

第 1 章为引言，简要介绍本书的研究背景，提出主要的研究问题，概
括研究内容、研究贡献、研究创新点和论文结构。

第 2 章为文献综述，界定"对话"在本书中的定义范围，围绕对话
交互界面的相关学科研究进展进行介绍。本书首先介绍社会科学中关于
对话的基础研究，接着介绍从最早的聊天机器人到最近的对话式人工智
能相关的对话交互界面的历史发展，然后介绍对话交互技术的相关背景，

最后介绍人机交互设计领域关于对话交互界面的前沿研究。

第 3 章对 CUI 的特点进行分析，归纳出自然人机对话的重要特性，为第 4 章设计方法的提出做铺垫。分析围绕三个方面展开：CUI 中的用户心理模型、CUI 易用性的特点，以及 CUI 中设计与算法的辩证关系。

第 4 章提出本书最核心的 CUI 设计方法，该方法包括层次化用户体验的概念、CUI 的交互流程框架和 CUI 设计流程。本章的前沿理论是第 5、6 章进行具体场景研究的基础。

第 5 章阐述在智能访谈场景中的追问对话交互设计研究。首先对研究进行整体概述，其次介绍访谈场景中 CUI 的相关背景，然后介绍前期利用对话分析进行的数据库的搭建工作，基于数据分析和文献调研的追问行为设计和用户实验的开展工作，最后对研究中的实验结果和设计变量进行反思讨论。

第 6 章介绍任务协助场景中 CUI 的情绪反馈对话交互设计研究。首先对研究进行整体概述，其次介绍 CUI 情绪反馈设计的相关背景，然后介绍共情的对话原则调研提出的情绪反馈设计，以及基于原型系统的用户实验，最后对实验结果和设计变量进行反思讨论。

第 7 章基于本书的研究工作展开以下方面的讨论：如何在具体场景的设计和研究中使用层次化用户体验的 CUI 设计方法；如何进行多元化的对话交互设计；对话交互技术发展对未来 CUI 设计的影响。

第 8 章是全书的总结，未来本人将在更多的场景中实践本书提出的 CUI 设计理论，进一步探索具有系统性的多元化 CUI 设计理论。

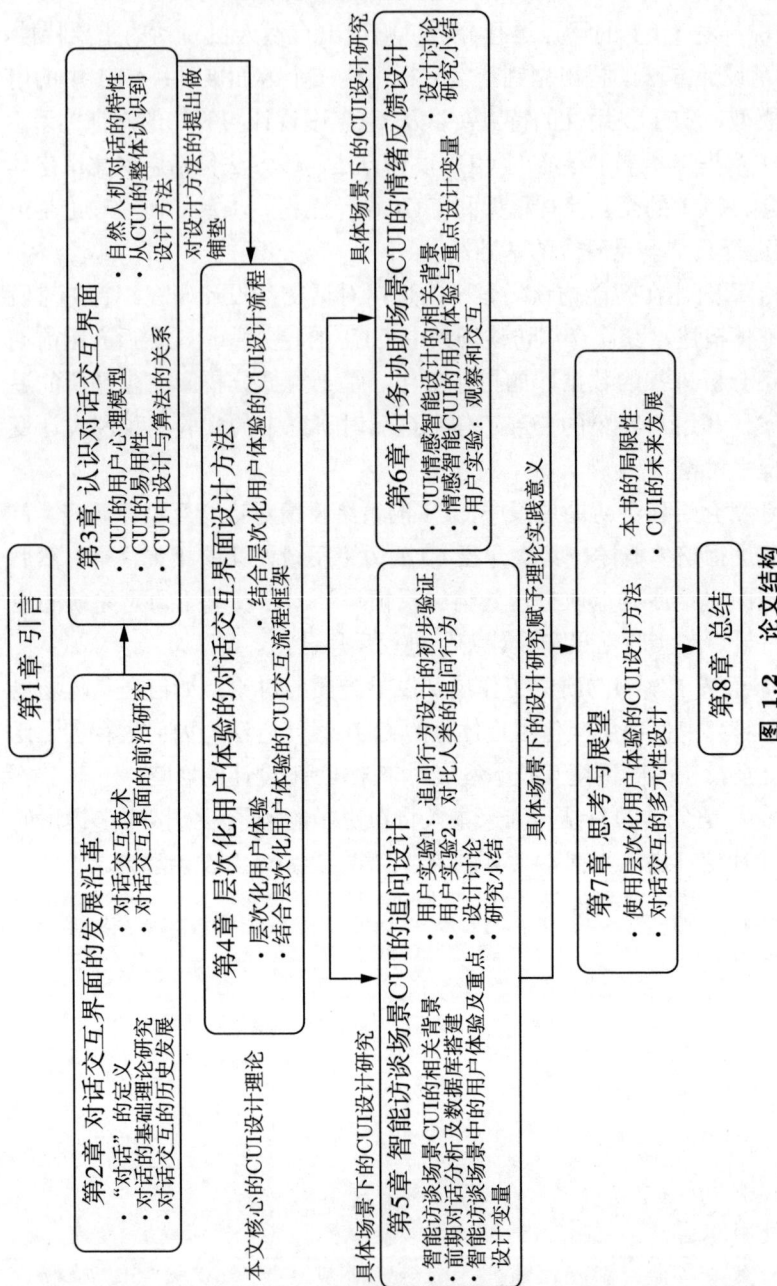

第1章 引言

第2章 对话交互界面的发展沿革
- "对话"的定义
- 对话交互技术
- 对话的基础理论研究
- 对话交互界面的历史发展

第3章 认识对话交互界面
- CUI的用户心理模型
- CUI的易用性
- 自然人机对话的特性
- CUI中设计与算法的关系
- 从CUI的整体认识到设计方法

对设计方法的提出做铺垫

本文核心的CUI设计理论

第4章 层次化用户体验的对话交互界面设计方法
- 层次化用户体验
- 结合层次化用户体验的CUI设计流程
- 结合层次化用户体验的CUI交互流程框架

具体场景下的CUI设计研究

第5章 智能访谈场景CUI的追问设计
- 智能访谈场景CUI的相关背景
- 前期对话分析数据库搭建
- 智能访谈场景中的用户体验及重点
- 设计变量
- 用户实验1：追问行为设计的初步验证
- 用户实验2：对比人类的追问行为
- 设计讨论
- 研究小结

第6章 任务协助场景CUI的情绪反馈设计
- 任务协助场景CUI的相关背景
- 情感智能CUI的用户体验与重点
- CUI情感智能设计的相关背景
- 用户实验：观察和交互
- 设计讨论
- 研究小结

第7章 思考与展望
- 使用层次化用户体验的CUI设计方法
- 对话交互的多元性设计
- 具体场景下的设计研究赋予理论实践意义
- 本书的局限性
- CUI的未来发展

第8章 总结

图 1.2 论文结构

第 2 章　对话交互界面的发展沿革

本章将围绕对话交互界面（Conversational User Interface，CUI）相关的学科领域研究进展进行介绍。首先界定"对话"在本书中的定义范围。其次介绍语言学和心理学领域对言语行为、对话情感的研究进展。接着，从最早的聊天机器人到最近的对话式人工智能介绍 CUI 的历史发展。本章对 CUI 中重要的设计素材——对话交互技术的相关背景也做了介绍。最后介绍了人机交互领域关于 CUI 的前沿研究。

2.1　"对话"的范畴

人与计算机的对话本质是模拟人与人的对话，参考人与人对话的相关研究十分重要。关于对话的研究覆盖了语言学、人类学、心理学、脑神经学、信息科学等多个学科领域。由于对话的学科复杂性，目前没有一个公认的对于对话的统一定义。部分学者将对话（conversation）定义为一种非正式的用于维系社交的谈话[47]，具有明确目的或者话题的谈话都不属于对话范畴[48]。另一个对话的英文词汇 dialogue 则代表一种更正式的、更具有明确目的的对话，例如在银行通过对话办理业务；或者一种写作的形式，例如戏剧对白；或者一种正式的团体之间的交流，例如国家之间的对话。

在 CUI 中，对话的界定更为宽泛。M. F. McTear 等人在著作 *The Conversational Interface*[28] 中，定义人机交互中的对话为用户用来完成交互而使用的自然语言对话，对其目的和话题没有任何界定。对比其他限制比较大的交互形式来说（比如图形界面的用户需要点选特定区域），CUI 的交互更为自由、更为即兴。*The Conversational Interface* 从人机交互界面的角度出发，归纳了人们对话的四个特征：（1）对话不仅限于语言，对话中的表情、动作、语气等都包含在对话的范畴中，可以说是各种对话中行为的集合；（2）对话总是成对出现的，单独的一句话不构成对话；（3）对话是两方或者多方共同完成的行为；（4）对话语言不同于书面语言，对话语言更为灵活。

参考以上，本书将人机对话交互中的"对话"定义为如下三点：

1. 基于自然语言的对话，不限定用户使用固定的语句完成交互。
2. 基于语言行为的对话，对话不局限在文本内容或者语音，任何一个具有语义的动作行为也可以构成对话的一部分。
3. 人机协同的对话，对话由用户和系统双方共同完成，双方对语境的共同理解决定了对话的发展。

2.2　对话的基础理论研究

2.2.1　言语行为

在对话中，语言代表的信息往往可以归结为一个一个的行为，这种行为常被称作言语行为（speech acts）[49-50]。典型的对话场景中存在三个要素：说话人、听者以及说话人说的语句。最基本的行为就是说话人通过下巴和嘴的运动发出声音形成语句。更高层次的行为可以理解为：这些语句可能是说话人在向听者提供情报信息，也可能是在挑衅听者，可能是在引经据典地进行声明、提问、命令，或者只是简单的嘘寒问暖。例如，在"我想喝水，能帮我倒杯水吗？"这句话中，说话人实际上执行了两个语言行为，一个是表达了自己对水的需要，另一个是传达了让对方帮忙倒水的请求。这些行为也被称作言外之意（illocutionary force）或者言外行为（Illocutionary Acts）。Austin 认为这类行为可以被表述为"声明""主张""描述""警告""评论""命令""要求""批判""致歉""谴责""同意""欢迎""承诺""悔过"等共一千多种不同的类别[50]。

言语行为理论被广泛应用在语言学的语篇分析（Discourse Analysis）或对话分析（Conversation Analysis）的领域中。这里引入一个 J. J. Gumperz 在《Discourse Strategies》[51] 中提到的例子。假设在办公室场景中记录到这样一段对话：

A: 10 分钟后你还在这儿吗？

B: 你去休息一下吧。你可以歇久一点。

A: 我就在外面走廊。需要的时候随时叫我。

B: 好的，没问题。

以上对话可能发生在任何一个办公室日常中，乍看没有特别之处，对话者 A 和 B 之间的对话自然连贯地衔接，他们似乎不用思考就可以完成这段对话。但如果我们仔细观察这段简单的对话，会发现这几个句子搭建起来的信息远远超过了这些词句本身的语法和含义的简单叠加。首先，对话者 A 向 B 提出了一个问题，这是一个一般疑问句，通常可以用"是"或"否"来回答。对话者 B 并没有直接回答 A，但我们可以根据日常的对话经验，直觉地推测出 B 默认了 A 十分钟之后还在这里，并且会待更长时间，除此以外，B 还向 A 提出了休息的建议。在这种没有任何显性表达的前提下，对话的进行要求对话者双方对于隐藏的信息有一致理解，这种理解可能来源于对话人在办公室场景中的日常经验以及对彼此的了解。A 和 B 都是办公室的员工，他们了解在工作时间出去稍事休息是一种员工的习惯行为，且员工应该在工作时间始终待在工作区域内。因此，B 可以把 A 的问题理解为休息的请求，A 的第二句话是想要确认短时间不在工作区域是否会带来不便，而 B 的最后一句话则是向 A 表示不会带来不便。如上所述，一段简单的对话背后，隐藏着许多间接的推测在支撑着对话的进行，这些推测包括对话上下文、对方的意图、双方的关系等方面。

以上例子描绘了语言学中基于言语行为对一段对话进行分析的过程。在人机交互领域，这样的分析可以用于早期的设计准则提取和设计中期的对话系统原型测试数据的分析。在设计对话系统的早期，设计师需要根据目标场景首先收集人与人的真实对话数据，例如，在设计用于售后服务的智能对话系统时，需要先分析人类客服和顾客之间的对话数据，了解顾客常见的言语行为以及客服的应对行为，提取出客服对不同顾客行为的处理策略，形成相应的设计准则[26]。在设计早期对既有的对话数据（即人与人的对话）进行分析并形成设计准则的案例并不少见。一些设计师基于已有的人与人的对话分析结果进行对话交互原型设计，并开展用户实验，例如 McMillan 基于人类对话中眼动行为的含义设计了以眼动捕捉来进行对话唤醒的交互系统[52]。本书将基于具体场景中的 CUI 设计研究继续深入探讨这一设计方法的可行性和潜在价值。在设计的中期,设计师利用对话交互原型系统获取用户和原型系统之间的对话数据,按照类似的方式进行对话分析来优化原型设计。早前的研究探索过对话分析在人机交互设计中的作用[53-54]:通过分析用户与系统的对话记录(音视频或文本记录),观察对话中用户的言语行为并整理出常见的对话现象,据此提出设计准则、迭代设计细节。在最近的 CUI 相关研究中,对话分析被用于研究真实的用户使用智能音箱的日常对话场景[41]、分析人机对话中出现的错误并提出修复对话的设计策略[55-56]。因此,基于言语行为的对话分析也是本书采用的研究方法之一。

2.2.2　对话中的情感

Lyons 认为,语言的意义定义由三个部分组成:描述意义、社交意义以及情感意义[57]。其中,描述意义指语言符号所代表的实体对象及其描述的过程;社交意义包含一些社会特征,比如对话人的性别、社会阶层、人种等;情感意义则包括对话人的情绪状态、性格、态度、所处情境。语言交流和情感有着密不可分的联系,可以说情感以一种"时隐时现"的方式,渗透在每个句子、每个语境中[58]。

首先是词汇层面的情感。任何词语都带有潜在的情感含义,即便是一些看起来十分中性的词语,在一定的语境下也会被赋予情感。Ortony等人在研究中对直接或间接表现情感的词语进行了区分[59],例如"悲伤"和"快乐"都是直接表达情感的词;而像"恶魔"则是间接表达情感的词,它没有直接明确的情感表达,却蕴藏着许多潜在的复杂情感;或者像"哭泣"描述的是一种情感行为,在不同情境下,可能代表着不同的情感。中文和英文中都有用词汇表达情绪的现象,包括表达情绪的语气词和描述性词语,情绪的描述性词语又分为直接描述词和修辞描述词[60]。直接描述词就是直接描述情绪的概念,比如"愤怒"或者"Anger";修辞描述词则是用一些修辞手法去描述情绪的一种体验或者概念[60]。许多其他语言也会使用词汇来表达情感,比如荷兰语中一些"多余的"、描述性的词汇会被用来贬低外来人口[61]。许多语言都会在劝诱行为中加入道德化词语来增强情感[62]。相应地,语言学家根据不同的情绪分类为表达情感的词汇进行了标注,形成了情感词典,例如 WKWSCI[63],SO-CAL[64] 等。

其次，除了具体的词汇含义，一些功能性的词语也与情感相关。亲属称谓词常会用于表达情感，例如现代汉语中的从他亲属称谓，在不同的语境中可以表达出亲近、疏远、委婉、平等、歧视、认同等不同的情感[65]。类似地，人称代词也常用于表达情感，例如中文中的第一人称复数代词"我们"或者"咱们"，常用于拉近对话者之间的距离，产生共情[66]。另外，在对话中提示言据性的词也有表达情感的功能。英文中的许多副词就有类似的情感功能[67]，例如"obviously""plainly""allegedly"。中文里也有类似的词，包括"明显""显然"等。英文中的"sort of""perhaps"这类表示模糊陈述的词也具有表达态度的功能[59]，中文里对应类似的词有"也许""可能"。同样具有情感色彩的还有：表示程度的副词[68]，比如英文的"very""really"，中文的"很""非常"等；一些特别的标记语和口头禅[59]，例如英文中的"well""as you know"；数量词和一些比较级[69]，比如英文中的"most""many"。

除此以外，拟声词、感叹词、语气词、咒骂词、祈祷词也有浓烈的情感含义[59]。例如在中文里，"哈哈""呵呵""嘿嘿""嘻嘻"虽然都是描绘笑声的词[70]，但背后对于情感色彩的描绘是不同的。尤其是在不同的会话情景中，比如"呵呵"在网络会话中，还有着不同于书面会话中的含义[71]。许多语言中的语气词也有表达情感和态度的作用[72]。例如中文里的"呢"可以表示夸张，"吧"可以表示揣测，把"了"换成语气词"啦"就可以给句子添加上浓厚的感情色彩[73]。

对话中还有许多不构成词语的声学现象也与情感相关。其中，语言中复杂的语调系统起到了重要的情感表达作用[74-75]。但语调表达情感的作用是和语义紧密相关的，如果脱离语义，人们就很难仅通过语调来判断说话人的情绪状态[76]。其他带有情感功能的声学现象还包括：气声[77]、音色[78]、音量[79]、语速[80]、音高[81]。

除了在词汇层面和声学层面，语用层面也与情感有关。隐喻等修辞手法在许多语言中常用于表达情感。在英语中，描述情绪感受时常常使用比喻[59]，例如"my liver is angry"或者"his heart is weak"。中文和英文中也常用夸张的修辞手法来表达强烈的感情[82]。此外，重复也是一种表达情感的语用手法。中文里修辞性的重复可以表示一种强调意味从而表达感情[83]。除了修辞手法，许多句法结构也和情感高度相关。比如在许多语言中，构建否定句都是一种表达情感的常用方式[84]，尤其是双重否定句在不同情况下可以表达"哀叹""赞叹""不满""遗憾"等不同的情感色彩[85]。句式中的主动或被动可以表达对话人之间的身份认同来制造共情[86]。许多语言中的名词化、去人格化也和情感有关[87]，例如，句子"it will be shown that the news is fake"使用 it 作为主语来强调说话人想法的客观性，可以表达出一种坚信的感情色彩。许多语言中的倒装句，句子成分前置，或者语序的变化都与说话人的情感相关[88]。

最后，更高层次的情感表达还出现在对话行为策略中，即如何组织语言信息和调整说话方式。反讽是一种特别的言语行为，可以让说话人在保持对话"合作原则"[35] 的前提下，表达赞扬或者责备[89]。口语中的侮辱、吹捧等行为也有复杂的情感功能[90]。引用、改编、转述他人的话或者书中内容可以借此表达类似原文的情感[59]。在美国西南地区使用西班牙语的人群，常使用谚语在对话中起到一些效果，例如加强说话人的可信度以及调节对话人之间的关系等[91]。在一些多语言或者多文化地区，语言的转换也是一种潜在表达情感的语言行为[51]。例如，在非裔美国人群体中，常常会使用一种黑人英语来强调自己的团体身份，从而拉近对话人之间的距离；相反地，在某些情境下，一个非裔美国人使用标准英语会被认为是一种拒绝身份认同的行为[51]。还有一些穿插在对话语言中的行为可以起到重要的情感表达作用，例如笑和哽咽。这类行为往往会在说话的同时出现，或者在对话的间隙出现。人们会在许多合适的对话时机用笑来表达某种情感。例如笑常用来回应对方的尴尬[92] 或者羞愧情绪[93]。意裔美国人还会在遭遇种族偏见时用笑作为一种调节情绪的策略[94]。类似这种说话和不说话的微妙调控行为，几乎都有着表现情感的作用，比如沉默、含糊其辞、语塞、轻描淡写、跳过话题等[59]。

由此可见，对话中的情感可以说是无处不在，从最基本的词语含义，到中性词语的情感化用法，到说话的音调语气，再到对话中的各种行为，都可以加入情感信息。自然的对话中一定存在着对话人之间情感的"流动"，它基于对彼此情感状态的理解与表达。因此，在设计人机对话交互时情感因素也十分重要。

2.3　对话交互的历史发展

对话交互界面通常被定义为一种计算机模拟和真人对话的交互界面。早期主要的人机交互界面是基于文本的命令行界面（Command–Line Interface，CLI），例如，早期微软公司的 MS–DOS 系统，依靠特定的字符指令与计算机完成交互，要求用户记忆许多特殊命令字、快捷键组合等。因此用户的学习成本很高，如今只有小部分专家用户仍在使用，比如一些 Linux 系统用户。

在命令行界面之后出现的就是广为人知的图形界面（Graphical User Interface，GUI）。图形界面利用一系列现实世界的隐喻，帮助用户搭建一个对于计算机使用的认知模型，帮助用户减少学习和认知的负荷。例如一直沿用至今的 WIMP 框架，是由窗口（Window）、图表（Icon）、菜单（Menu）、指针（Pointer）组成的图形界面范式，常见的 Windows 系统和 MacOS 系统都是基于 WIMP 框架设计的[95]。相比于命令行界面，图形界面显著地减少了用户的负荷，但人们还是希望使用一种更为自然的交互方式。就像电影 *Her* 中的 Samantha 一样，以声音的方式在用户的生活中出现，帮助用户处理日程、提供咨询，不仅如此，她还为用户提供情感上的支持，包括 7×24 全天候的陪伴。

2.3.1　早期聊天机器人与自动语音应答系统

CUI 是很晚才出现的概念，但人机对话交互很早就有了。早期的人机对话几乎没有设计师的参与，还称不上是一种"用户界面"，它们通常被称作聊天机器人（Chatbot）。1950 年，艾伦·图灵（Alan Turing）提出了著名的"图灵测试"[96] 作为评价人工智能的一种标准，即让一个人类用户和另一方进行对话，另一方可能是计算机程序也可能是人类，如果这个人类用户无法基于对话判断对方是人类还是计算机程序，则这个计算机程序通过"图灵测试"。在"图灵测试"这个命题的驱使下，麻省理工学院人工智能实验室的约瑟夫·维森鲍姆（Joseph Weizenbaum）在 1966 年开发了世界上第一个聊天机器人 ELIZA[2]。ELIZA 虽然没有通过"图灵测试"，但它已经可以依靠匹配用户文本输入中的关键词来回复一些提前编写好的文本内容，例如，只要用户输入的文本中提到了"母亲"，ELIZA 就会回复"聊聊你的家庭吧"。可见，从最早的对 CUI 的尝试开始，CUI 就和人工智能有着紧密的联系，一个可用的 CUI 应该是建立在足够的人工智能能力之上的（图 2.1 展示了 ELIZA 的对话界面，其中"YOU"代表用户）。

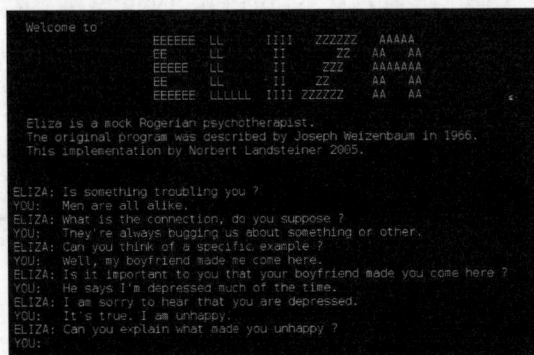

图 2.1　早期的聊天机器人 ELIZA

图片来源：维基百科

　　ELIZA 之后比较有代表性的聊天机器人，还包括 1995 年的 A.L.I.C.E. (Artificial Linguistic Internet Computer Entity)[97]。Richard Wallace 在 A.L.I.C.E. 中提出了使用人工智能标注语言 (Artificial Intelligence Markup Language，AIML) 来表示对话规则，例如，"我的名字是 <bot name='name' />。"AIML 可以形成一些语句模板，来灵活地调整语句成分。但 A.L.I.C.E. 处理文本的方式仍然和 ELIZA 类似，主要是依靠字符串的模式匹配。1997 年，具有一定学习能力的 Jabberwacky① 上线，它会储存所有访问用户的历史对话记录，但仍然是一种类似文本提取的程序，只能算非常初级的人工智能。早期的对话机器人都是为了通过图灵测试而设计开发的，在机器学习研究还没有发展起来的时期，基本上是依靠机械的匹配算法，调取存储的文本片段来进行对话，对话目的仅限于模仿人类对话，不服务于任何业务，因此对话设计没有面向任何具体的话题。早期的对话系统也没有在对话中考虑上下文语境。

---

　　① Jabberwacky 由英国工程师 Rollo Carpenter 开发并于 1997 年上线。可访问 http://www.jabberwacky.com/

在 CUI 的概念普及之前，更为主流的是语音交互界面，即 VUI（Voice User Interface）。早期的 VUI 并不强调用户语音输入的自然性，用户可能需要说出一些固定的语音命令，或者用按键来进行输入，而输出主要依赖录音播放。语音交互界面的出现主要是由语音识别技术的发展促使的。1952 年，贝尔实验室开发了"Audrey"系统[98]，可以识别特定发声人说出的数字。直到 20 世纪 90 年代，隐马尔可夫模型和 n-gram 语言模型的使用才让语音识别可以有效地识别多个发音人的上千词汇。借此，当时繁荣的电话业务以自动语音应答（Interactive Voice Response，IVR）开启了第一个语音交互界面的时代。在移动互联网还没有普及的时期，自动语音应答可以响应客户的电话接入，全自动完成一些简单的业务流程，例如机票预订、话费查询等，帮助公司降低人工客服的人力成本。早期的 IVR（2000 年以前）更多使用的是双音多频信号 DTMF 作为输入，即用户根据语音提示拨动电话上的数字按钮发出一定音高的声音作为输入。DTMF 基于电话上的每一个按键规定了一套声音编码，例如，"人工服务请按 0"，用户按"0"键让电话发出一个指定音高的单音，让电话中心接入人工服务。近年出现的 IVR 系统使用了基于神经网络的语音识别和自然语言理解，已经可以支持更长且更加自然的语音输入，例如服务商通过电话确认快递接收的地址时，允许用户以自然的语言进行确认，而不是通过电话按键或者说出固定的语句来确认。

2.3.2　对话式人工智能

在人工智能技术迅速发展之后（2011 年以后），对话式人工智能的概念开始普及，无论是聊天机器人还是语音交互界面，都开始往智能和自然对话的方向发展。聊天机器人和语音交互界面都属于对话交互界面的范畴，只是因为出现的历史时间点的不同而有了不同的名称。二者的区别在于，聊天机器人主要强调以文本消息形式进行对话，语音交互界面或语音助手则是侧重语音对话的形式，而对话交互界面则不以对话的模态进行区分。换言之，可以达成人机对话交互的界面都属于对话交互界面的范畴。

2011 年，IBM 公司发布问答系统 Watson，该系统由大卫·费鲁奇（David Ferrucci）领导的 DeepQA 项目研发。Watson 可以回答用户以

自然语言提出的问题，即它不要求用户以固定的语句格式提问。2011 年，
Watson 作为人工智能在美国著名的知识竞答节目"Jeopardy!"中战胜
了传奇冠军 Brad Rutter 和 Ken Jennings，赢取了 100 万美元的大奖
（图 2.2 中，2011 年 IBM Watson 在知识竞答节目"Jeopardy!"中对战传
奇冠军 Brad Rutter 和 Ken Jennings）。Watson 使用了基于统计学的自
然语言处理方法，这也是之后 CUI 发展的重要基础。由于 Watson 是为
了参加知识竞答而设计的对话系统，设计团队把重点放在了如何理解主
持人提出的问题上，即问题解析。主持人提出的问题经过系统解析之后，
Watson 从数据库获取最相关的答案，利用语音合成技术进行回答。之后，
IBM 公司又将 Watson 应用到了健康领域[99]。

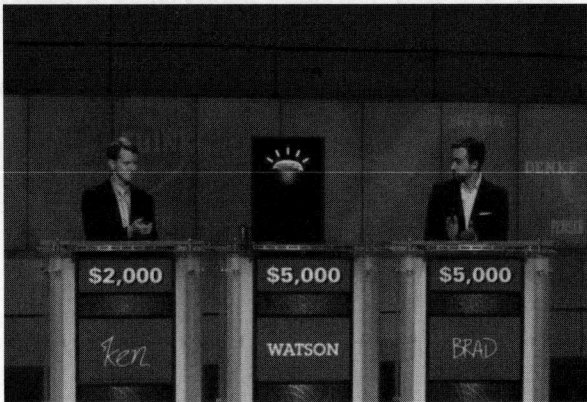

图 2.2　AI 参加知识竞答节目（见文前彩插）
图片来源：新浪科技

　　2015 年，随着社交网络的普及，由 ISMaker 公司设计并开发的人
机对话应用 SimSimi①开始出现在大众视野。SimSimi 的对话以娱乐为主，
它几乎可以回复用户的任何输入，并且把对话往有趣的方向引导。由于对
话系统在语料库中加入了用户提供的内容，SimSimi 的回答中出现了许
多不当的内容，比如一些脏话，这也引发了设计师和从业者对于 CUI 中
对话内容的设计伦理的思考（图 2.3 展示了用户与 SimSimi 的趣味对话
内容）。

---

　　① SimSimi 的官方网站：https://www.simsimi.com/

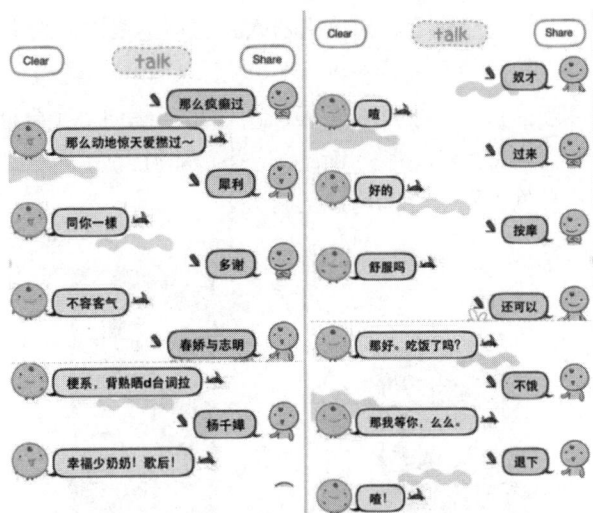

图 2.3　用户与 SimSimi 的趣味对话（见文前彩插）

图片来源：新浪科技

随着智能手机深入用户生活的方方面面，手机厂商也开始在手机中加入了智能语音助手来更好地服务用户。苹果公司的语音助手 Siri 是具有代表性的 VUI 设计之一，因为 Siri 最早获得了强烈的市场反响，培养了用户习惯。2011 年，苹果公司在当时推出的智能手机 iPhone 4S 上首次把 Siri 集成到了操作系统中。此后，苹果公司将 Siri 集成到了整个产品线上，包括新型号的 iPhone、iPad、Mac、Apple Watch 等。Siri 支持许多语音交互功能，包括设置日程、闹钟、查询天气、导航、播放音乐等。Siri 的语音交互方式省去了复杂的点触操作，用户可以通过按住实体按键唤醒 Siri，如图 2.4 所示，或者说出唤醒词"嘿，Siri!"，然后通过一句自然的语音操控，即可完成一系列操作。Siri 在完成操作后也会以语音和视觉的方式进行反馈，即在屏幕上显示对话文本并大声朗读。

除了移动设备和可穿戴产品，苹果公司的智能音箱 HomePod 也搭载了 Siri，并作为智能家居的语音入口。物联网和智能家居行业的发展使得用户需要一个语音助手来控制家里的各种智能设备，搭载语音助手的智能音箱横空出世，成为许多居家环境的标准配置。2017 年，小米公司发布搭载语音助手"小爱同学"的智能音箱（见图 2.5），是国内市场中具有代表性的产品之一。小爱同学可以搭配小米生态中的各种智能电器，例如智能插座、空气净化器、扫地机器人、窗帘、空调、照明，实现语音控制全屋家居。与其他智能音箱的 VUI 设计类似，小爱同学配备了麦克风阵列实现全方位收音，用户在音箱周围说出唤醒词"小爱同学"，音箱随即会亮起 LED 指示灯，并发出语音应答，即可开始语音交互。小爱同学年轻活泼的音色受到了许多用户的喜爱。

（a）Apple Watch中的Siri　　（b）iPhone中的Siri

图 2.4　Apple Watch 和 iPhone 中的语音助手 Siri（见文前彩插）

图片来源：苹果公司官方网页

图 2.5　小爱智能音箱（见文前彩插）

图片来源：小米公司官方网页

　　目前，主流的 VUI 设计框架如图 2.6 所示，用户输入的语音首先经过语音识别转换为文本，经过自然语言理解、提取其意图和细节信息，根据当前应用的对话逻辑，对话管理会采取特定的策略进行自然语言生成，最终依靠语音合成技术把生成的文本转换为语音反馈给用户。

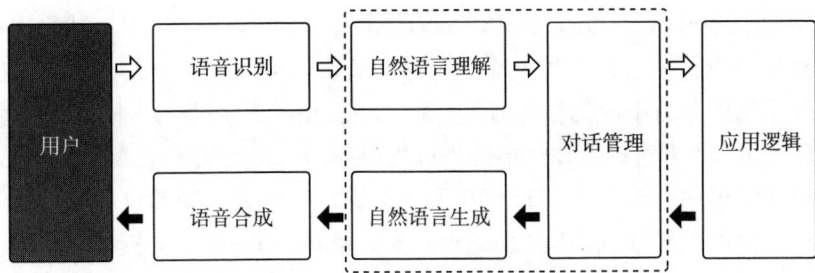

图 2.6 主流语音交互产品框架

2.4 对话交互技术

人们对于 CUI 设计存在不少误解，认为 CUI 就是一个纯粹的人工智能技术系统，只需要开发人员开发出一个可以进行对话的人工智能算法即可。其实现阶段的人工智能技术还远未达到人类在对话中的智能水平，像自然语言处理、语音信号处理等相关的人工智能技术，目前只能在有限的范围和特定的场景中内完成功能，而在一个实际的对话场景中满足多种用户需求则需要设计的介入，尤其是在以用户体验为中心的产品中，设计发挥着协调用户、技术能力等各方供需关系的核心作用。目前，人工智能算法提供的能力可以看作 CUI 的重要设计素材，而 CUI 的设计素材也不止算法能力一类，还包括对话数据、音效素材、对话策略等。因此，设计师需要一个系统的设计方法来指导其合理地使用各种设计素材，并以此满足用户需求，营造自然的用户体验。与此同时，设计师也需要了解最新的对话交互技术，尤其是在研究新的对话交互形式时，熟悉对话交互技术的设计师可以更快速地找到与用户需求匹配的交互技术材料。

本节将会介绍支持对话交互界面设计的相关技术和快速原型开发工具。在设计对话交互界面时，必须了解现有的对话交互技术能力和特性，并掌握其开发、测试、优化的方法。与 CUI 设计相关的对话交互技术主要包括对话输入、对话管理及输出。

2.4.1 对话输入

语音对话输入需要经过语音识别技术来获取用户输入的文本内容。目前语音识别主要是基于统计的机器学习算法。早期的隐马尔可夫模型

（Hidden Markovmoder，HMM）被广泛应用于语音识别[100]，其原因是隐马尔可夫模型可以输出一系列符号和数量，而时序语音信号可以按照时间序列切分为小段的稳态信号，例如，每 10 毫秒切分为一段稳态信号，也就是说，语音可以看作许多随机过程组成的马尔可夫模型。以这样的方式量化语音信号可以方便计算和模型训练。在语音识别的过程中，对于每一个时序分段（例如每 10 毫秒一个分段），隐马尔可夫模型会持续输出 n 维的向量，该向量是对分段的时序音频信号进行傅里叶变换得到的频谱系数。模型会把得到的 n 维向量与所有可能状态的统计分布（对角协方差高斯混合）进行比对，找出可能性最高的分布。每一个词或者每一个音节，都会对应一个分布，隐马尔可夫模型会把一系列词或者音节分布的马尔可夫模型连接起来。以上就是隐马尔可夫模型应用于语音识别的基本思想。

神经网络在 20 世纪 80 年代末期也是热门的语音识别解决方案[101]。相比隐马尔可夫模型，神经网络对特征分布的统计特性假设更少。早期的神经网络只能对持续时间较短的声音信号具有有效的识别能力，直到后来长短时记忆模型（Long Short-Term Memory，LSTM）[102]、循环神经网络（Recurrent Neural Network，RNN ）[103]、卷积神经网络（Convolutional Neural Networks，CNN）[104] 等技术才提升了神经网络对连续声音信号的识别能力。2014 年以来，端到端（End-to-End）的语音识别算法开始兴起[105]。传统的基于隐马尔可夫模型的算法需要对发音、韵律和语言三个模型分别进行训练，例如，一般的隐马尔可夫模型都包含一个消耗数 GB 存储的 n 元语言模型，使得模型在移动设备上难以部署，许多语音识别都是依赖网络的云端服务。而端到端的语音识别算法不需要分模型训练，这简化了训练过程，降低了模型部署的难度。

语音识别将用户输入的语音信号转化为文本信息，下一步就是对所得的文本信息进行理解。理解用户输入的语义对 CUI 设计起着重要的作用，而这需要用到自然语言理解（Natural Language Understanding，NLU）领域的算法。从最早的字符串匹配[106] 到关键词提取[107]、基于神经网络的文本分类[108]，自然语言理解技术帮助系统理解用户语言中的意图和关键信息。

理想的自然语言理解应该可以综合语音识别的文本（同时考虑错误

识别的自动纠正)、视觉信息、对话情境、用户身份等信息对整个上下文语境进行理解。而目前的自然语言理解只能完成部分自然语言处理任务,包括文字蕴涵、问题回答、文本相似度评估、文本分类。文字蕴含(Textual Entailment)指判断给定的两端文本之间是否存在关系,即文本 A 是否可以以某种形式与文本 B 相关联,关联形式可以是因果推断等。问题回答(Question Answering)指输入一段问题文本,输出这个问题的答案,CUI 可以将生成的回答作为自然语言理解的中间过程,也可以直接回复给用户。文本相似度评估(Semantic Similarity Assessment)指对于给定的两端文本输入,评价其相似程度[109],CUI 可以利用文本相似度评估来进行用户的意图判断。如何在 CUI 中组织这些自然语言理解的能力,是设计师需要解决的问题。具体来说,在一个特定的对话情境中,CUI 可以设定若干个用户可能表达出的意图,而每一个意图下又有若干种语言表达方式,事先在每一个预设意图中输入一些用户可能使用的语言表达,这样在下一次用户输入任意语句时,可以去计算输入语句与不同意图下语言表达的相似程度,得到用户输入最可能的意图理解,然后 CUI 会执行匹配意图对应的反馈,包括视觉上显示回复、播放语音回馈,或者调取用户需要的其他资源。文本分类(Text Classification)指给定一段文本,输出其最可能的文本类型结果。这类技术通常需要大量事先标注好类别的文本数据来训练一个基于神经网络的文本分类器,其中涉及文本特征提取、特征降维、模型框架及模型评估的内容[110]。CUI 也可以使用文本分类来理解用户输入的语义,使用基于神经网络的文本分类就不需要去计算输入文本和其他文本的相似度,而是直接通过神经网络给出的可能性得到分类结果。最新的研究结果表明,使用预训练语言模型对文本进行处理可以显著地提高下游子任务的效果[111]。

除了语音和文本中的对话信息,丰富的面部表情是也是对话中重要的信息。检测面部表情变化的常见方式,包括光流模型、隐马尔可夫模型、神经网络、主动表观模型。

表情数据集对于表情识别模型十分重要。表情数据集按照表情产生的方式来分主要有两类:表演表情和自发表情。表演表情数据集中的表情,是要求志愿者做出指定的表情然后记录的,而自发表情数据集则是志愿者自然出现的表情。在自发表情数据集中,如何选择合适的刺激源来激发志愿者的情绪，并反映在表情中是一个难题。另一个难题是标注，表情数据集一般都是由经过专门培训的人员来进行人工标注，而人对于表情的判断具有较大的差异性，因此确定合适的标注方式来保证标注的准确性十分重要。目前比较常用的表情数据集主要是 CK+[112] 和 JAFFE[113]。

对话中除了语义的交换，还无时无刻不伴随着情绪的交换，情绪识别对于 CUI 也是可以利用的重要对话输入手段。语音信号中也包含丰富的情感信息，语音模态中的情绪识别主要可以基于两种数据：文本数据和声学数据，即用户说话的内容和说话的方式。

分析文本数据中的情绪，即文本情感分析（Sentiment Analysis），最基本的分析目标是判断一段文本的情感极性，即判断文本传达的是正面情绪还是负面情绪，抑或是中性表达。高层次的分析目标是对目标文本进行离散情感分类，比如判断文本传达的是"愤怒""悲伤"还是"喜悦"。另外，还可以以量表的方式来标定文本的情感倾向，Pang 等人提出的方法可以对文本进行情感评级[114]，用这类方法可以从社交网络上获取语料，判断大众对某一对象的态度。文本分析的基本思路是提取描述主体和对主体的评价，例如，"酒店位置很方便"，主体是酒店，对酒店的位置方面的评价是方便。因此要分析一段文本的情感倾向，可以使用话题模型[115]。

基于文本向量空间的深度学习模型也是常用的方法[116]。总体来说，目前主流的文本情感分析方法有三类：基于特征词的方法、基于统计的方法、混合方法。基于特征词的方法，根据文本中具有明显情感倾向的词来判断文本的情感倾向，例如"开心""喜欢""讨厌"等。也可以根据与情绪表达有密切关联的词来判断，情感英文单词表（Affective Norms for English Words）[117] 统计了 1034 个英文单词的情感属性，包括每个单词的正负效价、唤醒程度、显性程度。基于统计的方法常使用机器学习算法，包括潜在语义分析、支持向量机、"词包"、深度学习等。混合方法则是结合词库和统计的方法来判断文本情感倾向。

除了文本内容中的情感，声学信号中的语气和语调也包含了丰富的情感信息。从生理的角度来看，情绪的变化会影响自主神经系统，从而间接地影响发声，语音情绪识别技术（Speech Emotion Recognition，SER）可以利用声学特征的变化来推断说话人的情绪状态。例如，当说话人的情绪状态处于高唤醒度时（比如恐惧、愤怒、兴奋），说话的基频会相对较高，变化幅度较大；而当说话人的情绪状态处于低唤醒度时（比如疲倦、无聊），说话的基频会相对较低，语速会变慢[118]。语音情绪识别主要分析语音信号中的声学和韵律学特征，比如基频变化和语速。常用的用于语音情绪识别的分类器包括线性分类器（Linear Discriminant Classifiers）、k-NN 临近分类器、高斯混合模型（GMM）、支持向量机（SVM）、人工神经网络（ANN）、决策树、隐马尔可夫模型（HMMs）。Lim 等人提出的时间分布卷积神经网络模型在 Emo-DB 数据集上达到了 86.65% 的情绪识别准确率，该模型主要是在深度卷积神经网络的特征提取过程中加入了长短时记忆层，以此来提升识别准确率[119]。

将语义和语调进行模态融合也是语音情绪识别的常用方法。Martin Wöllmer 等人提出的双向长短时记忆网络，融合了文本语义和声学特征[120]。Carlos Busso 等人提出过将语音模态和视觉模态融合进行情绪识别[120]。

语音情绪识别也需要情感数据集的支持。语音情感数据集按照情绪激励的方式主要分为两类，即被动情绪和主动情绪。类似表情数据集，志愿者在录制情绪语料时，情绪是由语料收集者预设的激励而产生的，为被动情绪，例如数据集 IEMOCAP[121] 让志愿者读一段写好的脚本；而志愿者在自然状态下产生的情绪为主动情绪，例如数据集 VoxCeleb[122] 则是从真实的语音或视频聊天中收集情绪语音片段。

2.4.2 对话管理及输出

人在大多数对话中，似乎没有意识到大脑里任何系统性的对话管理机制，所有的对话几乎都是下意识形成的，例如在日常闲聊中，人们并不需要在脑海里搭建任何对话的框架，而是根据聊天的语境，根据对方说出的内容给出回复，基本上是一种"想到哪说到哪"的即兴状态。但在一些特定的对话场景，人的对话管理是有目的、有意识的，例如在一段面试的对话中，面试官通常都有一套既定的面试流程，并根据流程来决定推进或终止对话。因此，对话管理的方法与对话场景紧密相关。

对于较为自由的对话场景，目前主要交由端到端的神经网络直接进行，也就是输入一段文本，算法直接输出一段回复文本，输出的文本可以是从事先准备好的许多文本中抽取的（Retrieval-based）[123]，也可以是直接生成的（Generation-based）[124]。这类对话管理的方式可以认为是"黑匣管理"，即对话的具体状态信息并不明确，系统直接给出输出语句。而对于有具体流程和目标的对话场景，这种"黑匣管理"就不太适用了，需要基于当前对话状态进行对话管理。例如，Young 等人把人机对话的过程看作部分可观测的隐马尔可夫决策过程，来进行对话状态的追踪[125]。最近一些更接近实际应用场景的研究工作尝试把数据驱动的神经网络的方法也应用到对话状态追踪和管理上来[126]。当然，在许多情况下，直接使用编写好的对话规则来进行对话管理可能是更为快速有效的方式，Google Dialogflow①、Botpress②等平台允许用户建立自己的对话流程来搭建个性化的聊天机器人，如图 2.7 就是 Botpress 的聊天机器人对话流程搭建界面。

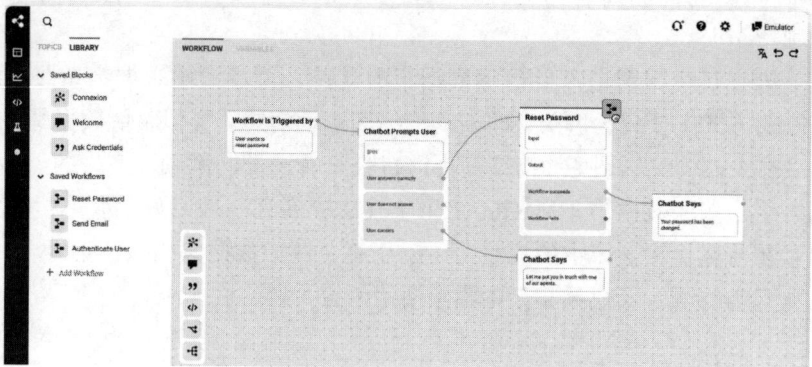

图 2.7　　Botpress 的聊天机器人对话流程搭建界面（见文前彩插）

图片来源：Botpress 官网

正如上文提到的，对话回复可以通过基于文本提取（Retrieval-based）和文本生成（Generation-based）的方式完成。最早的基于文本提取的方式是依靠大量的手写规则进行，基本就是按照如果用户输入"……"就回复"……"的条件判断逻辑进行。而 Jafarpour 和 Burges 提出的对话回复提取算法[123]，则是在过程中加入了机器学习，利用三个步骤从大量待选回复中提取最合适的：首先过滤掉最不相关的回复，然后对剩下的回复

---

① https://cloud.google.com/dialogflow

② https://botpress.com/

进行初排序和精排序，最终选出合适的回复内容。

　　基于文本生成的方式往往是通过使用大量对话文本去训练"编码器–解码器"（Encoder-Decoder）的神经网络进行端到端的生成的[124]。使用神经网络来生成对话回复的前提是具有大量"对话-回复"格式的语料数据集，这类语料数据集可以从公开的社交网络上收集，例如 Twitter[127]、微博[128]。源自社交网络的对话语料一般语言都比较随意，可能有许多语病或错别字，Li 等人搭建的 DailyDialog 采用手写输入的方式保证了对话语料库的质量[129]。

表 2.1　　可用于对话回复生成的公开语料库

语料库	数据量	语言	语料来源	话题范围	平均对话轮数
Wang 等人[128]	12k（组 post 和 response）	中文	微博	研究、艺术、科学、IT、生活	1
DailyDialog[129]	13k（段对话）	英文	英语学习网站	生活、感情、生活等	7.9
LCCC[130]	12m（段对话），110k（组 post 和 response）	中文	微博及其他数据源	开放话题	2.74
DuConv[131]	29k（段对话）	中文	网络爬取	电影	9.1
KdConv[132]	4.5k（段对话）	中文	豆瓣、去哪儿	电影、音乐、旅行	19

　　而"编码器–解码器"（Encoder–Decoder）的神经网络的思路，一般是将文本信息先由编码器编码成抽象的向量进行数学表示，然后传入深度神经网络后输出向量，再由解码器解码成输出文本，大致的框架如图 2.8 所示。因此，给定一段输入文本，神经网络会生成什么样的回复文本取决于训练数据。如果训练数据源自社交网络，那么神经网络回复的文本内容也会和社交网络上的网友回复的内容类似[124]；如果训练数据源自于问答对话的数据，那么输入一个问题，神经网络就会输出一个对应的答案[133]；如果训练数据是阅读理解的提问语料数据，那么输入一段文字，输出的就会是一个与文字相关的问题[134-135]；如果训练数据中的对话含有情感信息，那么神经网络输出的回复也会带有情绪[136-137]；如果用于训练的数据是某一种人格，或者是一个角色的台词，那么神经网络输出的回复也会

带有角色的语言风格[138]。

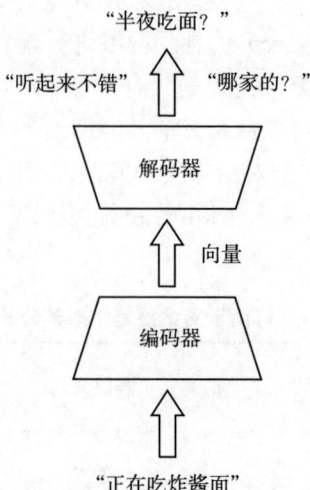

"半夜吃面？"

"听起来不错"　　　　"哪家的？"

解码器

向量

编码器

"正在吃炸酱面"

图 2.8　　基于"编码器-解码器"神经网络的文本生成方法

图片来源：引用[124]

　　基于神经网络的对话回复文本生成方法有一个特点，就是要求大量用于训练的语料数据。因此，可以通过预训练语言模型的方法来提高有限的语料数据的训练效果[139-140]。

　　CUI 常利用语音合成来进行语音反馈输出给用户。如图 2.9 展示了传统语音合成算法的流程，文本分析模块主要完成包括自动分词、多音字处理、特殊符号转换、文本切分等功能；韵律控制模块根据预先制定好的合成规则设置音高、音长、音强、停顿及语调等；合成语音模块利用合成算法合成出满足目标要求的音节波形数据，最后拼接成语音进行输出。语音数据集中有预制的合成单元保存在数据集中，根据需求的不同，预制的语音片段可以是音节，也可以是字词，还可以是语料片段。当然，使用单音节的预制语音可以组合成更多的语音，但是合成质量会相对较差。而最近的语音合成技术也开始使用端到端的神经网络，例如邱泽宇等人提出的基于 WaveNet 的语音合成方法[142]。

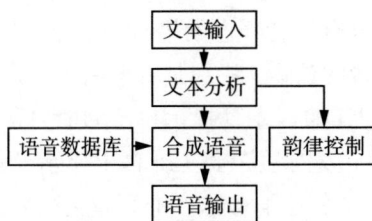

图 2.9　传统语音合成流程

图片来源：引用 [141]

2.5　对话交互界面的前沿研究

本节会介绍对话交互界面最新研究进展，包括易用性研究、对话表达设计、多模态设计、人格化设计、社交和情感智能、新场景探索、设计方法和工具。本节还分析了目前 CUI 领域的研究挑战。

2.5.1　易用性研究

关于对话交互界面的易用性主要有以下几类研究：CUI 使用体验的实地研究、处理对话错误与对话的连续性、CUI 的示能性，以及对话触发或唤醒词设计。

CUI 产品在上市之前一般都经过设计师和测试人员的多轮测试，但真实的使用场景远比测试环境要复杂，因此研究部署在实际使用场景中 CUI 的使用情况非常重要，例如在用户家中、车内进行实地研究。Martin Porcheron 等人将 Amazon 的智能音箱 Echo 进行了改造，使其可以在触发对话时进行录音，在经过被试对象同意后将其部署在了被试人家中进行一个月的记录，分析智能语音助手在用户家中真实的使用情况及交互模式，并发现了许多语音助手在居家环境中形成的独特对话现象 [41]。Erin Beneteau 等人通过人机对话记录的分析找出了 59 种对话错误的情况，并整理出一系列用户处理对话错误的行为 [55]。研究用户处理对话错误的行为有助于优化设计策略 [56,143–145]；考虑如何处理对话错误时，也应当考虑到对话的连续性 [146]。

在图形界面中，系统提供的功能往往会以按钮或者滑块等可视组件出现，甚至加入一些说明性的文本来为用户提供充分的示能性；但在对话交互界面中，尤其是只有语音模态的语音交互中，用户对 CUI 的能力和功能通常没有一个直接的认识，特别是对于新手用户，往往要经历多次的语句输入尝试[144]。CUI 可以主动提示自己的能力，如图 2.10所示，小米手机中的语音助手"小爱同学"会在屏幕中显示一些对话功能的例子来提示用户。杨洋也提出使用屏幕显示和手势交互来弥补语音对话交互在特定场景和任务中的易用性缺陷，提升交互效率[38]。CUI 可以主动提示用户，也可以在用户询问其功能的时候提供示能性信息[147]。

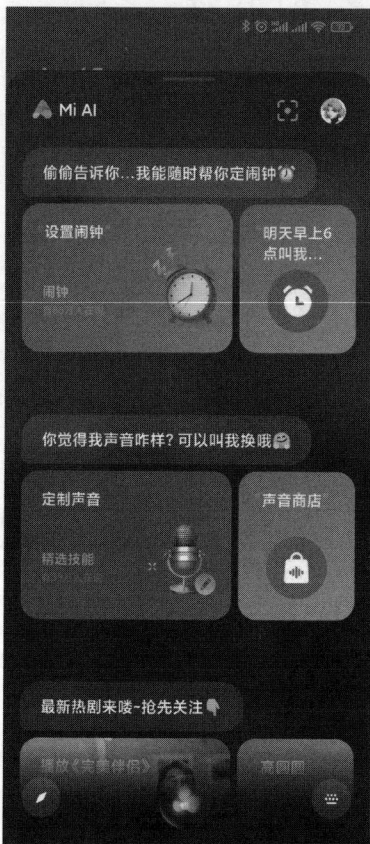

图 2.10　"小爱同学"的示能性设计（见文前彩插）
图片来源：小米手机 11 Ultra 截图

目前，以语音交互为主要模态的 CUI 设计通常要求用户使用"唤醒词"或者按动实体按钮来触发对话交互。不同的语音助手有着不同的唤醒词设计，比如唤醒苹果的 Siri，需要说出"嘿，Siri！"，小米的小爱同学的唤醒词则是"小爱同学"。唤醒词一般是一个固定的词组，而且不能过于简短，否则会影响识别准度。唤醒词是一种综合各种因素的折中设计方案，一方面有影响的因素是计算资源，单个唤醒词的语音识别一般可以在本地设备进行计算，但更复杂的语音识别需要上传用户语音到云端计算设备进行运算，唤醒词的设计使得 CUI 设备只在被唤醒后再进行复杂的语音识别。另一方面是用户隐私的考虑，一些用户担心自己的声音会被无限制的上传至云端，因此，用户主动说出唤醒词实际上是一种对信息披露的同意，但也仅限于说出唤醒词之后的一小段时间内。

唤醒词的设计会影响自然的对话交互体验，例如，语音助手会出现对唤醒词不响应的情况[148]，而且用户常用唤醒词来重置对话错误而反感唤醒词[149]，因此，设计师和研究者们在考虑免去唤醒词的无缝对话衔接的设计[18-21]。

2.5.2　多模态设计

自然的对话是多模态的，如何结合听觉、视觉、触觉等模态来设计对话交互是重要的研究方向。Stefan Schaffer 等人提出[150] 了关于 CUI 的多模态设计的关键问题：进行多模态设计时，如何合情、合法、合理地使用摄像头和麦克风设备？从工程角度如何处理复杂的多模态数据？多模态的对话环境信息如何利用？目前的多模态 CUI 研究主要关注多模态的对话触发、对话中的多模态信息、多模态的对话呈现。2.5.1 节介绍了免唤醒词的设计，其实多模态也是免唤醒词设计的解决方案之一。利用摄像头识别用户的眼动[151] 和脸部信息[152] 都可以用于唤醒 CUI 或者触发对话的设计。同样地，2.5.1 节提到了 CUI 的错误处理设计，对话中的多模态信息也可以用于错误处理，例如，Yukang Yan 等人利用用户的皱眉表情来收集用户的对话错误反馈[22]，就是一个利用视觉模态信息来进行错误处理的代表性设计案例。

对话中用户的头动和表情也可以用于 CUI 具身形象的动作神态设计[153]。许多带有屏幕显示的 CUI 产品，可以利用在屏幕中设计视觉形象来帮助对话呈现[23]、人格特点塑造[154-155]、情感表达[156]。带有 LED 灯光设计的 CUI 产品还可以利用灯光的变化和色彩设计来帮助对话呈现[24]。

2.5.3　对话表达

对话表达的研究主要包括两个层面的设计：声学层面的语音合成和文本层面的对话生成。语音合成本身是一个语音技术领域的研究方向，最初的研究目标是利用数字信号去模拟人的发声，给定输入文本可以输出连贯自然的语音合成（text-to-speech，TTS）方法[157]。而 CUI 设计师则是从用户体验的角度出发，重新思考 CUI 的语音合成需求，包括语速[158]、口音[159]、音色[160-161] 等维度。另外，目前的语音技术领域也在探索情感化的语音合成方法[162-163]，在未来可以影响 CUI 设计。

语音合成的设计主要是在声学层面上，对话生成则是在文本内容的层面考虑设计。CUI 文本内容的生成越来越有多样性，从一些小的对话行为，包括语气词的使用[27,164]、称呼的使用[165]，到根据用户情况选择合适的措辞[166]、整体的幽默语言风格[6] 等，都是在对话文本内容上进行的尝试。

2.5.4　人格化设计

对话交互界面的人格化设计应该作为一个高层次的设计概念来协同许多细节设计。CUI 的社会和行为特征应当与人格化设计统一，社会特征包括性别、年龄、称呼、音色、视觉形象等；行为特征包括对话行为、语言风格等。CUI 的人格化设计有助于增加用户沉浸感、信任感，以及体验的自然度[167]。在闲聊场景中，用户会主动询问 CUI 的一些社会人格特征[168]，类似的用户行为在教学对话场景中也有观察到[169]。一些特定的社会人格特征也有可能影响用户与 CUI 的对话行为，De Angeli 和 Brahnam 的研究发现，如果 CUI 披露了自己的性别特征，用户就有可能说出和性相关的攻击性语言[170]；女性身份更容易遭受用户的外貌评价和语言侮辱，黑人身份则更容易遭受用户的种族歧视[171]。因此，在设计人格特征时要考虑其带来的设计伦理问题。

人格特征的体现是多维度的，例如性别特征就不仅仅体现在音色的设计上[172]。此外在行为层面，一些人格化的行为，例如像人一样打招呼[173]，可以提高用户沉浸感和拟人程度评价。语言行为的设计也会促使用户形成对 CUI 的人格化认识，Anastasia Kuzminykh 等人让使用 Alexa、Google Assistant、Siri 三种语音助手的用户从对话行为中具象化出三种不同的视觉形象[174]，如图 2.11 所示，从左到右依次是 Alexa、Google Assistant、Siri 的视觉形象。前后统一的对话习惯和风格是实现人格化 CUI 设计的关键，有助于获取用户的信任[175-176]。研究表明，形成一些特定的语言风格也是用户比较容易接受的，比如使用较为非正式的语言风格可以提高用户沉浸感和自然度[173]；有幽默感[177] 和情感表达丰富[178] 的 CUI 更为自然拟人。但语言风格和人格化设计必须考虑对话目的，比如，在一个比较正式的话题下过多地使用 emoji 表情符号就会让用户感到奇怪[179]。

图 2.11 用户印象中 Alexa、Google Assistant、Siri 的人格形象（见文前彩插）

图片来源：引用[174]

2.5.5 社交和情感智能

对话具有社交性和情感性，赋予对话交互界面处理用户的情感信息的能力以及设计符合社交准则的对话交互界面是该方向研究的重点。根据人机交互领域的 Media Equation 理论，人在与计算机交互时会倾向于遵循类似和人交流时的社交模式[180]。因此，在设计对话交互界面时，应当考虑容易让用户接受的社交准则[181-182]。例如对话机器人一类的典型对话交互界面应当像人一样反馈对话中的社交信息，处理对话中的冲突[183]，具有共情能力，表现出关怀[184]。这些能力可以整体提升对话机器人的可信度[185]。

尽管 Media Equation 理论指出人在与计算机交互时会"倾向于"遵循类似和人交流时的社交模式[180]，许多研究还是表明，人在和机器对话时会有显著区别[186-187]。在与计算机进行对话交互时，人会出现更多语言攻击[188] 和测试行为[182]，当计算机的对话系统错误和故障出现时还会感到沮丧[189]。当 CUI 回复不恰当内容时，用户会倾向于出现语言攻击的行为[190]，因此，为 CUI 设计处理对话错误以及应对语言攻击的能力十分重要[169,182,189]。Amanda Cercas Curry 和 Verena Rieser 建立了一个语料库 #Me Too，包含了大量用户产生的语言攻击数据，并以此来测试了一系列商用的和学术界最新的对话平台应对语言攻击的能力[190]。他们发现，目前 CUI 常见的应对方式包括不作回答、转移话题、无关回答，并总结出应对语言攻击的设计策略应该和对话目的一致，尽量避免鼓励用户的攻击行为，避免强化用户心中对 CUI 的偏见。另外，Ma 等人发现，一致的人格化设计也可以用于处理用户的语言攻击行为[154]；Hyojin Chin 等人则提出，用共情的策略来应对用户的语言攻击[191]。当然，对 CUI 恶语相向的用户毕竟只是少部分，大部分用户对 CUI 都保持着礼貌[192]。打招呼、道歉、道别之类的基本礼貌行为也可以帮助减少用户对 CUI 的陌生感和沮丧感[189]。

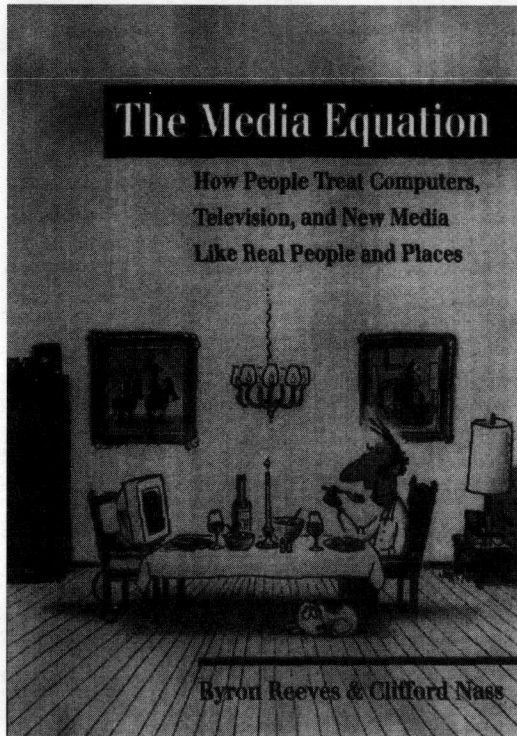

图 2.12　Reeves Byron 和 Nass Clifford 提出的 Media Equation 理论（见文前彩插）

情感智能原本是用来评价人类处理情感的能力，包括四个维度的能力：感受情绪、表达情绪、情绪调节以及利用情绪解决问题[183]。虽然对话交互界面本身无法具有情感[182]，但类似的处理情绪的能力可以让用户更容易接受 CUI[25]。在教育场景的 CUI 设计中，一些体现情感智能的对话行为可以增进用户的亲密感[193]。一些研究还揭示了共情能力对 CUI 带来的情感智能的提升，进而帮助对话任务的完成。例如，CUI 的倾诉行为可以促进用户的倾诉，从而获得更好的心理状态[14]；共情的设计有助于 CUI 协助用户进行行为认知治疗[15]。

许多情感计算的技术都可以支持 CUI 的情感智能设计，在情感的感知方面包括文本层面的文本情感分析[194-195]、声学层面的声音情绪识别[196-197]、基于面部特征的表情识别[198]、基于生理信号的情绪识别[199]；在情感表达方面包括上文提到的情绪语音合成[137,200]。

2.5.6　对话场景探索

对话场景探索主要研究对话交互界面在一个具体的新场景中是否可行，是否优于该场景中其他形式的用户界面和交互方式。CUI 在该方向上的研究十分丰富，本节将介绍针对特殊用户群体的使用场景，包括老年用户、儿童用户、有无障碍需求的三个群体，另外还有教育、车内、健康以及一些其他场景的探索。

对于老年用户群体，语音模态的对话交互界面具备一些先天的优势：对话交互符合直觉，不需要太多科技知识；有些老年用户可能身体能力受限，语音交互不需要他们熟练地使用鼠标键盘；有些老年用户视力不好，语音交互不需要他们从太小的屏幕上进行阅读[201]。老年人也认为语音交互的易用性高于键盘[202]。即便如此，目前面向老年用户的对话交互界面还有许多问题亟待解决，对此 Sergio Sayago 等人[203]讨论了以下三个方面的设计问题：（1）老年人需要更好的示能性来提示可以对 CUI 说些什么；（2）需要更好的 CUI 答复设计来获取信息，完成交互；（3）需要更好的拟人化设计。Jarosław Kowalski 等人总结了老年用户使用目前的语音对话交互界面的一些问题，包括语音对话耗时、模态单一等[201]。Milka Trajkova 和 Aqueasha Martin-Hammond 分析了当前美国老年用户对 Echo 的语音助手 Alexa 的使用情况，总结出以下 Echo 被逐渐弃用的原因：很难找到实用价值以及在共享空间里使用不便[204]。

人们开始尝试针对老年用户的需求设计 CUI，例如，使用对话助手来协助轻度认知障碍的老年用户[205]；利用多模态的对话助手来减少老年用户的孤独感[206]；为 CUI 加入实体交互来帮助老年人健康生活[207]；使用语音交互的方式来为老年人提供备忘录的服务[208]；适用于老年人语音对话的健康助理和打车服务[40]。王攀凯还认为，老年人在使用语音对话交互时有一套独特的交互流程，针对老年人应该有一套独特的设计策略，例如为老年人提供自定义的唤醒词、更多的使用多模态感官等[209]。

与老年用户类似，一些残障用户因为身体能力的限制，在使用普通的用户界面时也有一些障碍，例如视障人群使用图形用户界面会有很大的困难。但对残障用户来说，目前的 CUI 设计仍然存在易用性方面的问题，Eric Corbett 和 Astrid Weber 通过用户实验提出了一系列提高 CUI 针对残障人士的示能性和易学性的设计建议[210]。对于一些特别的能力缺陷，例如语言和听力缺陷的用户，也有研究者提出了相应的 CUI 研究策略。对于口吃的用户应该开发相应的 CUI 的语音识别的能力[211]；对于听力受损用户，可以设计基于手语的对话交互界面[212]。

针对不同用户群体的 CUI 需要有不同的设计考虑。成年人倾向于把对话助手看作工具[203]，而儿童更愿意将其看作人来进行对话[213]。但 Ying Xu 和 Mark Warschauer 的研究揭示了儿童对于对话助手更复杂的感觉：儿童可能会把对话助手看作有生命的人造物，或者既没有生命，也不是人造物[214]。设计研究者们开始思考如何设计符合儿童认知的 CUI，例如 Fabio Catania 等人发现唤醒词的设计不符合儿童的行为习惯，在他们的对比实验中，实体按键才是最好的对话触发设计[21]。对话助手还被认为可以作为儿童用户的学习伙伴[215]，儿童用户希望作为学习伙伴的对话助手具有自己的人格、拥有更高的智能，可以像人一样聊更多的话题内容[216]。CUI 还可以帮助儿童以自然的方式和机器互动，发展语言表述能力[217]。

除了针对特别的用户群体进行 CUI 设计，针对一些特别的场景设计 CUI 也是重要的研究方向。在教育场景中，CUI 常被用于提高学生的专注度和学习效率，例如，基于 CUI 的一系列 AutoTutor 在学习计算机知识、物理、生物、批判思维方面比传统的阅读学习更高效[3]；QuizBot 在帮助学生记忆知识点时比传统的卡片式学习法更高效[4]；Sara 利用支架式教学理论可以帮助学生更好地进行在线学习[5]；用户通过传授智能助手知识也可以反过来让自己学得更好，Curiosity Notebook 里 Sigma 幽默好学的设计可以帮助用户达到教学相长的作用[6]；商用语音助手 Alexa 也可以用于协助小组学习[7]。

在车内，驾驶员的视觉注意力需要保持在路面上，因此，基于语音的 CUI 在车内场景中具备天然的优势。路怒情绪常常影响行车安全，可以帮助用户调节情绪的车内 CUI 是热点的研究方向之一[8,218−219]。研究人员通过观察真实的车内驾驶行为，认为路面情况是设计车内 CUI 时重点考虑的因素[9]。另外，语音对话交互在交通堵塞的情景下具有设计价值[10]。设计车内 CUI 时应当考虑语言风格和人格化设计，Michael Braun 等人的用户实验表明车内 CUI 的人格应当和用户的性格类型匹配[11]。在未来的自动驾驶场景中，CUI 的设计也引起了许多讨论：利用 CUI 可以增加用户对自动驾驶的信任[12,220]；CUI 可以帮助用户切换驾驶权限[221]。

CUI 的沉浸感、互动性、长时间在线的特点，以及在与用户建立关系上具有独特的优势，使得其在健康领域也有许多应用场景。Moon 的研究表明用户会向非人类自动采访系统透露更多个人信息[222]。Fitzpatrick 等人设计的 Woebot 可以帮助用户进行认知行为疗法来减轻心理焦虑[15]。H. Park 和 J. Lee 利用 CUI 的匿名性为经历过性侵的人群设计 CUI，帮助他们倾诉内心[13]。此外，一些有特别对话技巧的 CUI 可以帮助用户保持心理健康，例如，会倾诉的 CUI[14] 和会自怜的 CUI[16]。I. Cha 等人设计的 CUI 可以为自闭症患者的日常生活提供帮助[17]。

除此以外，CUI 还在迅速地扩展到其他众多的使用场景。例如，以更低的人力成本和认知成本来为农民提供咨询服务[223]；服务于企业，帮助新员工快速了解工作环境和流程[108]；代替传统的问卷去执行采访和调研工作[224]；用于智慧工厂的设备信息监控[225] 等。

2.5.7　设计工具

这一方向的研究主要关注用于设计对话交互界面的工具和方法。虽然对话交互界面的历史可以追溯到 1966 年，但长期以来都缺乏系统性的设计方法和理论。可能的原因有两个，一方面，对话交互界面相比于图形界面和实体用户界面来讲更为自然，不需要太多图形设计或者工业设计参与，因此早期的对话系统设计几乎都由工程师主导，几乎没有交互设计师参与其中；另一方面，早前对话系统的主要目的是展示算法的对话能力，并非真正服务用户，因此以用户为中心的设计理念在当时的对话交互界面中显得并不重要。直到 2016 年，Cathy Pearl 在 *Designing Voice User Interfaces: Principles of Conversational Experiences*[226] 中总结了商业语音对话产品中的设计经验，提到了 3 个常用的设计工具：示例对话（Sample Dialogues）、视觉模拟（Visual Mock-ups）、对话流程图（Flow Chart）。

　　示例对话是指在设计对话交互界面的初期，把一些用户和 CUI 之间的代表性对话写下来，用于设计最基本的对话形式和内容。可以选择几个最重要的对话场景进行切入，最开始可以只写理想情况下的对话，即不考虑任何错误或者意外情况，确定大致的对话形式和内容之后，可以补充一些可能出现错误的示例对话。示例对话是一种适用于设计早期的低成本、高效率的工具。许多商业产品中的对话交互界面都包含一些视觉元素或者搭配图形界面，将示例对话放在视觉模拟中，测试和图形界面设计的整体搭配效果也很重要。对话流程图是指在得出一些示例对话之后，将所有的示例对话串联起来，形成一个完整的对话流程，并绘制出来进行调整，如图 2.13 所示。

　　除此以外，Wizard-of-Oz[227] 的研究方法也适用于对话交互界面的设计。基于以上三种设计工具，设计师可以得到一个对话脚本，按照脚本利用一些简单的模拟工具，例如语音合成，可以搭建一个高度仿真的对话交互场景并邀请真实的用户或测试人员参与进行实验。较早的 Suede[228] 和最近的 NottReal[229] 都是基于 Wizard-of-Oz 方法的语音交互设计工具。

　　对话交互原型开发工具，是指帮助设计师进行快速原型开发的工具或者平台，例如聊天机器人搭建平台。开发对话交互原型原本是一件需要大量软件和算法开发工作的事情，但目前已经出现一些设计师不用写代码也可以直接搭建原型的工具和平台。

　　首先是帮助搭建对话管理系统的平台，设计师可以通过绘制对话流程图来直接生成一个相应的对话管理系统，不需要进行任何的软件开发，搭建完成后可以直接发布到各大社交网络中。有代表性的免编程对话管理系统搭建平台包括 Voiceflow[①]、Botsociety[②]、Botmock[③]等。虽然免去了编程开发的过程，但相应的设计和开发的自由度也减小了很多。部分平台提供了在对话中匹配特定的命名实体的"slots"设计，但并不支持自然语言理解的能力。如图 2.14（a）所示为一个 Voiceflow 提供的一个样例对话流程，其中定义了一个在第一轮对话中询问用户名字的功能"get_name"，在右侧的设置中，可以手动添加一系列用户可能回答的类似含义的句子，并用标识符"{name}"来表示用户会输入名字的地方。但这种匹配方式并不智能，如图 2.14（b）所示，按照这样的配置进行测试，对话系统并不能理解用户的输入并提取正确的名字"Mimicry"。

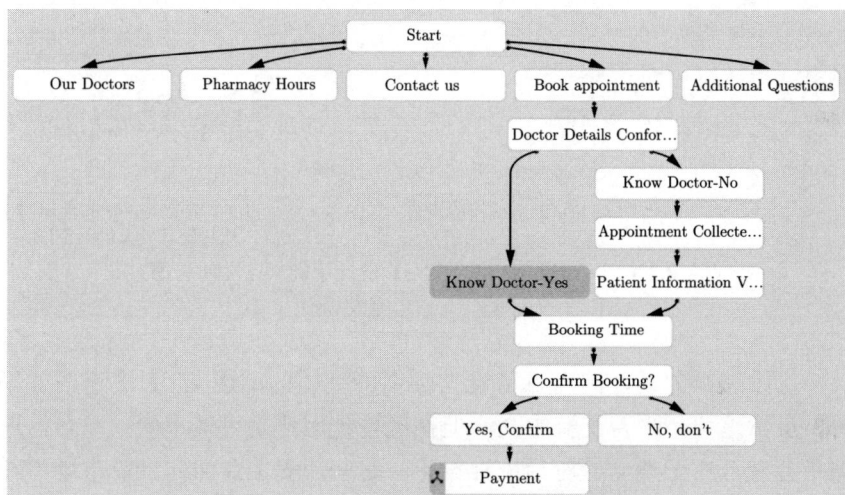

图 2.13　DialogFlow 的示例对话流程图

图片来源：IE Article Contributor

其次，利用自然语言处理引擎提供用户输入的语义理解能力的平台有 Google 的 Dialogflow[④]和 Amazon 的 Alexa Skills Kit[⑤]。与其他平台的

① 以下链接在 2022 年 3 月均访问有效。https://www.voiceflow.com/

② https://botsociety.io/

③ https://www.botmock.com/

④ https://cloud.google.com/dialogflow

⑤ https://developer.amazon.com/en-US/alexa/alexa-skills-kit

"匹配"方式不同，Dialogflow 和 Alexa Skills Kit 基于 BERT 模型[230]等最新的文本分类算法对用户的输入进行意图（intent）识别，CUI 设计师可以输入小样本的样例意图语句帮助系统进行训练，使得对话系统可以准确识别用户的正确意图，即便用户输入的是 CUI 设计师并没有提前列举出来的语句[231-232]。

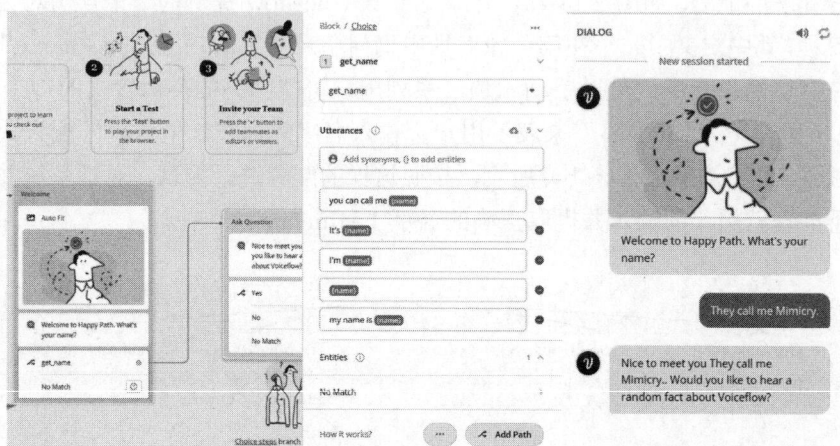

（a）Voiceflow的对话流程设计　　　（b）Voiceflow的自然语言理解仍有较大提升空间

图 2.14　Voiceflow 的 CUI 设计示例（见文前彩插）

图片来源：Voiceflow 官网

比较遗憾的是，国内目前没有类似的完整的商用 CUI 快速搭建平台。虽然这两个平台支持中文，但在国内使用还是有些不便。而且，这类平台重点在于整体的对话流程设计，这些流程主要面向目前市场中常见的对话场景，例如预订机票或酒店。在设计和研究一些更前沿的对话交互界面时，还是需要独立编程来进行灵活的原型开发。许多云服务供应商①公司都提供商用的语音技术和自然语言处理的 API（Application Programming Interface）。常见的 API 包括语音识别、语音合成、关键词提取、命名实体提取、文本情感分析等。

---

① Google Cloud https://cloud.google.com/；AWS https://aws.amazon.com/；腾讯云 https://cloud.tencent.com/；科大讯飞 https://www.xfyun.cn/；百度 AI https://ai.baidu.com/；思必驰 https://cloud.aispeech.com/

2.5.8　设计理论方法

上一节介绍的设计工具偏向实际操作，而本节介绍的偏向理论的设计方法和设计准则也是一个重要的研究方向。其中一个典型的思路是从经典的设计准则迁移到 CUI 的设计中，例如，Raina Langevin 等人基于经典的通用用户界面设计中的启发式评价方法[233] 提出了一套针对 CUI 的启发式评价准则，包括用户界面的示能性、用户学习曲线、自由度等维度[31]。GUI 的设计理论体系发展的更为成熟，因此 Murad 等人提出将 GUI 中的易用性启发原则（Usability Heuristics）迁移到 CUI 中[29-30] 的思路。除了参考经典的设计学理论，也有在心理学领域寻找启发的，Xi Yang 等人结合自我决定论（Self-Determination Theory）和用户访谈的方法从用户的心理需求中提炼出对话交互界面的高层次设计准则[32]。

除了高层次的设计准则，最新的 CUI 设计理论还包含具有实践指导价值的研究。Robert J. Moore 等人提出的对话交互界面系统设计工具 Alma 涵盖了设计理念、交互模式和对话内容格式三个维度，对设计师进行指导[33]。目前的 CUI 设计常用量表和对照实验的方式进行验证，Sashank Santhanam 则发现了使用这些方法所带来的锚定误差问题[234]。李豪则基于目前智能家居环境中的语音交互任务提出了一套系统的针对智能家居场景下语音交互设计的评估方法[39]。孙妍彦等人提出的研究框架为设计师提供了语音交互界面中重点的研究方向，包括人格化设计、语音要素、语音交互节点和硬件载体[235]。

人工智能技术的快速更新对 CUI 设计理论框架也提出了更高的包容性和灵活性需求，现有的 CUI 设计理论框架，主要还是基于当前技术解决方案的架构来考虑的，还没有一个充分考虑算法技术快速更迭的 CUI 设计理论框架。此外，以上的设计理论研究主要关注的都是 CUI 的易用性，但由于 CUI 本身具备社交性的特点，更容易使人机交互受文化和价值的影响，仅仅关注 CUI 的易用性是存在局限的。例如，Lee 等人[42] 关注的在当前的 CUI 中出现的性别歧视、体能歧视等违背设计伦理的现象引发了批判性的设计思考，当前这种只关注功能和使用的 CUI 设计过于功利，也进而限制了 CUI 设计的多样性。目前 CUI 中人机对话的关系单一，基本上是一种用户绝对主导的对话：用户作为一个命令者向机器下达指令，机器给出确认反馈并执行，类似于"命令–回复"的形式；或是用户向机器咨询问题、获取信息，类似于"提问–回答"的形式[42-45]。事实上人们对于 CUI 的需求也远不止这些简单的任务。从最近的一项包括了超过 25 万条智能音箱用户指令的分析研究[236] 中可以看出，用户会使用许多功能性以外的语音指令，包括和家庭成员互动、讲笑话等。S. T. Völkel 等人开展的对话激发实验表明，人们希望理想中的语音助手具有比当前更高的互动性、更智能、更了解用户、更幽默、更有见地[44]。

这种对于多元化人机对话形式的需求也引发了人与机器关系的讨论。从 1996 年 "Media Equation" 理论[180] 的提出，指出人会在与数字媒体的交互中同样表现出一些社交准则，例如礼貌性原则。类似地，计算机被赋予了 "Social Actor" 的身份，因为用户普遍会对计算机使用社交范式，这种普遍性并不源于计算机的拟人化，也不源于任何误解或者心理障碍，而是自然存在的[237]。这意味着计算机或者机器有潜力胜任任何具有社交属性的角色，例如教师、向导、队友、医生、宠物等[238]。早期学术界认为计算机的社交属性包括五类特征[238]：（1）实体特征，包括脸、五官、身体、动作等；（2）心理学特征，包括偏好、幽默、人格、感受、共情能力等；（3）语言特征，包括语言交流、声音等；（4）社交能力，包括合作能力、夸奖、问答能力等；（5）社会身份，一个具体的角色。

人工智能技术在逐日发展，设计应当先行于技术，起到指引性的作用。随着自然语言处理、语音识别等技术能力的不断优化，目前人机对话的使用场景变得越发丰富。正如 2.5.6 节中介绍的 CUI 应用发展，复杂的对话功能使得机器的社会角色也更加丰富，这促使我们再一次思考人机对话中二者的关系问题。目前比较普遍的具备对话交互能力产品，为了保证其易用性和效率，对话内容对于用户来说是比较确定的，或者说都是在可意料范围之中的，尤其是对话目的比较确定的场景，比如智能客服帮助用户订机票、订酒店、询问语音助手天气等。但 "Animistic Design" 理论[239] 则强调了人机交互中的不确定性，这种不确定性可以促使形成一种全新的人机关系。尤其是当机器具备了情感智能之后，未来的人机对话场景中机器有能力从更多的维度来理解对话的上下文，用户也会对机器的身份产生不同的理解，从而促使更丰富的人机对话形式和内容。

2.6 文献综述总结

通过本章节的文献综述，最终可以按照三类学科来总结对话交互界面整体的相关研究状况。首先是人文社科学科相关的领域，以语言学、心理学、社会学为主的研究关注人在对话中的行为模式和现象，这些研究的核心是理解人的行为，而对于对话交互界面的设计则有两方面的价值：一方面是这些现象可以启发 CUI 的设计思路，也可以作为实证设计的基础，例如对话中的共情行为启发了 CUI 中的共情设计[8,27,191]；另一方面，CUI 设计师可以使用语言学中对话分析（Conversation Analysis）[51] 的方法来从人机对话数据中发掘用户体验问题，启发新的设计，例如记录家庭环境中用户使用语音助手的情况，来了解语音对话交互的真实使用情况[41]。在本书之后具体场景中的研究中也用到了对话分析的方法，具体见第 5 章。

其次是与对话交互技术相关的人工智能、计算机科学、自然语言处理等学科领域，这些领域的研究主要以工程技术为中心，研究内容包括通用数据集搭建、基于公开数据集的算法模型开发以及算法能力验证。其研究重点主要在数据和算法模型上，数据集基本决定了算法模型的功能，而这些功能往往是既定的已有问题，例如文本分类、文本关键信息提取、文本生成等。对于 CUI 设计师而言，这些技术层面的研究工作固然是十分重要的设计材料，设计师需要具备快速开发和测试这些技术的能力，但其中有一个工程研究抛给设计师的问题：在面对真实的用户使用场景时，公开数据集往往显得不够适用，以至于已有算法模型的评价结果不能直接参考，而是要在实际的应用场景中测试算法模型。

最后，将设计学领域与 CUI 直接相关的研究分为八类进行了介绍。其中易用性研究、多模态设计、对话表达、人格化设计、社交和情感智能、对话场景探索、设计工具都是比较分散的研究方向，通常会针对某一个特定场景或某一个特定的设计变量进行研究。与本书直接相关的 CUI 设计理论方法所存在的局限性也在 1.1.2 节中进行了探讨。

设计学往往具有学科交叉的特点，本书所涉及的研究范畴包括语言学、工程学、设计学。语言学中比较相关的包括社会语言学中对于言语行为的研究，以及对话分析的研究方法。工程学中比较相关的在于交互原型开发中会用到的语音信号和自然语言处理的技术。本书的主要视角是设计学，从情感化设计理论出发，研究对话交互的设计方法。

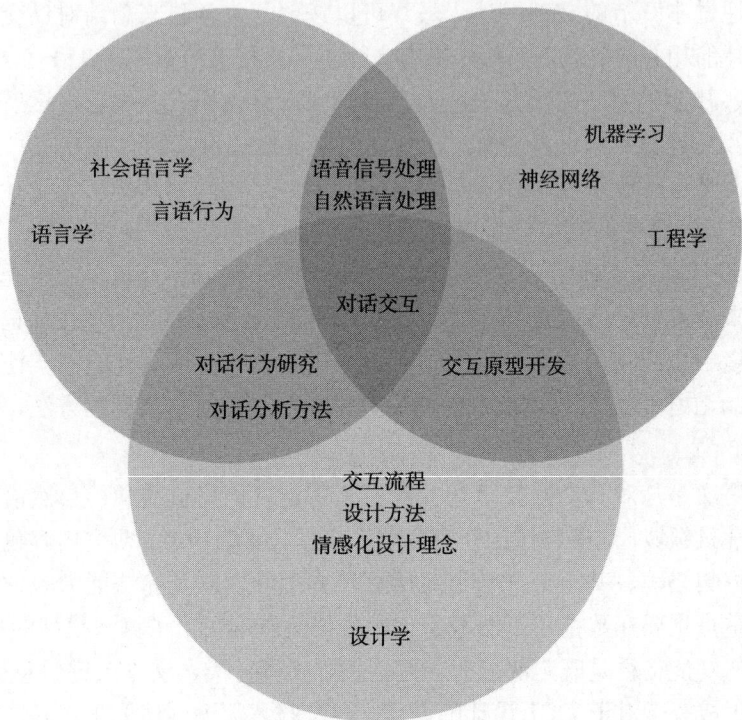

图 2.15 本书涉及的学科范畴

第 3 章　认识对话交互界面

本章首先从对话交互界面（CUI）的用户心理模型开始分析，通过与图形用户界面（GUI）的对比，重点介绍用户在使用 CUI 时对于对话场景和对话能力的理解。接着通过分析 CUI 易用性的特点，并引入"有限理性"[240] 和"双系统"[241] 两个认知理论，尝试厘清 CUI 中算法与设计的关系。基于以上分析，本章提出自然人机对话的三个重要特性，即不确定性、多元性和系统性。

3.1　CUI 的用户心理模型

较为系统的用户心理模型研究包括张雪通过用户访谈归纳的智能音箱产品用户语音交互的心智模型[36]，以及 Janghee Cho 提出的家用语音助手用户输入和提取信息的 push 和 pull 模型[242]。本节所分析的用户心理模型更偏向对话交互，且通过与 GUI 用户心理模型的对比来分析 CUI 心理模型的独特性，随后将 CUI 用户心理模型分为对话场景和对话能力两个方面进行分析。

3.1.1　与图形用户界面对比

从人们比较熟悉的图形用户界面说起，如图 3.1（a）所示。使用 GUI 时，用户首先需要理解界面背后是什么工具，用途是什么，比如，它可能是一个拍照用的相机 App。其次，用户需要了解界面中每一个图形组件所代表的功能，比如，相机 App 中间的圆形代表快门。最后，还要辅以最基本的交互设备使用，比如触控屏、键盘、鼠标。

而在与 CUI 对话的交互中，用户思考的事情是不同的，如图 3.1（b）

所示。首先，用户需要知道 CUI 代表的是什么身份、和用户有什么关系。其次，用户需要了解可以和 CUI 完成哪些话题的对话、这些话题最终可以达成什么目的，以及一些对话的语境信息，比如何时、何地、何种情境发生的对话，这些信息也可以帮助用户理解和完成与 CUI 的对话。

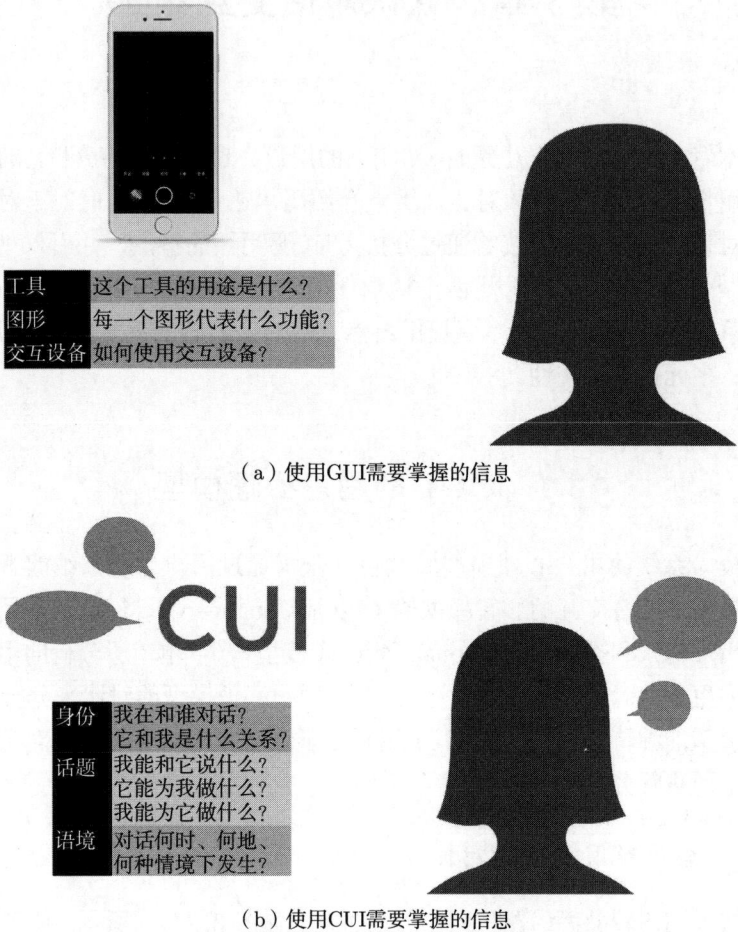

工具	这个工具的用途是什么？
图形	每一个图形代表什么功能？
交互设备	如何使用交互设备？

（a）使用GUI需要掌握的信息

身份	我在和谁对话？ 它和我是什么关系？
话题	我能和它说什么？ 它能为我做什么？ 我能为它做什么？
语境	对话何时、何地、 何种情境下发生？

（b）使用CUI需要掌握的信息

图 3.1　使用 GUI 与 CUI 需要掌握的信息是不同的

图 3.2 从用户心理模型的角度对比了 GUI 用户和 CUI 用户在与界面交互时的区别。对于 GUI，视觉组件往往会设计成和现实中相关的事物来提示其功能，比如，人们熟知的 WIMP 范式，包括 Window、Icon、

Menu、Pointer，分别是窗口、图标、菜单、指针的隐喻[95]。而对于 CUI，
用户需要了解的是 CUI 在对话中的角色（例如助理、客服、陪伴等），界
面所具备的对话能力（例如语音对话距离，语音/文本，语言理解能力等），
当前的语境以及界面所提供的对话功能（例如咨询业务、控制设备等），
然后直接使用自然语言，通过对话媒介（语音、文本消息）完成不同的
"对话目的"。

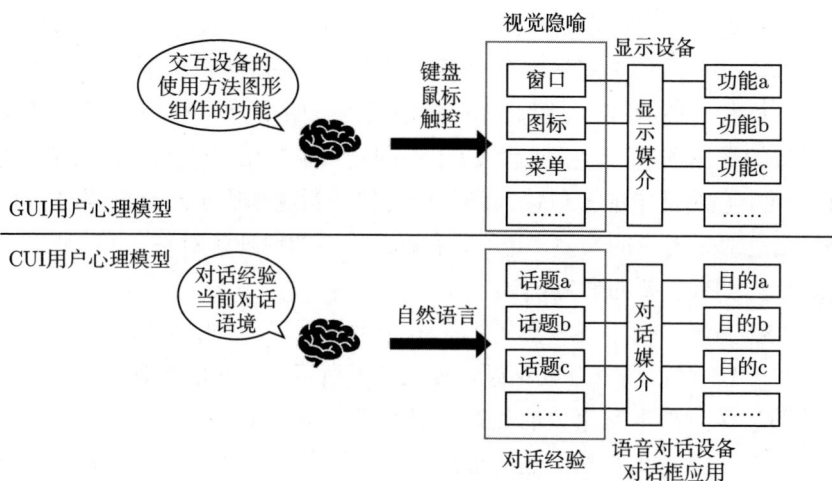

图 3.2　GUI 与 CUI 的用户心理模型对比

其中一个明显的区别在于示能性。GUI 利用图形组件的外形或动画
进行功能提示，而 CUI 则需要把功能提示设计到对话当中。同样是为了
减少用户的认知和学习负担，提高交互效率，GUI 使用视觉设计来隐喻
现实经验，而 CUI 允许用户直接使用现实生活中的对话经验。由此可见，
CUI 相比于 GUI 更接近用户原本的生活经验和行为习惯，用户可以把几
乎每天都会参与的日常对话的经验直接利用到与机器的交互中。通过对
比图，还可以发现 GUI 接近工具，注重完成功能；CUI 中最终完成的不
只是功能，还有"对话目的"。"对话目的"的范围比功能更广，可以通过
不同话题来完成功能目的，而且还可以完成更多社交性、情感性的对话目
的，这些都是目前的 CUI 可以进一步探索的话题范围。

3.1.2　对话场景

对话场景会决定用户心理模型中的两个要素：用户认为 CUI 所担任的角色，以及用户认为在该场景中可能进行的话题。例如，在教学场景中，用户可以把 CUI 当作老师，对话进行通常就会围绕教学内容，相应地，用户会映射现实生活中与老师的对话经验，询问 CUI 关于知识点的问题或做出其他相关的对话行为[3]。另一个例子是，在一个闲聊的场景中，CUI 仅仅作为一个闲聊搭话的对象，尽管没有限定话题，但从统计上还是会形成一个常见的话题集合以及用户的对话行为集合，从 Alexa Prize 基于超过 40000 小时的用户对话统计来看，目前用户喜欢的闲聊话题包括电影、科技、旅行、商业[243]。用户在这类聊天场景中不会对 CUI 的反馈有太多具体的目标预期，一般来说 CUI 的回复只要与用户输入的语句相关即可。CUI 在对话中的角色以及场景中可能的话题都属于对话的语境信息，语境信息对于对话的发生、进行、目标、用户如何理解对话、用户做出的对话行为都有重要的影响[244]。

2.5.6 节介绍了 CUI 新场景探索的相关研究，从中可以总结出目前常见的 CUI 对话场景及其话题。如表 3.1 所示，常见的对话场景包括用于辅助教学——与学习相关的教育场景、在车内使用——与驾驶相关的车内场景、关注情绪和心理问题的健康场景，以及通过访谈获取信息的访谈场景。

3.1.3　对话能力

用户对 CUI 的对话能力认知主要有两个层面：基础对话能力与功能。基础对话能力的心理模型是对 CUI 基本的对话理解和表达能力的认知，功能相关的心理模型是在特定场景下用户对于 CUI 的对话功能或业务能力的认知。在基础对话层面，用户需要了解 CUI 最基本的对话方式，而最基本的对话方式与输入语句的形式和对话模态有关。用户首先需要了解 CUI 理解自然语言的能力，有的 CUI 只能接受固定的语句命令，有的甚至只能选择有限的选项来作为对话输入；而有的 CUI 可以理解一定范围内的自然语言，用户不需要了解或记忆一些固定的输入指令，可以直接表达自己的意图。例如，居家环境的智能音箱用户的心智模型中，会把唤醒作为一个开启对话交互的必要步骤，用户必须先用唤醒词唤醒，才能激活智能音箱的对话能力[36]。其次需要了解 CUI 的模态，目前常见的 CUI 有通过实时语音进行对话的，也有通过输入文本进行对话的，而支持文本输入对话的 CUI 大多也都支持语音消息的输入。对话的模态也决定了对话能力的维度，比如语音模态中 CUI 可接受的用户对话的音量范围。语音模态的 CUI 会有不同的硬件基础，包括麦克风阵列、扬声器等。最后，一些最新的 CUI 设计还可以识别用户的动作或者行为，因此除了基本的语义信息输入，用户还可以利用基于动作和行为的副语言信息（para-language）进行输入。因此，用户对 CUI 基本对话能力的理解会影响用户的对话行为和方式。

表 3.1　CUI 常见对话场景、角色、话题总结

对话场景	CUI 的角色	常见话题	代表性 CUI 设计
教育场景	用户的导师	教学中的设问与解答	Sara[5]、QuizBot[4] Operation ARIES[245]、Sigma[6]
	用户的同学或用户的学生	向用户请教	
	小组学习助手	帮助用户完成小组学习流程以及解决小组协作中的问题	SPA[7]
车内场景	驾驶员助理	帮助用户控制车内功能，例如接打电话、控制媒体等	AIDA[219]、车内语音助手[11] 驾驶助手[218]、共情助手[8]
	驾驶员情感陪伴	处理驾驶员的负面情绪，例如路怒症	
	与自动驾驶相关的辅助角色	为用户提供自动驾驶的实时情况，或帮助半自动驾驶的驾驶状态切换	ATHENA[221]、UltraCab[220]
健康场景	用户的倾诉对象	帮助用户进行倾诉	会倾诉的聊天机器人[14]
	用户的关照对象	通过向用户寻求关照来帮助用户保持心理健康	Vincent[16]
	自闭症患者的日常生活助理	帮助自闭症患者处理焦虑情绪	VCA[17]
访谈场景	访谈者	对用户进行访谈、调研	Juji[246]
	面试者	对用户进行面试	面试模拟 AI[247]

以上讨论的基本对话能力不受具体的对话内容和对话场景影响，当明确了一个具体的对话场景和话题时，用户还需要了解 CUI 可以进行哪方面的对话以及可以提供哪些服务，这便是对 CUI 功能的认知。"可以进行哪方面的对话"指用户需要大致了解目前对话的边界，即哪些话题的输入会导致 CUI 的无法理解，而哪些话题是 CUI 可以正常响应的。"可以提供哪些服务"则是指用户可以吩咐或委托 CUI 执行的具体的任务，比如控制家电，或者播放声音内容。

3.2   CUI 的易用性

许多设计师在进行 CUI 设计时缺乏相关经验，便尝试将 GUI 中的易用性设计准则直接挪用到 CUI，这会带来很多问题，因为 CUI 与 GUI 有着许多本质的区别。Yankelovich 等人[248] 和 Murad 等人[29] 对于从 GUI 迁移设计准则到 CUI 讨论了五个方面的问题，包括可见性、符合用户习惯和认知、方便用户控制、避免和处理用户错误，以及最简化设计。本节接下来也会从这五个方面出发来辨析 CUI 独特的易用性特点。

3.2.1   易用性的五个方面

第一，正如 3.1 节中提到的，CUI 与经典的 GUI 最大的不同在于用户界面的可见性，即便是有屏幕显示对话内容的 CUI，用户也无法像使用 GUI 一样一眼就了解目前的系统状态、所有可用的操作和功能。缺少可见性会减少用户，尤其是新手用户的控制感，传统的 GUI 允许用户通过观察和不断的尝试来学习；而 CUI 的试错成本相对更高，因为对话交互具有一定的实时性，也就是说当 CUI 在等待用户回复时，用户可能会为了避免对话中断而给出一个未经过充分思考的回答，如果出现错误，还需要结束当前对话再重新开启对话流程。虽然在 CUI 中，用户也会使用不同的语句组合和输入方式来测试 CUI 的能力[41]，但 GUI 还是会更快、更有效地帮助用户快速搭建对界面的认知框架。

不过本书认为，用户这种对"可见性"的需要其实是"后天的"。虽然许多用户对 GUI 的交互范式已经十分熟悉，无论是从 1984 年开始流行至今的桌面电脑操作系统使用的 WIMP 范式[95]，还是 2007 年由苹果公司的 iPhone 开启的触控式图形界面的热潮，整个历史过程中的广告、媒体、营销等各方面，都在帮助大众逐渐学习和掌握这些 GUI 的交互范式。因此用户习惯于使用熟悉的"可见性"设计，而这种熟悉其实是"后天"学习后形成的使用习惯。

相对于 GUI "后天"学习的交互形式，CUI 对于用户来讲应该是"先天的"，因为在人和机器进行如此密集的交互之前，人的交互对象更多还是人，而对话就是人与人之间普遍且重要的交互方式。因此，这里讨论的 CUI 的"可见性"与 GUI 中的"可见性"应该不是同一维度的。CUI 要求的仅仅是用户最基本的语言能力，这与 GUI 中的"可见性"是在同一维度的。CUI 要求用户掌握一门自然语言，而 GUI 要求用户掌握 WIMP 范式，这两件事应该属于一个维度。而设计师讨论的关于 CUI 的"可见性"，其实是由于用户对目前 CUI 的不了解以及对于对话场景和功能不熟悉而产生的需求，关于这部分在 3.1 节和 4.2.3 节中有具体探讨。用一个比较形象的例子来解释，当一位客户去银行办理业务时可能不清楚具体流程（CUI 真正的"可见性"），但却应该清楚如何与业务员开始一段普通的对话（CUI 不需要担心这部分的"可见性"）。

第二，CUI 对用户认知和习惯的符合体现在，CUI 具备用户熟悉的语言习惯和特征，因此也有人提出过让 CUI 的对话具备人格化、使用口语交流的方式进行对话等[249] 设计准则。而 GUI 对于用户认知习惯的符合则体现在一些图形的隐喻中，例如上文中提到的 WIMP 范式，就是借鉴了现实世界中的隐喻（窗口、菜单等皆为隐喻）。在符合用户认知和习惯方面，GUI 设计所需要的是借用现实世界中的一些隐喻来向用户传递功能信息，而 CUI 设计需要做的是尽量让其还原人与人之间的对话习惯。

第三，GUI 设计需要充分显示目前系统的状态，并为用户提供操控来保证用户的控制感。具体来说，需要让用户充分了解 GUI 中各个视觉元素的控制和交互方式。而 CUI 为用户提供的控制感主要在于，让用户了解如何开始和结束对话，还可以合理利用一些触控或者视觉识别的方式来控制对话的进程，以此满足对话的多模态需求[249-250]。除此以外，在对话过程当中的控制和打断，也是 CUI 特有的可以帮助用户增强控制感的设计因素。

第四，在交互过程中不可避免地会出现错误，CUI 和 GUI 中的交互错误各有不同。GUI 的错误常常来源于后台功能，GUI 一般用一些错误信息提示来向用户解释目前遇到的错误和建议的解决方案。而 CUI 目前常见的错误主要源于语音识别或者自然语言理解的错误，这类错误往往会导致对话失败，对于这类失败需要特别的设计策略，例如允许用户终止或重新开始一段已经失败的对话[249]。对于 CUI 的对话失败处理设计分析详见 4.2.3 节。

第五，最简化设计是 CUI 和 GUI 共同的设计准则，旨在为用户提供灵活高效的交互体验。GUI 通常会通过减少完成任务所需的时间和操作次数，来保证最简化；CUI 则是通过减少对话时长和对话轮数。使用多模态有利于达成最简化设计，在 4.2 节中会介绍 CUI 多模态的设计。

3.2.2　信息容量

除了以上五个方面的对比，本书还认为 CUI 一个重要的特点在于信息的容量。GUI 适用于具有大量信息交换的场景如文章阅读，而在 CUI，尤其是以语音为主的 VUI 中，为用户朗读大段的文字在很多时候都是低效的、不符合用户需求的，除非是类似有声小说的场景，但有声小说并不存在对话交互，因此不属于 CUI 范畴。此外，VUI 中的信息还不具备持续性，用户可能会忘记历史对话中的信息。目前看来，GUI 更适合一些单向信息传输量比较大的场景，例如写作场景中，主要的信息传递是用户键入的文本内容，虽然光标和输入法的显示会不断给用户信息反馈，但这些反馈只是为了方便用户更好地进行写作任务。而反思人们在日常生活当中进行的口语交流，信息的流动往往是双方平衡的居多，当然，类似演讲等语言行为的信息流动接近单向，这里说的日常对话主要指双方话语权较为平等的对话。CUI 的人机对话中，人机双方的话语权相对来说也更平衡一些，也就是说对用户的反馈除了方便用户表达信息，甚至还可以在对话中起引导作用。

由于经典的 GUI 设计理论更多关注功能性和易用性，以上对比的维度也主要集中在这两个方面。但 CUI 相比于 GUI 或其他交互界面还有一个特点，就是其社交属性。2.5.5 节提到，"Media Equation" 理论[180]认为用户倾向于把计算机当作真实的人来交互，例如，许多人会在于 CUI

对话时使用"请""谢谢"之类的礼貌用语[192]。而对话相较于其他的交互形式会给用户更强的拟人感，更接近自然交互，使得 CUI 很有可能会进一步改变人机关系，让计算机进一步超越工具的范畴。

3.3　CUI 中设计与算法的关系

3.3.1　算法是一种设计素材

目前人们对于 CUI 中的设计普遍存在困惑，甚至有一种误解认为 CUI 本身就只是纯粹的人工智能算法工程问题，因此设计定位模糊也是目前 CUI 中的一大特点。在 GUI 中有许多视觉元素，人们可以将其视作需要"设计"的部分。而很多 CUI 都不存在一个有形的界面，人们对于 CUI 普遍的理解是：对话系统主要是由人工智能算法构成的，只需要工程人员即可完成开发。在早期的 CUI 中，确实缺乏设计的介入，但随着相关的对话技术逐渐发展成熟，CUI 在市场中的推广、用户使用的普及，CUI 越发的需要设计的参与，甚至主导。CUI 设计师需要研究用户行为、分析用户需求、制作设计原型，并进行用户实验验证。除了这些一般设计师需要掌握的能力，CUI 设计师还需要了解最新的对话交互技术来做出设计决策、进行设计创新。

在 TUI、GUI 等其他形式的用户界面中，有形的界面组件可以把用户的输入行为控制在一个有限的集合中，因此用户可能的行为更容易被预测。而 CUI 的用户输入行为则是相当大的范围，其不确定性正是 CUI 设计中困难的部分，因为如果设计师无法预测用户的输入行为就无从进行设计。但语言模型技术的出现让支持自然语言输入的 CUI 设计成为可能，正如 2.4 节提到的算法模型，现在已经有许多语义分类模型、文本生成模型供 CUI 设计师进行使用。2.5 节中介绍的 CUI 设计最新研究进展，许多也都是在不同的使用场景下对基于不同算法的设计原型进行测试。其中，端到端的文本生成语言模型可以利用一些成组的语料数据（"输入–输出"为一组）进行训练，从而模拟输入一段文本之后生成一段文本回复，这种语言模型常被 CUI 设计师用于对话反馈生成、语言风格模拟[26,136,251]。但目前的语言模型都是在一些限定的对话场景中进行测试验证，于是由此产生了一种猜想：在理想状况下，只要收集足够多、覆盖场景足够广的语料数据进行训练，那么模型就可以对任何输入内容生成理想的回复。

这种猜想的关键就是找到足够多的训练数据，然后选用参数量大和模型结构深的神经网络去训练一个全能的语言模型即可。但这个猜想有两个实际上难以实现的前提，一是"足够多"的数据，虽然目前在互联网上可获取大量文本语料，但 CUI 对训练数据有一定相关性的要求，尤其是在对于具有明确话题和目的的对话场景中，CUI 对反馈的准确性和相关性有较高要求，因此要找到足够多、足够相关、足够匹配上下文的数据就变得难上加难。二是即便找到了足够多的原始语料，语料质量也不一定满足要求，虽然可以利用人工标注来进一步筛选数据，但人工标注成本高，而且人工标注准确性也很难保证。其他的例如图像识别类的数据标注，只要图像比较清晰，多数标注人员都会给出一致的判断，而语言类数据要求每位标注人员准确地理解对话的上下文，却很难实现。除此以外，并没有证据指出目前的语言模型神经网络已经可以完全模拟人脑的语言功能，即便是找到足够多、足够好的数据，也未必能达到和人脑一样的语言功能。由于以上这些问题的存在，实现这个理想的设计方案几乎不可行。

最新的预训练语言模型[140,230] 的思路也为 CUI 设计师带来了一些新的可能性。预训练语言模型的思路是用大量通用的语料数据先训练一个超大参数的语言模型，保证语言模型掌握基本的语言特性，例如用于文本生成的语言模型，预训练可以有效提升生成语言的通顺程度，然后再用相对少量的语料数据进行优化训练，来保证生成文本的相关程度。预训练语言模型的思路一定程度上减少了对于数据量的要求，但即便如此，数据的收集还是一件难事。更多情况下，往往需要设计师根据 CUI 的使用场景去了解对话的框架流程、常见的用户对话行为，制定一些对话规则并选择合适的对话技术进行实现。这些对话规则制定得越细致，对语言模型算法的能力要求也就越低，但相对地，对于对话的控制也就更缺少灵活性，CUI 设计师需要在这两者之间去寻找平衡点。当然，这里说的语言模型只是在设计 CUI 时用到的算法中的一种，此外还会用到例如语音识别、语音合成、表情识别等相关的算法。对于 CUI 设计师来讲，算法是一种设计材料，类似于服装设计师要十分了解所使用的布料一样，CUI

设计师需要反复研究算法材料,找到驾驭这些材料的方法。

3.3.2　利用认知理论进行辨析

为了更好地厘清 CUI 中设计与算法的关系,在此引入"有限理性"(Bounded Rationality)的概念。有限理性最早由 Herbert Alexander Simon 提出[240],原本是一个经济学理论,该理论认为,在现实情况下,人所获取的信息和能力都是有限的,能够考虑的方案也是有限的,因此人无法像传统经济学所认为的那样,基于所有信息做出利益最大化的决策。有限理性理论以生理学和心理学为基础,把人的基本生理限制及其带来的认知、动机等限制纳入考虑范围,来解释人的经济决策。这个理论同样也适用于 CUI 的设计中。人在对话中虽然是自由的,但其行为模式也是有限的。也就是说,在对话中的任意时刻,人的有限理性导致其可能做出的对话行为是在一个限定的范围之内的,当 CUI 设计师可以大致圈定出这个范围,就可以进行相应的设计。在确定一个有限的范围之后,仍然保留了一部分不确定性,这时利用神经网络的能力可以根据已知的信息对当前的对话状态进行判断,来完成从不确定到确定的最后一步。例如在一个 AI 访谈的对话场景中,访谈的主题和大致问题框架是确定的信息,但用户在被访谈中给出的回答是不确定的,在设计用户回答的反馈时,就需要利用神经网络处理不确定性的能力。

语言和认知密不可分,这里再引入一个心理学中解释人的认知方式的"双系统"理论。该理论认为人对于信息的加工过程分为两个系统:基于直觉的启发系统(Heuristic System)和基于理性的分析系统(Analytic System)。Daniel Kahneman 在著作《思考,快与慢》[241] 中将这两个系统称作系统 1 和系统 2。系统 1 也叫"快"系统,主要依赖于直觉,其对信息的加工过程非常快,以至于几乎感觉不到什么思考的过程,也不怎么消耗大脑资源,但容易出现个人偏差。系统 2 也叫"慢"系统,更接近于人们理解的逻辑思考过程,系统 2 的工作过程可以感受到每一步思考步骤,和系统 1 相比速度更慢,同时也要求更多的注意力和认知负荷,但在多方信息的综合整合方面表现更好,可以得出偏见更小的判断和决策。举一个例子就是计算,其实比较简单的计算,例如十以内的乘法,基本上是靠我们从小反复记忆的"九九乘法表"来完成的计算,6 乘 8 等于 48,

这几乎是大脑内一瞬间可以得出的结果，属于系统 1 的过程。这个过程几乎也是不可解释的，尽管乘法的原理可以解释为 8 个 6 相加或者用穷举法去计数，但我们的大脑在进行这个乘法运算过程中不会有这个解释或分析的过程，这几乎是一个依靠记忆映射的过程。但当我们进行更为复杂的运算时，例如 68 乘 48，在没有经过特别的记忆的前提下，就需要我们调用一些更高层次的规则逐步进行计算，这个过程就属于系统 2。

现在新兴的神经网络技术就类似于系统 1 的功能，即给定一个信息，快速地给出结果，中间几乎没有可解释的思考过程。以图像识别的任务为例，人看到一张图片，识别图中的物体是什么颜色、什么形状、什么类别，比如一个方形的绿色皮包，整个过程都是直觉性的，很难或者无须解释为什么它是绿色的，为什么它是方形的，为什么它是皮包，因为这些知识存在于人们的记忆当中。也许在刚开始学习这些知识时，会有一些推理的过程，例如有四个角且内角度数差不多是 90 度的形状是方形，但这逐渐变成了一个直觉性的记忆，从系统 2 转移到了系统 1。而现在的神经网络模型也可以很好地模拟系统 1 来完成图像识别的任务[252]，只需用足够数量的、带有准确标注的图像数据进行训练，神经网络就可以快速地对任一输入图像给出具有可靠准确率的物体识别结果，而其中的过程也缺乏可解释性，常被称作"黑匣子"。

在进行 CUI 设计时也可以参考双系统理论，人在对话中实际上是在同时使用系统 1 和系统 2，CUI 设计师应该充分利用神经网络算法的能力去完成系统 1 的功能，而系统 2 的部分则利用一些显式的对话设计（包括对话策略和规则）去完成。2.3.1 节中介绍的一些早期的聊天机器人几乎只有系统 2 的部分，对于用户输入的不确定性内容处理得很糟糕，而在端到端的神经网络出现之后的聊天机器人，几乎可以回复用户的任何语句输入，虽然算不上和人一样的准确自然，但至少是有一些相关性的，但这类机器人的对话几乎只有系统 1，缺乏实际功能。因此，未来的 CUI设计一定会充分结合这两种思路来进行。

综上所述，由于缺少一些直观的视觉元素，对话系统常被误认为是纯粹的算法设计，但实际上算法设计研究和 CUI 的设计研究有本质不同。首先是数据基础不同，算法研究一般会基于规范的标准数据集，而设计研究经常是基于实际使用场景中的真实数据。其次是研究重点不同，算法设计主要关注算法模型结构、模型参数和训练方法的优化，而设计研究关注的是设计变量对用户体验的影响，以及设计的方法和工具。最重要的是研究目标不同，算法研究一般追求的是更快、更准的算法效果，而设计研究则追求更好的用户体验。通过引入认知理论，本节讨论了神经网络算法技术在 CUI 设计中应当承担的作用，以及与设计形成协同关系的可能性。最后用一句话总结它们的关系：**算法是 CUI 的重要设计素材**。

3.4　自然人机对话的特性

基于以上分析，本书认为，自然人机对话具有三个主要特性：不确定性、多元性和系统性。不确定性是指，CUI 中对话使用的是自然语言，其输入输出的内容是变化的，具有一定的不确定性。在后文介绍的研究中会体现在选择合适的对话交互技术来处理不确定性。多元性是指，对话的场景、内容、形式、模态应当是多元化的。在后文介绍的研究中也会出现多元的对话场景和对话形式。系统性则是指应该从多个层面来考虑自然的用户体验。在后文介绍的研究中，会以具有一定系统性的交互流程框架、设计流程等方法，来促进系统性自然的达成，本书所提出的设计方法也是旨在达成 CUI 的系统性自然交互。

3.4.1　不确定性

人机对话交互是充满不确定性的。这与 3.2.1 节提到的 CUI 的"低可见性"类似，以 GUI 为代表的其他形式的交互界面，往往会将界面的能力和盘托出，边界明显；而自然对话始终存在着不确定性，一般不会有明显的边界范围。对话就是通过一轮接着一轮的信息交换来减少不确定性的过程，而在这个过程中如何处理不确定性也体现着 CUI 设计的自然程度。

从工程的角度，可以用马尔可夫决策过程（Partially Observable Markov Decision Process，POMDP）预测对话状态的转移，来模拟对话系统对于不确定性的管理[125,253]。在处理 CUI 的不确定性时，往往会遇到诸如"无法预测用户会输入什么内容"之类的用户输入边界问题，这时就需要设计师根据用户需求、使用场景、项目成本等各个方面进行考虑，选择一个合适的算法解决方案，而不是追求打造一个和人类具有相当能力的对话系统。从设计的角度，合理利用可以处理不确定性的算法工具，正如 3.3 节讨论的神经网络处理不确定性的作用。更重要的是，在整个设计流程中都需要设计师考虑对话中出现的不确定性因素。Animistic Design 理论[239] 强调在人机交互中的不确定性，让机器更像是自然生物。在对话交互中更是如此，一方面是要处理用户输入的不确定范围，另一方面在向用户输出对话时也不能千篇一律，需要加入适当的变化，让用户感受到不确定性带来的自然。

3.4.2　多元性

人机对话交互中的自然是多元的，包括多元价值、多元场景、多元内容、多元模态和多元交互形式。首先是价值的多元，正如 Lee 等人所批判的[42]，用户在使用 CUI 时所关注的价值远不仅限于对话功能的完成。对话行为让用户在下意识间就遵守了一定的社交准则，而对话中除了语义信息的交换和明面上的对话目的达成，还包含了许多社交信息。尽管用户明知谈话的对象并非人类，但长期与人对话形成的习惯让用户很难不在意那些对话中的非语义信息。这也可能是用户倾向于像和人类对话一样与机器对话，即 CASA 范式（Computers Are Social Actors）[180,192] 的原因。因此，想要达成自然的 CUI 设计，必须突破对功能价值的追求，去考虑用户所认可的多元性价值。

其次是场景的多元。正如 2.5.6 节中提到的，当前的研究者正在探索适合 CUI 的各种使用场景，而在不同的使用场景中，对于对话能力的设计也会有不同的需求。目前常见的 CUI 使用场景可以分为两类，一类是任务导向的对话，另一类是非任务导向的对话。对于任务导向的对话场景，需要围绕高效地完成任务来设计对话能力。而非任务导向的对话场景目前仅仅是用于娱乐的闲聊。对于非任务导向的对话场景，用户往往是出于某种心理需求，例如需要陪伴、进行娱乐等，因此 CUI 的设计会围绕具有特色的对话内容生成和生动的语音合成来进行。

然后是内容的多元。当 CUI 给用户的回复出现重复或者让用户感到千篇一律时，用户就会认为这是一种设定好的行为模式，因而降低对 CUI 自然度的评价。目前有许多相关的算法技术可以为多元性内容设计提供

基础，例如可以调节语调的语音合成[254]、可以调节情绪的文本生成[136]
和语音合成[255]、可以根据不同关键词进行调整的文本生成[251] 等。

　　接着是模态的多元。自然对话本身就具备多模态的属性，人们在对
话中交换的不仅是话语中的语义信息，还有大量的副语言信息（Para-
linguistic Information）。例如，3.4.3 节提到的"鸡尾酒会问题"就体现
着对话模态的多元，在多人说话的情况下，人们可以通过音色、发声源
位置、说话人动作来判断此时是谁在说话，Qian 等人利用类似的思路正
在尝试攻克"鸡尾酒问题"[256-257]。除此以外，语气也是重要的多模态信
息，比如用一种讽刺的语气来说"我真是谢谢你了"这句话，就可以利用
副语言信息传递颠覆语义信息的效果。

　　最后是交互形式的多元。经过历史的发展，CUI 已经从早期的语音播
报加电话按键的单一交互形式（2.3.1 节中提到的 IVR）发展为现在的多
元化交互形式。除了最基本的用户输入的语句不再受到固定内容的限制，
用户利用交互来控制对话的方式也变得更为自由。用户可以通过说出唤
醒词、按下实体按键、触控屏幕等方式来开启一段与 CUI 的对话，有的
智能语音产品在开启对话之后的一段时间内，还可以连续进行多轮对话。

　　从信息交换的角度来说，在一些特定场景下，对话交互界面相比于图
形界面或其他类型的用户界面会更低效，尤其是基于语音模态的 CUI，以
口语交际的方式完成语句的交换相比于阅读或者画面表达需要更多的时
间。但在对话的语境信息和模态信息足够丰富多元时，对话的形式又会意
想不到的高效，例如图 3.3 所示，排球场上运动员的对话往往通过一个简
单的手势或一个简单的口号完成，这是因为运动员在比赛之前都对战术
执行充分了解，而且声音和手势的组合可以巧妙地结合听觉和视觉模态。

图 3.3　排球运动员利用手势与背后的队友进行对话（见文前彩插）

图片来源: volleyballessentials.com

3.4.3　系统性

人机对话交互中的自然是系统性的。"自然度"（Naturalness）经常会作为评价 CUI 的一个指标在用户实验中出现[167]，让用户基于在实验中 CUI 的使用体验进行自然度的主观评价，常使用量表进行测量。用户通常会参考日常生活中与他人的对话来进行 CUI 自然度的评价，这意味着，CUI 模拟的对话能力越接近人类，自然度评价往往越高。包括语音识别、自然语言理解、语音合成等在内的对话交互技术会直接影响用户的自然度评价。人们会简单地认为，在这些技术方面不断进行优化就可以达到交互中的自然，但事实上任何一种单一的对话技术是无法保证对话交互中系统性的自然的。

以语音识别为例，正如在 2.4.1 节中介绍的一样，目前最新的语音识别算法在一般情况下几乎已经达到了人类的能力[258]，但这只是在一些通用的公开数据集上进行测试的结果，在更为复杂的声学环境中，目前的算法技术还远不及人类[259]。"鸡尾酒会问题"[259-260] 是复杂声学环境语音识别的经典难题。人类可以轻松地分辨类似图 3.4 所示场景中不同人所说的话语，即便是多人同时说话的情况下，也可以将目标对话人的声音从其他声音中分离出来；但对于目前的算法来讲，这仍是一个难题。

图 3.4　Daniel Hagerman 拍摄的一个典型的鸡尾酒会场景

图片来源：引用[259]

当然，利用更强大的神经网络模型和更多的数据可以提高算法在复杂声学环境中的能力，但识别仍然只是整个对话交互中的一个环节，要达到真正的"自然人机对话"还远不止于此。以对话中的识别为例,人虽然拥有很强的语音识别能力,但仍然不能保证 100% 的准确无误,许多情况下噪声干扰、说话人吐字不清、不熟悉的生词都会导致识别的错误。但这并不会造成对话无法进行,因为人在对话时是清楚自己不知道哪些部分的,对此可以根据上下文进行猜测,也可以发起提问来向对方确认,而目前的 CUI 这方面能力还比较弱。

对于理想的自然人机对话交互,CUI 还应当具备情绪感知、人格形象感知的能力;在对话的输出端,也就是对话生成方面,文本生成也应当保证自然流畅,具备自然的语言风格、情绪表达的能力等。因此,如何找到一种设计方法,来统筹多个维度的设计变量,包括技术能力、对话设计等,最终接近系统性的人机对话自然成了一个重要的问题。

3.5　从 CUI 的整体认识到设计方法

本章首先在与 GUI 的对比、对话场景、对话能力三个方面,对 CUI 的用户心理模型进行了分析。GUI 依赖于用户对图形的认知心理模型来设计对应的交互,而 CUI 则依赖于用户对语言和对话经验的认知心理模型。对于不同的 CUI 对话场景,用户会对 CUI 的交互方式和内容有不同的期望和理解。用户对于 CUI 的基本对话能力和所提供的功能服务的理解,也会影响其对交互的理解和行为。

用户对于 CUI 的认知心理模型,使其具有独特的易用性特点。先前的研究从可见性、用户认知习惯、操控性、错误处理、最简化设计等方面对 CUI 的易用性特点进行了针对性的研究。现阶段 CUI 很大一部分的易用性问题还是由于技术能力的不足造成的。当 CUI 的技术缺陷暴露给用户时,就会使用户产生误解,认为 CUI 主要还是一个技术问题,设计在其中并没有起到核心作用。与传统的设计学研究不同,本书的研究并不完全排除对于技术部分的讨论,尤其是对话交互技术,本书鼓励 CUI 设计师掌握一定的技术研究能力,在具体的使用场景中、真实的用户实验环境中,对交互技术进行多方面的测试。本章还提出结合"有限理性"和"双系统"认知理论来思考 CUI 中对话交互技术的作用,以此探索在 CUI 设计中更好应用人工智能和对话交互技术的可能性。

本章结合最近研究领域中出现的突破 CUI 设计功利主义的呼吁，对自然人机对话的特性进行了拓展，提出了三个主要的特性：不确定性、多元性和系统性。自然对话的范围是灵活的，充满不确定性的，这也促使 CUI 的设计师去考虑使用合适的对话交互技术来处理人机对话中出现的不确定性。对话中价值、场景、内容、模态和交互形式的多元性促使 CUI 的设计也应当是多元的，尤其是在当前 CUI 设计的现状缺乏多元性的情况下，更需要可以促使多元性的 CUI 设计方法的提出。最后，人们普遍关注 CUI 中人机对话交互体验的"自然度"应当是具有系统性的，在设计时应当使用具有系统性的方法，在不同层次的用户体验进行考虑。

下一章将会从以上总结出的特性出发，尝试提出一套 CUI 的设计方法，分别在以下三个方面有所提升：（1）以合适的技术手段处理对话的不确定性；（2）有助于形成多元化的人机对话形式；（3）多层次地考虑用户体验。

第 4 章　层次化用户体验的对话交互
界面设计方法

　　本章将主要介绍 CUI 设计方法理论部分的内容。首先，本章基于情感化设计理论，提出在 CUI 设计中融入层次化用户体验的概念，将 CUI 的用户体验分为三个层次：直觉感受层、对话功能层以及对话认知层。其次，本章提出适用于 CUI 的交互流程框架，并结合所提出的层次化用户体验的概念，对交互流程框架中的重点设计维度和变量进行分析。最后，结合上述层次化概念和交互流程框架，提出 CUI 设计流程。如图 4.1 所示，本章提出的 CUI 设计相关的理论方法包括三部分：层次化用户体验的概念、交互流程框架以及设计流程。

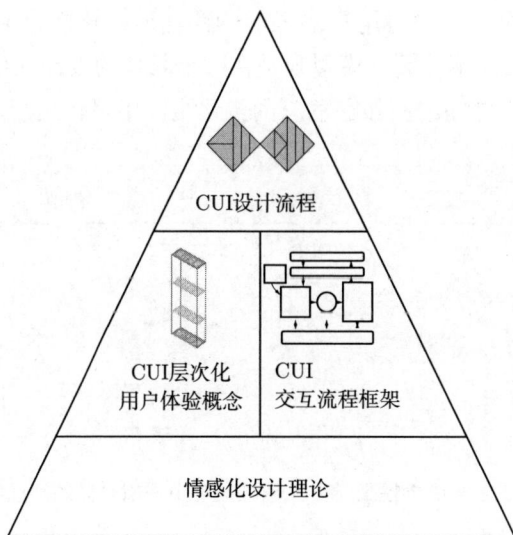

图 4.1　设计方法构成

4.1　层次化用户体验

针对目前的 CUI 设计方法缺乏多层次的用户体验考量，本节基于情感化设计理论提出 CUI 用户体验的层次化概念。

4.1.1　情感化设计理论

情感化设计有两个具有代表性的理论[261]：广岛大学的 Mitsuo Nagamachi 教授提出的"感性工学"[262] 和 Don Norman 提出的"三层次理论"[34]。

"感性工学"是一种以消费者为导向的基于人因工程的理论，通过尝试量化消费者的感性情绪来得到具体的设计特征，以此探讨人的感性与产品设计特性之间的关系。"感性工学"主要包含了三个方向：感性分类、感性计算系统、感性数学模型。感性分类指将用户对产品的感性需求按照树状结构拆分成设计细节。图 4.2 展示了一个例子，感性分类把用户对汽车的"紧凑感"描述逐级拆分，第二级可以描述为"适当狭窄""简洁"等；最后的实体细节则可以把"适当狭窄"又拆分为"4 米长""两座""宽度"，把"简洁"拆分为"内饰简洁"和"地毯特点"。第二个方向感性计算系统则是一个将用户输入的感性描述词转换为示意图的自动化系统。第三个方向感性数学模型则是在一个具体的设计应用中，利用数学的方法量化用户感知，例如在色彩的量化空间中量化用户对肤色的感觉。

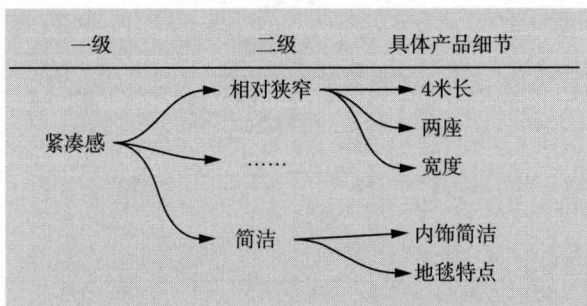

图 4.2　"感性工学"从感性概念中提取具体的产品特征

另一个具有代表性的理论是 Don Norman 的《情感化设计》[34]，提出三个情感化设计的层次：本能层次、行为层次和反思层次。这三个层次的概念来源于心理学的 ABC 态度模型[263]。简单来讲，本能层次的设计关注如何直接从用户的感官层面造成情绪波动，例如从外观设计上去引发目标用户在看到产品的一瞬间的愉悦。在对话交互界面中最典型的本能层次设计的例子在于音色的设计，当用户在听到语音助手音色的一瞬间就会产生情绪上的反应，如音色是否悦耳，这种判断是出自本能的、不加思考的。如果说本能层次的设计是自然的、原理性的，那行为层次的设计就是功能性的，它关注设计中与使用相关的部分。一个好的行为层次设计会考虑功能、易理解性、易用性等因素。在对话交互界面中，对话功能是否可以高效达成取决于行为层次的设计，例如，在一个嘈杂的公共环境中强迫用户使用语音输入，糟糕的识别率就会导致对话任务的失败，这就是行为层次设计的一个错误示范。最后的反思层设计涵盖更多领域，包括信息、文化、产品含义和用途。反思层会在更长的时间范围里给用户留下情感记忆。在对话交互界面中，人格化设计就是典型的反思层设计，用户经过一段时间的使用之后，通过对过往对话历史的反思了解对话交互界面的性格，并以此影响未来的交互。

　　本书提出的对话交互界面设计理论主要基于"三层次理论"，将层级化情感设计的思想应用到对话交互界面的设计中。这种结合的思想应该是一种考虑多层次用户体验的设计方法，从用户瞬时的本能情感体验，到一段时间内的功能使用，到随时间积累的情感记忆以及形成的反思过程，尽可能分层次地去考虑用户体验。

4.1.2　层次化 CUI 用户体验

　　基于情感化设计的三层次理论，本书提出将 CUI 用户的体验分为直觉感受层、对话功能层和对话认知层。**直觉感受层**的用户体验指用户在与 CUI 进行对话时不假思索的直觉感受体验，一般在交互中的瞬间就会形成。可以用类似"好听""悦耳"的词来形容这种直觉感受层的体验。比如音色设计就是对用户的直觉感受层体验影响较大的设计维度，用户在听到 CUI 语音的音色的短时间内就会留下第一印象，无须听完一句完整的话就可以形成初步的体验。

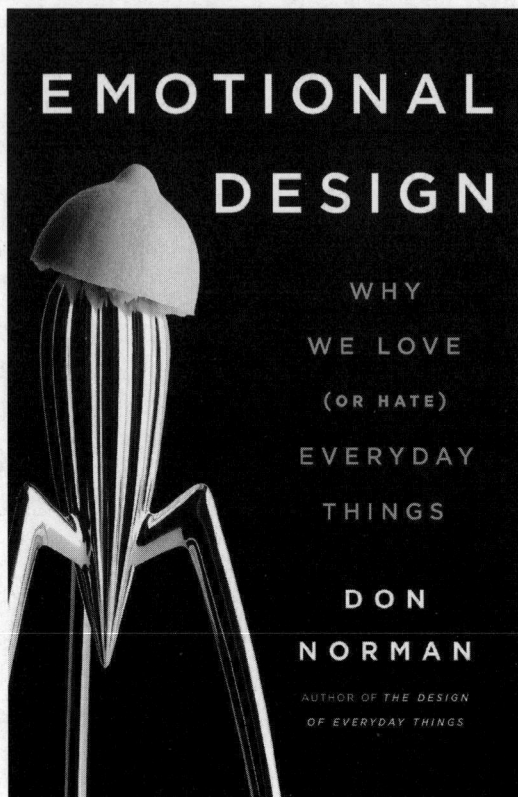

图 4.3　Don Norman 的《情感化设计》（*Emotional Design*）（见文前彩插）

　　对话功能层的体验与 3.1 节中描述的对话能力心理模型紧密关联，分为基本对话能力和上层任务两个方面。基本对话能力即最基本的对话管理、理解和传达，用户可以轻松开始对话，让 CUI 听见并理解自己的话语，并且轻松地听见和理解 CUI 输出的语句，才可以保证最基本的对话功能层体验。可以用"能听懂""好用""方便"等词语来描述对话功能层的用户体验。比如，目前常见的唤醒词设计在对话功能层上就不太令人满意，虽然人们在对话中是会通过呼唤对方的称呼来开始对话，但一旦对话开始就不需要在每一句前面都加上称呼，而现在的唤醒词设计往往要求用户在每一句输入前都加上唤醒词。又比如，一个需要用户不断加大音量、重复同一句话的"耳背" CUI，是很难在对话功能层建立基本的用户体验的，甚至会从对话功能层开始崩塌，使得所有层次的用户体验都变得糟糕。在保证了对话基本的对话能力之后，才有上层任务的体验，在有具体的对话目的和任务的场景，能够通过对话高效地完成既定任务，这就是对话功能层面的上层任务体验。

　　对话认知层是最高层次的用户体验，指在使用 CUI 一段时间之后，对其整体体验的反思和总结。用户经过一段时间与 CUI 的对话之后，会逐渐改变对该 CUI 产品的认知。这种认知可以是用户经过多次对话形成的整体的主观评价，也可以是用户内心对于 CUI 产品价值的认定。可以用"智能""贴心"等描述用户整体使用感受或用户与 CUI 对话关系的词来描述对话认知层的用户体验。决定对话认知层体验的因素十分复杂，任何一个低层次的细节体验都可能影响 CUI 在用户心中的价值认可，在进行对话认知层的设计之前，需要保证前两个层次具有稳定优质的用户体验。

　　用户的信任体验、对话社交体验也都属于认知层次的用户体验。用户的信任体验首先是基本的对话能力的信任，对话功能层长期的优良表现可以为 CUI 搭建一个可信可靠的角色定位。其次，更典型的信任体验则是与用户隐私的保护有关，许多 CUI 用户会对隐私问题有所顾虑，尤其是在基于用户行为记录提供个性化内容推荐服务的时候。让用户感到自己的隐私得到妥善的保护是信任体验的关键。对话社交体验包括 CUI 所体现的人格特点，CUI 在与用户的长期对话中应当保持统一的人格，而不是随机的对话行为的组合。当用户熟悉了 CUI 的人格特点，就可以更好地调整对于对话输出的预期，并相对准确的预料对话行为，从而提高对话效率，也可以增加对 CUI 的信任感。对话本身也具有社交属性，即便是对一个非人的对话对象，人们也会倾向于把它当作人来对话。但这一现象带来的并不是只有好处，正如 2.5.4 节所介绍的，用户并不是始终如一的保持着友善。总之，这些与伦理和社交相关的体验构成了用户对话社交的体验。

　　这三个层次可以从两个维度来进行区别。首先是形成时间，直觉感受层形成时间一般比较短，可能几百毫秒甚至更短，可能只是因为 CUI 提到了某个词就会引起用户直觉上的好感；而对话功能层的体验则需要在使用 CUI 功能的过程中形成，一般需要至少几秒的时间；最慢的则是对话认知层，需要对一定时间的使用体验进行反思之后才会形成，可能是十几秒，也可能是几个月、几年。当然这个短、中、长的时间概念是相对的，没有一个绝对数值的限定。用户在直觉感受层的认知是比较浅的、难以解释的，一瞬间的喜欢或者讨厌可能没法说出理由，但对话功能和对话认知都是需要一定程度的思考，再得出评价结论。

表 4.1　CUI 层次化用户体验

层次	定义	形成时间	对体验的描述
直觉感受	不假思索的直觉感受体验	短	"好听""悦耳"
对话功能	基础对话能力与对话任务的完成能力	中	"能听懂""好用""方便"
对话认知	对 CUI 形成的整体印象，例如 CUI 整体智能程度评价	长	"智能""贴心""可爱"

4.2　层次化用户体验的 CUI 交互流程框架

本节先对已有的 CUI 交互流程框架进行了梳理和扩充，再加入最新的 CUI 设计维度和变量，并基于所提出的层次化用户体验方法对交互流程框架进行分析。

4.2.1　CUI 交互流程框架

传统的 CUI 交互流程框架如图 4.4 所示，由 5 个部分组成[28]：语音识别、自然语言理解、对话管理、回复生成以及语音合成。用户的输入可以是语音，也可以是键盘输入的文本，语音首先经过语音识别转换为文本内容。文本输入内容经过语义理解，把语句转换为用户实际表达的含义，包括但不限于用户的意图与行为。传统对话交互界面的核心组件——对话管理——会把理解的用户语义与当前对话中的背景信息结合起来，决定如何回应，即生成一个对话行为，这个行为可能是直接执行用户要求的任务，也可能是需要进一步确认用户具体需求。随后，根据回应策略生成具体的回应语句，将语句内容进行语音合成播放给用户，或者借助显示器显示在屏幕上。这样的用户界面框架大致描绘了信息从用户到系统、再回到用户的闭环过程。随着 CUI 场景的丰富和对话技术能力的增强，其中各个环节存在的设计空间缺乏更深入的分析，关注用户体验的思想也无法从中体现。对此，本书将提出一个更全面、更具包容性的 CUI 交互流程框架。

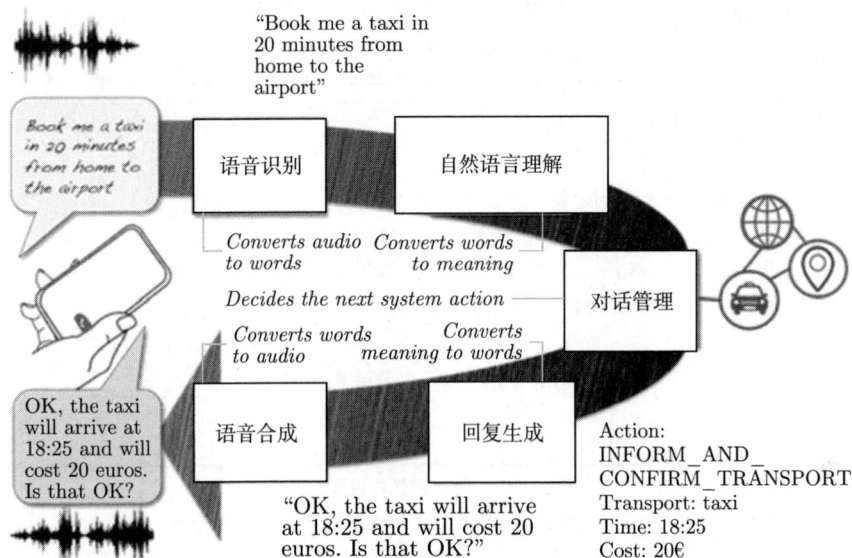

图 4.4　传统的对话交互流程框架

（图片来源：引用 [28]）

根据第 2 章中相关文献的整理，本书将更多的设计维度和设计变量加入到 CUI 交互流程框架中，如图 4.5 所示。交互流程框架以"对话行为"作为交互单位，对话行为在该框架下的定义为：用户和 CUI 之间每进行一次对话的输入或输出就是一次对话行为。这里的对话行为类似于 2.2.1 节中介绍的言语行为，对话行为不仅限于有语义的语句，一个眼神、一个手势也可以是一个对话行为。

需要注意的是，图 4.5 中所列出的设计变量为理论示例，实际使用时需要根据具体的场景来确定具体的设计变量和交互流程。**本书提倡在考虑具体研究的设计变量时，尽量选择那些可以形成具有创新性人机对话交互形式的变量。**例如，本书第 6 章介绍的研究，关注的是 CUI 的情绪反馈设计，那么重点进行研究的设计维度就是情感智能，所涉及的设计变量是对话行为理解部分的情绪感知，对话行为渲染则包括情绪反馈行为设计，以及相应的在中间支持对话决策的各个数据和算法模型组件。

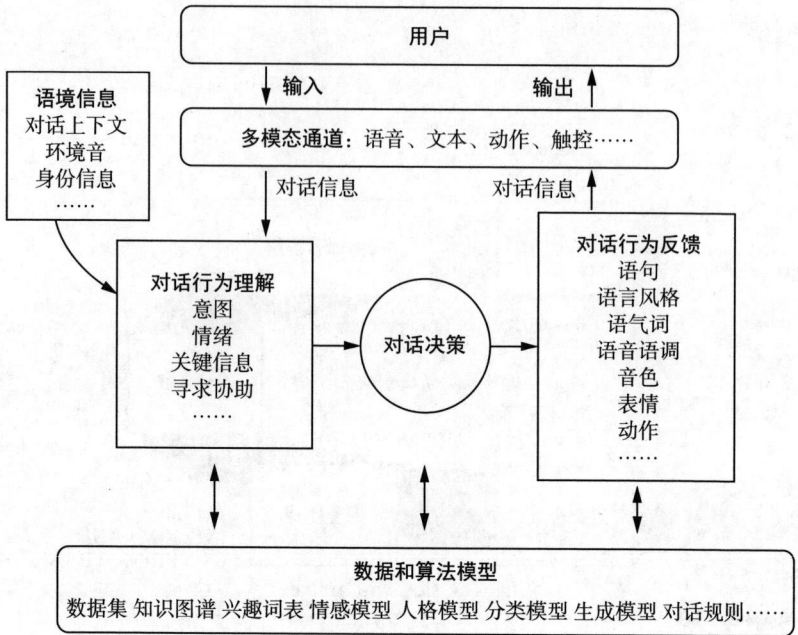

图 4.5 本书提出的 CUI 交互流程框架

首先，CUI 通过多模态通道来进行对话的输入输出。CUI 与用户的交互通道是具有模态灵活性的，除了通过常见的语音模态和文本模态（通过文本消息的形式对话，实际为视觉通道）来传达对话内容，还可以使用其他的辅助模态。正如 3.4 节中提到的，对话交互的多元性来源之一是多模态。除了对话中的语言（verbal）内容，非语言（non-verbal）内容同样起到传递语义和对话信息的作用。因此，CUI 还可以通过多模态设备捕捉用户的表情、动作，甚至探测距离用户的远近并将之作为对话输入的一部分。同样地，CUI 也可以充分的利用多模态去输出对话信息，因此，CUI 直接面对用户交互的部分应该是一个多模态通道。当然，在进行模态相关的设计时，也要考虑具体使用场景中可行的技术解决方案。

其次，CUI 需要把接收到的所有输入信息转化成用户对话行为的理解。这些对话行为的理解包括用户当前的意图和情绪，用户输入内容中提供的关键信息，对话中寻求的帮助等。另外，历史对话上下文以及环境中的其他信息（例如环境音）也可以帮助理解用户对话行为。正如 3.4 节中提到的，CUI 的用户输入范围比 GUI 大，而目前的算法能力还无法做到与人一样的理解能力。因此，为了设计出具有可行性的 CUI，在这个环节必须考虑使用场景中的三个因素：一是对话的最终目的；二是对话场景中可用的信息；三是选择可行的技术方案，即相关的数据与算法模型。设计师必须明确 CUI 的设计不是制造出和人一模一样的对话智能，而是为了满足用户某一方面的需求进行最简化设计。因此，根据场景和用户需求明确对话的最终目的，并基于此选择场景中可用的信息和可行的技术方案来完成对话行为的理解。例如，在自动客服场景中（文本消息对话），CUI 只为用户提供商品资讯的服务，利用文本分类模型对用户输入的对话内容（结合历史记录、购物车或订单信息）进行分类预测来判断用户的意图，判断完成后利用命名实体识别算法从中提取关键信息（例如商品名或订单号），从而理解用户的对话行为。

最后，CUI 需要根据用户的对话行为给出恰当的回复，也就是对话决策。与上一步类似，也需要根据对话的最终目的设计回复，并找到可行的数据与算法模型等组成的技术方案。可能用到的设计方案包括使用根据专家经验预设的对话规则（常用于任务型对话）、使用外部的知识图谱丰富对话输出（常用于信息咨询）、擅长处理不确定性的语言模型（常用于非任务型对话，尤其是端到端的神经网络语言模型）、用于新手用户和应对对话失败情况的示能设计、考虑用户可信度和对话自然度的人格设计，以及其他的根据具体情况选择的设计方案。基于对话行为决策的设计和相应的技术解决方案，可以渲染出具有不同特点的输出对话行为进行反馈，这些特点包括语句内容本身、语言风格、语气词的使用、语音语调，以及音色等。如果结合视觉模态进行输出，那么还包括表情、动作、视觉动画等特点。这些不同的特点可以作为不同的设计变量来进行研究。

4.2.2　结合层次化用户体验

上一节中提出的框架仍然是从设计师的角度对交互流程的分析，为了更多地从用户体验的角度进行考虑，本节将 4.1.2 节中的层次化用户体验理论结合到交互流程框架中。如图 4.6 所示，交互流程各个步骤涉及的每一个设计变量都可以从三个不同的用户体验层次来进行分析。

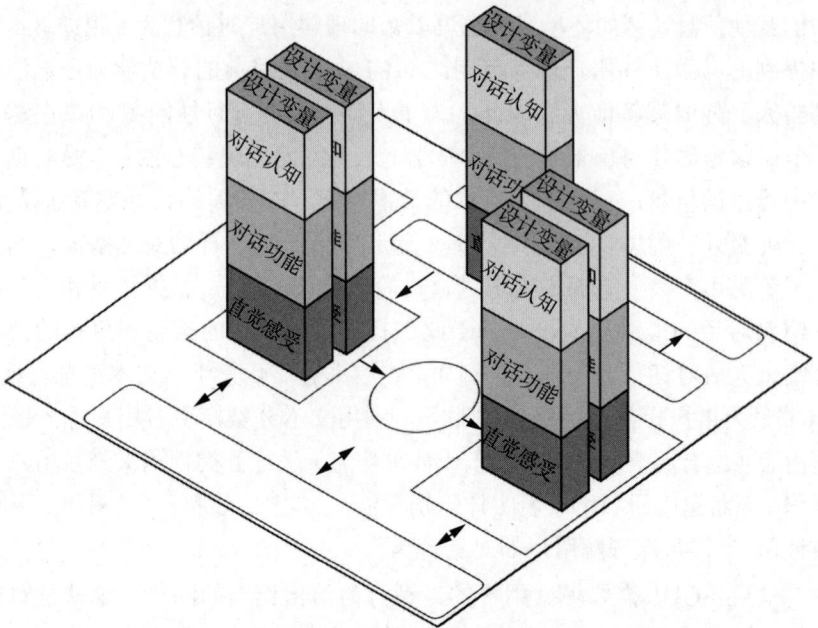

图 4.6　　对交互流程中的设计变量进行层次化体验分解

4.2.3　部分设计维度和变量分析

本节选取 CUI 中部分具有代表性的设计维度进行不同用户体验层次的分析，设计师和研究者可参考本节的分析方法，对其他的 CUI 设计维度进行层次化用户体验分析。通常关于 CUI 的设计研究都会聚焦在某一设计维度，设计维度包含不同的设计变量，涉及一个或多个重点的用户体验层次。通过总结以往的相关研究，我们可得到部分比较具有代表性的 CUI 设计维度，包括：示能性设计、对话失败处理设计、对话触发设计、对话表达设计、情感智能设计和多模态设计。CUI 中的设计维度丰富、设计变量繁多，设计师和研究者可根据使用场景和用户需求，在 CUI 研究中选择相关的设计维度和变量，并结合层次化体验的方法进行研究。

（1）**示能性设计**：示能性 (Affordance)，也叫作功能可见性，原本是心理学中的概念，指环境中对象和人的交互关系。研究人类感知的心理学家 James J. Gibson 最早提出了示能的概念[264]，环境或物体为人或动物提供的作用，这个作用无论好坏，都称为示能。比如一块大小趁手的石头，可以供人抓握、投掷，这就是这块石头对于人的示能性。Gibson 认为，示能性不是一种物体固有的属性，而是物体和作用者的相对关系，比如石块对于猫来讲，就不具备抓握和投掷的示能性。Donald A. Norman 最早将示能性引入到设计学的范畴中[265-266]，他在著作《设计心理学》中解释，计算机的交互设备是具备示能性的，例如键盘上按键的形状提示用户可以通过敲击来进行打字输入。而现在最常见的移动智能设备普遍使用触控屏，屏幕中显示的虚拟按键或者卡片也被设计成看起来可以点击的样子，来为用户提供示能性。

　　而在 CUI 中，示能性的设计尤其重要。对于 TUI 和 GUI，可以对组件的外观进行示能性设计，加入一些具备示能性的隐喻，就可以帮助用户理解该组件的功能。例如，不同的门把手外观可以提示用户如何打开这扇门，下压式的门把手提示用户应该握住把手下压，而拉手类的门把手提示用户可以直接拉门；手机 App 中的一个方框组件提示用户可以在此处进行点击。但在 CUI 设计中，尤其是基于语音的 CUI，很难通过有形的"外观"设计来为用户提供示能性。对于一些具备屏幕一类图像输出设备的 CUI，可以通过显示在当前交互状态下用户可以输入的语句示例来为用户提供示能性，例如图 2.10 所示小爱同学的输入提示；或者设计示能提问的功能，如用户可以通过询问"我可以说什么？"来获悉目前可以进行的操作[210]。

　　总结已有的关于 CUI 示能性研究的文献，关于 CUI 示能性的设计变量包括示能时机、示能方式与示能模态。示能时机是指在对话中的什么时机向用户示能，对 CUI 的示能性设计非常重要。例如，Yankelovich 提出的示能方法是当用户输入的语句缺少系统可以识别的关键信息时进行示能[267]。Yankelovich 提出的示能设计适用于比较早期的语音指令界面，那时的系统只能识别一些具体的语句，自然语言理解能力非常有限。而适用于自然语言界面的示能性设计，应该可以根据对话的上下文以及当前状态，准确地判断出用户现在是否需要示能提示。Corbett 和 Weber 提供了另一种示能时机的设计：用户在不清楚应该输入什么语句时，可以主动向对话系统提问"我可以说什么？"来获取提示信息[210]。示能方式是指具体以什么样的方式来提示用户，例如 Yankelovich 的方式是直接告诉用户系统目前可以接收的指令是哪些。更理想的示能方式则是通过意图检测和 slot-filling 模型[268]，来了解用户目前遇到的具体问题和可能缺少的信息，据此来引导用户，提供用户目前所需要的提示，而不是把所有的选项都列举出来。示能模态则是指具体选择在哪一个交互模态进行示能，在多模态环境中可以使用视觉信息进行示能，充分利用用户的感官通道可以增加交互效率，如图 2.10 所示；在无法使用屏幕一类的视觉反馈的情况下，可以通过语音对话的方式进行示能，这种对话示能的方式会更加贴近于人与人对话的自然状态。

示能性设计维度关注的用户体验的因变量，包括目标任务完成效率、目标任务完成度、对话错误率和示能效率。目标任务完成效率指由于不同的示能设计影响的对话目标任务的完成效率，可以用完成时间、单位时间完成数等数量来表示。目标任务完成度指由于不同的示能设计影响的对话目标任务的完成度，可以用完成进度、平均完成率等数量来表示。对话错误率指由于不同的示能设计影响的对话目标任务出错的概率。示能效率指不同示能设计完成功能提示的效率，可以用示能对话轮数、示能时长等数量来表示。当然，包括可用度、自然度等其他的主观用户评价也可以作为示能性设计维度的因变量。

由此可见，示能性可能会影响对话功能层次的用户体验。而在例如 GUI 和 TUI 等其他类型的用户界面设计中，示能性可能会包含外观设计，以及用户在看到外观后的直觉反应，因此示能性可能也会涉及直觉感受层次的用户体验。

（2）对话失败处理设计：在人与人的对话中，常常会有一些对话失败的情况出现，例如错误理解对方意图、没听清楚或不理解对方说的话。当对话失败出现时，人们会用各种策略来修复对话，对话修复机制研究通常基于 Clark 和 Brennan 提出的"沟通基础"（grounding in communication）框架[269]。人们常常通过提问来表示自己的不理解，或者通过复述对方说过的话来确认达成一致理解[270]。超过 9 岁的孩子还会使用自己的语言来定义对方所说的词组，试图以此修复对话[271]。人机对话同样需要对话修复，不过人们在和机器或智能设备对话时，会采取一些与人对话时不同的行为策略[186,272]。目前对于人机对话中对话失败的研究，最常见的是通过对人机对话数据进行对话分析，来找到不同类型的对话失败，以及用户的应对策略[41,56,273]，例如，Myers 等人发现四类典型的对话失败情况，其中最典型的就是 CUI 的自然语言理解问题，用户通常会字正腔圆地重复语句、简化输入语句，或提供更多细节信息等方式，来修复对话失败[273]。

　　总结已有的关于 CUI 处理对话失败的设计研究，关于 CUI 对话失败处理的设计变量包括对话失败检测、打断机制与修复策略。对话失败检测是指以什么样的方式来发现对话失败。在人与人的对话中，对话双方都可以发现对话失败并发起修复[274]；而对于 CUI，则需要采用例如机器学习一类的算法模型进行检测，常见的方式包括在语音识别层面根据置信度等信息进行语音识别失败的检测[275]，或者在对话层面根据历史对话信息进行对话理解失败的检测[276]。在目前的人机对话中，发现对话失败的一方通常还是用户，因此需要设计相应的机制，允许用户在发现对话失败之后可以打断当前的对话。打断机制是指当对话失败出现之后，以什么样的方式打断当前正在进行的对话。目前家用的语音助手（小爱同学、Amazon Echo 等）一般允许用户通过说出唤醒词或者按唤醒按钮来打断正在说话的语音助手。Yan 等人则利用视觉模态的表情检测，让用户可以通过皱眉的动作来打断语音助手[22]。修复策略则是指在双方确认了对话失败后所采取的修复对话的策略。典型的修复策略包括给出选项、给出解释、确认、重复、尝试另一种措辞或说法等[143,277]；机器人设计领域在处理对话失败方面也有遵循礼貌原则的道歉、补偿、提供选项等策略[278]。

　　总结已有的关于 CUI 处理对话失败的设计研究[22,275−276,278]，CUI 中对话失败处理设计维度中的用户体验因变量，包括失败检测准确率、打断效率、对话修复成本和用户掌控感。失败检测准确率即系统检测对话中对话失败的准确率，可用检测成功率、F1 值等表示。打断效率指当 CUI 允许用户主动打断时，打断行为的效率，可用打断成功率、打断耗时、打断生效延时等表示。对话修复成本包括用户在打断、修复对话的过程中感受到的困难程度和执行意愿，可以用打断难度评价、修复所需对话轮数等表示。用户掌控感指用户感觉到的对于整体对话的掌控程度，是需要主观评价的变量。其他的用户主观评价变量还包括修复方式自然度、修复行为的拟人度等。

　　由此可见，与示能性设计维度一样，CUI 的对话失败处理设计可能会影响对话功能层次的体验，这个设计维度内最重要的目标还是帮助用户高效地处理对话中的对话失败，快速让对话恢复正常。当然，在处理对话失败方式的细节设计上也会影响用户对 CUI 的人性化和智能化程度的认知，在某些时刻可能会影响直觉感受层和对话认知层的用户体验。

（3）对话触发设计：指设计在何时、何地、对话的哪一方以哪种方式触发一段对话。基于文本的 CUI 可以通过一条消息来触发对话，而基于语音的 CUI 则会有更丰富的对话触发设计。2.5.1 节中提到，目前常见的对话触发设计是基于唤醒词或唤醒按钮的，这是目前基于计算资源、用户隐私、交互方式等多方因素形成的交互形式。虽然唤醒词能给用户带来一定的对话掌控感，但其实是一种牺牲了不少用户体验的设计方案，因此出现了许多无唤醒触发对话的设计[149]。

总结已有的关于 CUI 对话触发设计的研究，关于 CUI 对话失败处理的设计变量包括对话发起方、触发媒介和触发行为。对话发起方指是用户还是 CUI 来发起对话，目前以唤醒词或者唤醒按钮为主的触发设计都是以用户为发起方的，如果想要让 CUI 成为发起对话的一方，就需要充分利用对话中的情景信息[18,20]。触发媒介和触发行为共同构成了触发对话的方式，对话中的一方通过某种媒介做出某个具体的行为来触发对话，例如，通过声音的媒介来说出一个具体的唤醒词。除了声音媒介和唤醒词的组合，按下实体或虚拟的对话按钮也是常见的对话控制设计[21]。一些特殊的手势也可以作为对话触发，例如 Yan 等人设计的 PrivateTalk 允许用户做出说悄悄话的手势，来触发和耳机中的语音助手对话[279]。PrivateTalk 仍是通过声音媒介来判断用户是否使用了悄悄话手势，而视觉媒介也可以用于对话触发，通过摄像头观察到的一些用户行为（例如用户盯着语音助手看）可以作为对话触发的条件[52,152]。

对话触发设计维度中的用户体验因变量包括触发速度、触发距离和触发成功率，以及触发自然度等用户主观评价[21,52,152,279]。触发速度指完成对话触发所用时间的快慢。触发距离指在什么尺度的有效距离内可以进行对话触发，这与触发媒介密切相关，例如通过耳机和智能音箱作为收音媒介，需要截然不同的触发距离。对话触发很难保证每一次都成功，对话触发的失败非常影响用户体验，因此对话触发的成功率也应该纳入设计的考虑中。

由此可见，考虑对话触发对对话完成情况的影响，属于对话功能层的设计；考虑对话触发设计对用户产生的瞬时情绪影响（例如 Jung 和 Kim 讨论唤醒词的使用往往会和语音助手的对话错误相关，因此会引起用户本能的负面情绪[149]），属于直觉感受层的设计；考虑 CUI 的主动触发对话能力而改变用户对其定位的认识，则是对话认知层的设计。

（4）对话表达设计：CUI 的对话表达设计维度主要分为声学和语用学的角度，声学角度主要是指语音合成中音色的设计，语用学角度主要是指对话语言的整体风格和一些具体的语言行为上的设计。与 CUI 相关的语音合成研究最早是对语音合成算法的研究，研究者们致力于合成自然拟人而非机械感的声音[280]，而最新的基于神经网络的语音合成已经能够合成自然拟人的音色了[281]。后来 CUI 的设计者对语音合成又提出了新的要求，包括音调变化上的多样性[254,282]，以及情感表达的丰富程度[162,255]。此外，音色可以表现出许多社会学特征，例如说话人的性别、年龄、大致性格等，CUI 的音色设计也会显著影响用户的交互行为[170-171]。

在人与人的对话中，常有根据对话情况使用不同的语言风格、语言行为的现象，比如 J. J. Gumper 提出的 conversational code switching 概念，即根据对方的身份转而使用不同的语言或者方言[51]。也就是说人的语言表达是具有多样性的，而且会根据情况不同来控制语言表达的多样性。目前 CUI 使用的对话生成方式主要为两类，基于预设脚本的方式和基于端到端（sequence-sequence 或 end-end）神经网络的方式。基于预设脚本的对话实现方式，可以在脚本中加入拟人的表达方式，例如加入引起情绪共鸣的语气词[27]；基于端到端神经网络的对话实现方式，可以在网络模型中加入特定的功能信息[283]或语气信息[26]来控制不同的语言表达。基于端到端神经网络有一个天然的缺陷是语言表达风格不统一，这是由于用于网络训练的语料数据，往往都是社交媒体上不同用户的海量对话记录。因此，也有许多研究者致力于训练出具有统一语言表达风格的对话系统[138]，并在不同的对话场景中去尝试特定语言表达风格的效果[6,11]。

总结已有的关于 CUI 对话表达设计的研究，关于 CUI 语言表达维度的设计变量包括音色、语调、语言风格、语言行为和人格特征。音色即在语音合成时对音色的性别、年龄、音质、基频等参数的设计，音色设计可以在用户心中快速构建出一个声音形象[284-285]。语调指在语音合成时对语调的控制设计，语调的控制可以是语义性的，用来强调部分对话内容或意图[286]；也可以是情绪性的，用于表达某种情绪[162,255]；也可以是为了提高自然程度而追加的语调多样性[254,282]，或者方言口音的合成[159]。语言风格指对话内容的语言风格设计，例如符合礼貌原则的语言风格，或者幽默的语言风格[6]。语言行为则指对话中用于表达意图和情绪，或增加拟人感的具体的语言行为设计，包括使用语气词[27,164]、使用称呼[165]，或其他更复杂的语言行为比如自我倾诉[14]。以上的设计变量都会最终形成CUI 整体的人格特征，因此也需要根据 CUI 的使用场景和用户需求设计合适的人格特征[11]。

在对话表达设计维度上的因变量比较灵活，但可以总结为三部分：首先是语音合成和文本生成的基本效果或可读性；其次是对于对话表达设计在具体对话场景中对话目标的影响；最后是用户对于对话表达的主观评价。对于对话表达技术的效果，可以根据表达目标来设定因变量，比如语音合成方面，可以用语音识别算法去识别合成的语音，通过对比不同语音合成方式的语音识别效果即可[287]；类似地，情感语音合成的因变量则可以利用语音情绪识别算法去检验[162]。对于特定的对话场景，以 Ceha 等人的工作为例，在设计用于教学的 CUI 的语言风格时，可以将教学效果作为因变量[6]。而用户的常见主观评价包括对 CUI 的可信任度、自然度、拟人度等方面。

对于用户而言，CUI 的对话表达设计可以直接影响用户体验，尤其是语音方面的音色设计，可以让用户在理解语义内容之前就本能地对 CUI 产生一个最初的印象，而自然的、语境适宜的语言风格也可以让用户从本能上感到愉悦，因此对话表达的设计维度首先是属于直觉感受层的设计。同时语音合成和文本生成应该保证最基本的可用性[158]，即保证用户可以清晰地听见和理解 CUI 所输出的对话内容，这一点则属于对话功能层的设计。在一个具体的对话场景下，例如客户服务[26] 或者驾驶场景[11]，对话表达设计又会影响对话目标任务的达成，因此在这个层面上对话表达设计也是对话功能层的。在长期的使用过程中，丰富的语言表达设计所构成的 CUI 人格形象会影响用户心中对 CUI 的定位和评价，因此语言表达设计也是属于对话认知层的。

（5）情感智能设计：包括 CUI 对用户情绪感知、自身的情绪表达和对情绪信息的处理能力。正如 2.2.2 节中所描述的，对话中的情感无处不在，但在为 CUI 进行情感智能设计时，不能把情感看作一个独立的设计维度，因为对话中的每一个行为和每一个通道都有出现情感信息的可能性，而且情感和对话中的语义、对话人的状态紧密相关。目前关于 CUI 情感智能维度的研究主要包括三个方面：首先是从工程学的角度开发识别和合成情感的算法[137,194-200]；其次是从用户行为的角度研究用户出现的情感表达行为以及应对这些行为的设计策略[180,186-187]；最后是在具体的对话场景设计情感应对策略来帮助完成对话目标任务[15,27]。

　　总结已有的关于 CUI 情感智能设计的研究，关于 CUI 语言表达维度的设计变量包括情感感知、情感表达和情绪应对策略。情感感知是指赋予 CUI 感知用户情感的能力，可以根据具体的对话场景选择情感识别的模态和具体的方法，包括基于文本的对话内容的情感分析[194-195]，以及基于声学特征的语音情绪识别[196-197]，此外，视觉[198]和生理[199]等其他模态也可以作为辅助。情感表达指 CUI 通过语言[27,137,200]和非语言[255]的行为设计来表达情感。情绪应对策略则是指当检测到用户情绪时 CUI 所采取的应对策略，目前主流的策略是共情原则[26-27]。

　　与 CUI 的情感智能设计维度相关的用户体验因变量主要是基于用户的主观评价，例如 Ma 等人提出的对话系统的情感智能（Perceived Emotional Intelligence）评价框架[154]。在比较具体的对话场景中，也可以将对话任务的完成情况作为因变量，例如在鼓励用户倾诉以保持心理健康的场景中，以用户完成的自我披露程度作为因变量[14]。

　　当我们尝试用层次化的用户体验理论去分析情感智能设计维度时，就会发现情感在对话中的普遍性。最直接的情感设计体现在于情感的表达，尤其是语音合成时的情绪表达，以及对用户情绪表达的及时反馈，都可以改变用户对于 CUI 的第一印象，这部分属于直觉感受层的设计。当对话场景的目标是完成具体的任务时，例如对话助手作为学习伙伴时，其对于用户的鼓励和情绪上的支持可以帮助用户更好地完成学习任务，则可以看作是对话功能层的设计。当长时间使用具备情感智能的 CUI 时，用户心中对其的评价和关系定位也会发生改变，因此这也属于对话认知层的设计。

　　（6）多模态设计：在以上五个设计维度中都包含有多模态设计的元素。示能性和对话失败处理的设计维度中都可以用视觉模态进行辅助；对话触发也可以结合视觉、触觉模态；对话表达可以灵活地结合语音和文本的形式，具有屏幕或实体的 CUI 还可以借助具体的形象设计来辅助对话表达；情感智能则是在情绪感知和情绪表现方面都可以借助多模态。本节所指的多模态设计维度既包括上述维度所涉及的多模态设计，还包括 CUI 的外观设计。而 CUI 的外观设计变量包括实体的工业造型设计和灯光设计、屏幕中的图形界面设计、视觉形象设计，以及收声和功放设计。

工业造型设计变量主要围绕两个方向，即拟人造型和非拟人造型。一些机器人领域的研究发现表明，拟人造型会带给用户更友好、更智能、更自动化的感觉[289-290]，用户也倾向于对拟人造型的 CUI 表达出更多的情感[291-292]；但非拟人造型的 CUI 提供的服务会更容易让用户感到满意[291,293]。因此，CUI 工业造型设计应当根据其使用场景和用户的需求决定，就像 Nakanishi 等人进行的对比实验[294]一样，在用户对社交和情感倾向的对话有需求的时候，拟人造型会更为合适。许多具有实体造型的 CUI，特别是非拟人造型的 CUI，一般都会加入 LED 灯光设计，如HomePod Mini 顶部的 LED 灯光（见图 4.7），可以表示当前的设备状态，其中五彩旋转光可以指示对话状态，让用户了解进行语音输入的有效时间。尤其没有显示屏幕的 CUI，可以利用 LED 灯光来设计有效的辅助对话和交互，Kunchay 和 Abdullah 根据智能音箱 Google Home 的用户调研[24]总结出了 CUI 灯光设计的五个设计建议：（1）灯光设计应当保持简洁；（2）可以用语音来辅助灯光指示；（3）允许用户进行个性化灯光设置；（4）应当考虑视觉障碍人群进行设计；（5）利用用户的智能设备使用经验来提高用户的学习记忆效率。对于有屏幕显示的 CUI，例如手机中的语音助手和一些带屏幕的智能音箱，屏幕中的图形设计也可以辅助对话交互。

常见的 CUI 的图形界面设计主要有两类，一类是将 CUI 以一个具体的视觉形象显示在屏幕中，这个视觉形象可以是拟人的也可以是非拟人的，例如 Bonfert 等人设计的语音助手原型[23]，在搭载语音助手的智能屏幕中使用了真人形象。另一类是显示类似于即时通信工具里的卡通头像和对话泡泡一样的设计，例如 Vaccaro 等人设计的对话助手原型 PSBot[288]就以对话框的形式出现在屏幕中。当使用具体的视觉形象时，视觉形象设计又成为重要的设计变量。使用拟人形象和非拟人形象的区别，主要在于 CUI 显示出的社交属性，拟人形象可以显示出 CUI 的性别、年龄、大致的人格特征，非拟人形象则倾向于向用户强调对话的对象是计算机。最后收声和功放设计也取决于对话场景，当用户需要与 CUI 进行公开对话，或有多个用户参与时，可以使用有一定距离的收音和功放的装置；当用户需要与 CUI 进行一对一或者较为私人的对话时，可以使用蓝牙耳机完成对话。Nelson 和 Nilsson 的研究表明，喇叭放出来的声音和耳机里放出来的声音会对用户产生不同的影响[295]，由此可以猜测不同的声音硬件导致的声音方位的区别也会影响用户体验。

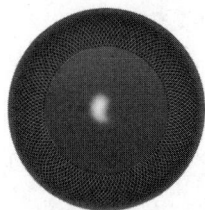

白色旋转光
HomePod正在启动或正在
更新软件。

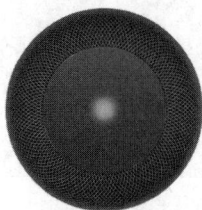

白色闪烁光
HomePod已做好设置准备，
或有闹钟或计时器响起。

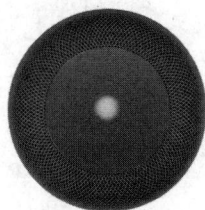

五彩旋转光
Siri已正在聆听。

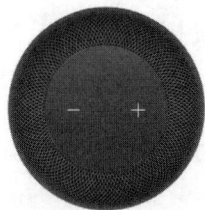

音量控制
轻点HomePod顶部可调整
音量。

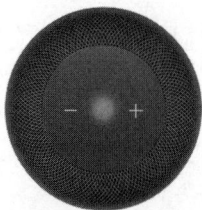

绿色闪烁光
您转接了一通来电至
HomePod。

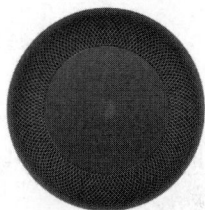

红色旋转光
您正在还原HomePod。

图 4.7　苹果公司的智能音箱 HomePod Mini 的 LED 灯光设计（见文前彩插）

图片来源：苹果官网

总结以上设计变量（此处仅考虑本节中讨论的设计变量），可见在 CUI 的多模态设计维度与三个用户体验层次都是关联的。从 Nelson 和 Nilsson 的研究[295] 可以看出，声音方位对于用户的影响是未经用户思考的直觉感受层的。工业造型的质感和灯光色彩的调性属于经典的直觉感受层设计内容，当然视觉形象体现出的视觉风格和社会特征都会影响用户的直觉感受体验。而灯光上的提示信息又可以帮助用户更好地了解对话状态，完成对话交互[24]，这个设计维度也是属于对话功能层的设计维度。CUI 的形象设计（包括实体造型和虚拟造型）也会影响用户对 CUI 角色定位的理解以及用户对 CUI 的情感智能、陪伴感等方面的评价[154,294]，该设计维度也和对话认知层相关。

（a）Bonfert等人使用真人形象表示CUI
图片来源：引用[23]

（b）Vaccaro等人则使用聊天泡泡
图片来源：引用[288]

图 4.8　使用真人形象和使用卡通头像结合聊天泡泡的设计对比（见文前彩插）

4.3　层次化用户体验的 CUI 设计流程

本节首先对 CUI 设计研究常用的方法进行总结，随后根据本章所介绍的层次化用户体验方法、交互流程框架及设计维度的分析，整理出 CUI 设计流程。

4.3.1　CUI 设计研究方法总结

《通用设计方法》[296] 将一个设计研究项目分为 5 个阶段：第 1 阶段用于探索、规划、定义重要的参数变量；第 2 阶段主要是使用设计人种学仿真使用效果来推断设计效果；第 3 阶段主要是利用参与式、衍生设计等方法来形成设计方案和早期原型；第 4 阶段主要是原型的测试、细化、迭代；第 5 阶段则是设计投入使用后的所有研究，包括部署、监控、后期测试、分析、优化。表 4.2 总结了以往的 CUI 文献中常用的设计研究方法及其适用的设计阶段。

表 4.2　CUI 设计研究常用的研究方法汇总

设计研究方法	简述	适用设计阶段	使用该方法的部分研究案例
文献综述（literature survey 或 meta-analysis）	整理分析大量过往文献，对某一研究主题及相关问题形成更深入、更全面的理解，适用于已经存在大量分散的相关研究但缺乏系统性分析的研究问题。其中 meta-analysis 不同于普通的文献综述，更强调基于多个已有研究的数据进行统计分析	阶段 1、阶段 2	引用[3,167,217]
用户调研（survey）	使用调查问卷等形式，来了解在某一使用场景下用户的过往经历以及对设计的看法或态度。对用户的了解有助于更好地提出设计问题和形成设计方案	阶段 2、阶段 4	引用[18,24,145]
用户访谈（interview）	对用户进行访谈，来了解其过往经历以及对设计的看法或态度。用户访谈相对于问卷调研有更大的探索自由度，可以更加深入地了解用户	阶段 2、阶段 3、阶段 4	引用[185−186,189]
对话内容分析（conversation analysis）	通过对目标场景中的历史对话（人与人或人与机器的对话均可）进行分析，得到设计准则或优化设计方案。对于人与人的对话分析，注重于提取人的自然对话行为模式，为 CUI 的初始对话设计提供参考。对于人机对话分析，注重分析对话中用户应对 CUI 的行为（例如错误处理策略偏好）来为 CUI 设计的优化方案提供参考	阶段 2、阶段 3、阶段 4、阶段 5	引用[41,55−56]
情景观察（observation）	让用户从第三方视角观察一段具体情景中的对话并进行评价，根据评价得出设计建议。在这类研究方法中用户不需要参与到对话中去，只是对呈现出的对话进行评价。此类方法适用于需要用户进行多次评价或不便于让用户参与到对话中去的研究场景	阶段 2、阶段 3	引用[27,143,154]

设计研究方法	简述	适用设计阶段	使用该方法的部分研究案例
情景模拟（scenario elicitation 或 Wizard of Oz）	为用户搭建一个低保真的对话情景，让用户想象可能发生的对话。或主试人员扮演 CUI 与用户进行对话，从而进行 CUI 设计的初步测试。可以快速搭建低保真 CUI 设计原型获取早期的对话测试数据	阶段 3、阶段 4	引用[19,25,44]
多方协同设计	利用焦点小组（focus group）、参与式设计（collaborative participatory design）等方式让用户、供应商等多方相关者共同参与到设计过程中，来获得更全面的设计方案	阶段 2、阶段 3	引用[17,201,216]
原型测试实验（user study）	制作出高保真的 CUI 设计原型，并基于原型开展用户测试实验，可以通过控制不同数量的变量进行对照实验，在实验室内进行实验，或远程部署在用户的实际使用场景。适用于设计方案验证、新场景测试等情况	阶段 3、阶段 4	引用[22,153,168]

4.3.2　CUI 设计流程

本节提出的 CUI 设计流程如图 4.9 所示，为本书所提出设计方法的核心。设计流程参考了"双钻模型"①，并根据 CUI 的特点对其进行了调整和细化。设计流程主要分为四个阶段：发现、定义、构思与验证。

第一阶段——发现。分析对话场景，了解场景中有哪些要素会影响对话的进行和用户体验；分析对话目标，确定在该场景中进行对话所要达成的目标。发现阶段是一个发散的过程，帮助设计师更全面地理解所要进行设计的场景。

---

① "双钻模型"最早由英国 Design Council 提出，https://www.designcouncil.org.uk/news-opinion/what-framework-innovation-design-councils-evolved-double-diamond，最后访问日期2022 年 3 月。

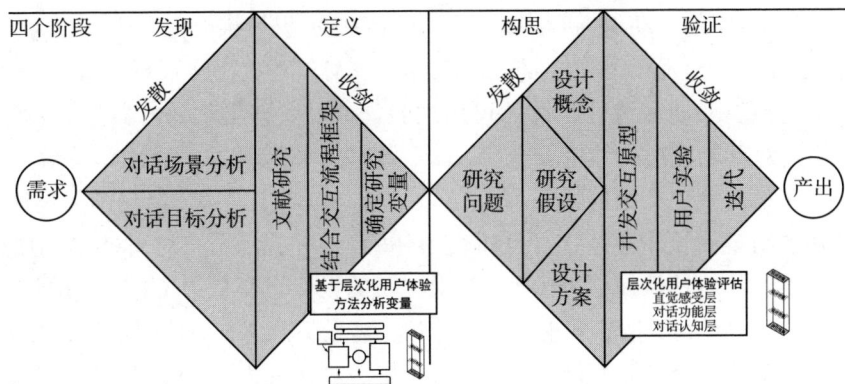

图 4.9　本书提出的 CUI 设计流程图

第二阶段——定义。进行相应的文献研究，了解对话场景中都在进行哪些相关研究，根据已有研究的局限性确定自身的研究范围。结合上面提到的 CUI 交互流程框架确定研究变量。注意此处不应该一次性把所有可能的研究变量都划进研究范围，应该每次选择一个重点变量，逐步进行研究。接着，利用上面提到的层次化用户体验的概念，对重点的设计变量进行分析，方便之后进行相应的用户实验设计和评估。定义阶段从对话场景的认识、文献调研，到比较确定的交互流程、设计变量，是一个收敛过程。

第三阶段——构思。提出具体的研究问题和假设，并制定不同的设计概念和方案。构思的过程也是发散的，从确定的研究变量可以提出多个问题和假设，以及多个不同的设计概念或者方案。

第四阶段——验证。根据设计构思选择可行的对话交互技术开发交互原型，进行用户实验。用户实验的设计必须包括多层次的用户体验评估，不能只关心功能是否完成，具体的评估方法取决于具体的实验设计，后文介绍的研究中也会给出具体案例。最后迭代留下最优的设计方案作为产出。验证阶段是一个逐渐收敛的过程。

4.3.3　本书涉及的设计维度和变量

在第 5 章中介绍的第一项研究，围绕在 CUI 中加入自动追问的设计，来提高对话 AI 访谈的效果（对话功能层体验），另外也要关注用户对 CUI 的信息倾诉意愿（直觉感受层体验），并讨论追问能力能否改变用户对 AI 对话能力的刻板印象（对话认知层体验）。其中涉及的设计自变量为 CUI 的自动追问行为，属于对话表达的设计维度，是语言行为设计变量的一种。研究涉及的方法包括基于文献综述提出实证设计方案，使用原型测试实验来进行设计的可用性验证，以及使用对话内容分析来理解用户对话功能层的体验。

在第 6 章中介绍的第二项研究，围绕在 CUI 中加入情绪反馈的设计，来减少用户的负面情绪（直觉感受层体验），并提高用户对 CUI 的情感智能评价（对话认知层体验）。其中涉及的设计自变量为 CUI 的情绪反馈能力，主要属于情感智能的设计维度，涉及情感感知、情感表达、情绪应对策略等三个设计变量，同时也部分属于对话表达设计维度，涉及语言风格的设计变量。研究方法包括基于文献综述提出实证设计方案，结合情景观察和原型测试实验两种方式来验证设计，在实验中使用了非干扰性测量的方法来获取用户直觉感受层的体验反馈，使用用户调研和访谈相结合的方式来深入了解设计原型对对话认知层体验的影响。

第 5 章　智能访谈场景 CUI 的追问设计

为了以更低的成本广泛获取用户反馈信息，CUI 被应用于用户访谈场景。目前的访谈 CUI 主要对预设的问题进行自动提问和答案收集，相当于升级版的调查问卷，多了对话的交互形式。而人类采访者经常会灵活地使用追问行为，来获取更多信息，例如针对一些受访者提到的关键词提出问题，或利用追问语句来激发受访者提供更多细节信息。尤其是在涉及开放问题的半结构化访谈中，对话的发展会更为灵活，很难用事先定好的规则进行对话管理，在这种情况下，灵活的追问就起到了重要作用。本研究基于人类采访者的追问技巧，设计了具有追问能力的 CUI。本项研究尝试在 CUI 中加入追问的对话技巧，多层次地优化智能访谈场景中的用户体验。

在智能访谈的对话场景下有许多影响用户体验的设计维度和变量，例如，对话模态的选择，语音还是文本；如果使用语音则涉及音色的设计等。此研究聚焦追问行为的设计，主要有以下原因：（1）在访谈的对话场景中，追问是一种自然的对话行为；（2）在 CUI 中加入追问设计有助于丰富原本单一固定的提问方式，使得用户体验更接近自然的人与人的访谈对话；（3）根据文献调研，目前的访谈场景下的 CUI 缺少追问设计。

5.1　研究概要

许多研究证明了 CUI 在对用户进行访谈、收集用户信息方面具备潜力，尤其是在公共服务[175]、教育[297-300] 以及健康[14] 领域。这些 CUI 使用场景的出现，使得一些具备从用户获取特定信息能力的 CUI 应运而生，它们的能力包括帮助用户进行倾诉，对用户输入给出快速反馈，以及帮助用户进行回忆和推理[14,246,301]。但最近的文献提到，目前 CUI 还缺乏提问能力的设计[14]。

在人与人的对话中，对话双方常常使用追问来获取对方观点或信息[302-305]。例如，根据对方之前说过的话，可以提出对部分内容的确认[304-305]，可以追问与之相关的其他信息，还可以提示让对方继续[303]。人们常常根据上文的信息量的多少来决定是否进行追问[304-305]，所以此研究也会考虑对话上文的信息量来进行设计。

对于 CUI 的追问设计通常有两个思路，其中较为常见的是预设一些追问问题，当用户输入的文本满足意图分类的某些设定条件时触发预设好的追问问题，例如 Chatfuel 就允许设计师在设计对话脚本时加入预设的问题[306]。但仅用这种思路进行追问设计会使得问题的多样性不足，且在面对不同的用户对话输入时，缺乏灵活性，当意图识别出现错误时更有可能引发交流失败。另一种思路是利用基于神经网络的语言模型进行问题生成，例如，Minhas 等人设计的 CUI 可以利用神经网络根据用户在上文中提到的关键词进行追问生成[307]。但这种思路的问题是需要大量高质量且格式为"文本–追问"成对的对话数据，而目前用于问题生成的神经网络模型[134-135]使用的主要是类似 SquaD[308] 的公开数据集，这类数据集的结构则是"文章片段–问题–答案"，更适合用于阅读理解的使用场景，即从一段包含答案信息的文本中生成问题。而 CUI 设计所需的类似于访谈场景中连续对话的文本和追问对应的数据集仍然存在较大缺口[246]。

这一点与本书 3.3 节中讨论的情况一致，面对一个实际的使用场景（AI 自动访谈），由于数据的限制，人工智能技术领域的最新成果无法直接纳入设计使用，传统的规则式设计又无法满足需求。所以，此研究尝试寻找一个实用的设计方案，充分考虑用户对于 CUI 多个层次的体验，在保证追问设计可以有效提升访谈效果的同时，提升用户对 CUI 自然度、可信度的评价。此研究的追问设计方案结合了三种追问技巧：直接追问，关联追问，通用追问。其中直接追问和关联追问基于上文提到的关键词触发，而通用追问不需要关键词触发。该设计方案充分利用了关键词提取、知识图谱、神经网络语言模型等相关前沿技术，实现了在一个小规模数据集下可行的人机访谈场景中的 CUI 追问设计方案。

因而，此研究主要围绕两个研究目标：

- 目标 1：在智能访谈场景下，研究不同追问类型对多层次用户体验的影响。
- 目标 2：探索访谈中的追问如何影响人机对话交互模式。

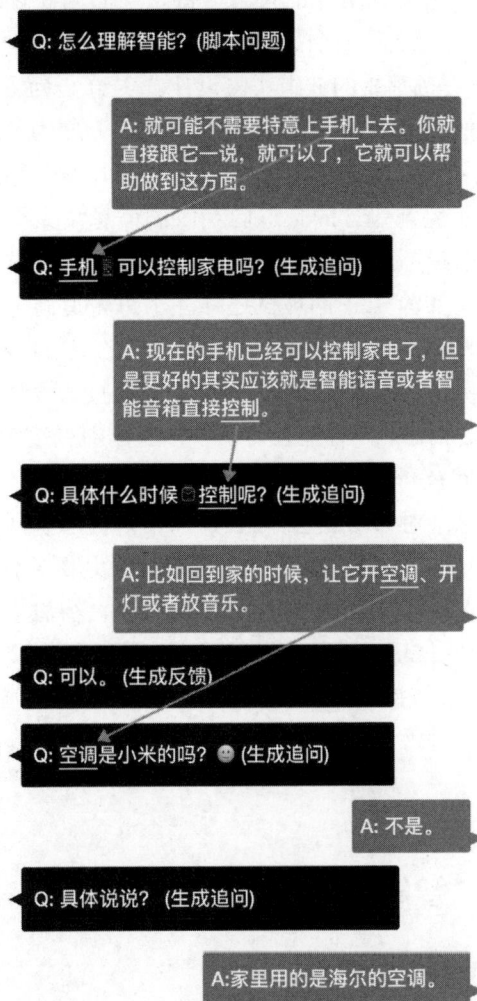

图 5.1　此次研究开发的追问原型系统 Demo

为了达成以上研究目标，此次研究设计并实现了可自动对用户进行访谈的 CUI 原型系统，并以此为基础展开了两轮用户实验进行测试验证（两轮实验用户样本量均为 $N=26$）。两轮用户实验的设计都为组内对照，受邀用户（以下称为"被试"）会接受 CUI 原型对话系统的访谈，访谈中原型系统会使用不同的追问技巧，访谈结束后分析被试与原型的对话记录，计算不同上文信息量情况以及不同追问技巧下获取的信息量大小。两轮用户实验的变量设计略有不同，实验 1 中设置了两个自变量，一个是上文信息量（高/低），一个是追问技巧（直接追问/关联追问/通用追问），因此实验 1 是 2×3 的分组实验设计。实验 2 为了对比人和算法使用相同追问技巧的不同效果，在实验 1 的基础上加入了一个额外的自变量，即追问生成源（人/算法），因此实验 2 是 2×2×3 的分组实验设计。因变量方面两轮实验都包含的是追问获取的信息量大小以及追问的平均完成率（被试若选择不回答追问就记为一次未完成），这两个变量都属于客观测量的指标。实验 1 中的被试还标注了每轮追问中整体效果最好的一个；而实验 2 则是让被试评价了每一个追问的流畅度和相关度。

　　实验结果表明，此次实验提出的 CUI 追问技巧设计可以有效地在访谈中帮助用户表达信息，并且保证访谈中体验的流畅度和自然度。结果还揭示了不同的追问技巧对用户体验的影响，其中通用追问可以更有效地鼓励用户表达信息（对话功能层体验），而用户更愿意回答直接追问和关联追问（直觉感受层体验），对其相关度评价也更高（对话认知层体验）。实验还通过对比人类与 CUI 中算法提出的追问，得出了访谈场景中更为多元化的 CUI 追问技巧设计建议。本项研究检验了上文信息量以及追问技巧对于 CUI 访谈效果的影响，提出了具有可行性的 CUI 追问设计并提供了经验证据，对用于用户信息获取的 CUI 提出了具有参考价值的设计建议。

5.2　智能访谈场景 CUI 的相关背景

5.2.1　用于信息获取的 CUI 设计

　　随着对话技术的发展和 CUI 使用的普及，出现了许多用于信息获取的 CUI 设计，许多相关研究都围绕如何设计 CUI 来提升获取用户信息的效率。主要的设计思路包括对用户的对话输入设计及时反馈，加入特别的对话技巧，加入人格化设计。Sidaoui 等人[301] 在对话设计中加入对用户输入的简短反馈（比如"明白了""好的"）来帮助用户在访谈中叙述更多的个人经历。Xiao 等人[246,309] 利用对话机器人平台 Juji 测试了一系列特别的访谈技巧（包括帮助用户总结上文、鼓励用户倾诉更多信息等）来提升访谈所获取的信息量和用户在访谈中的专注度（访谈对话效果如图 5.2所示）。Zhou 等人[310] 和 Li 等人[311] 发现不同的 CUI 人格设计也会影响用户的自我表露行为。但关于 CUI 的追问行为以及追问效果影响因素的相关研究还有待探索[309]。本项研究将围绕这一点展开深入探讨。

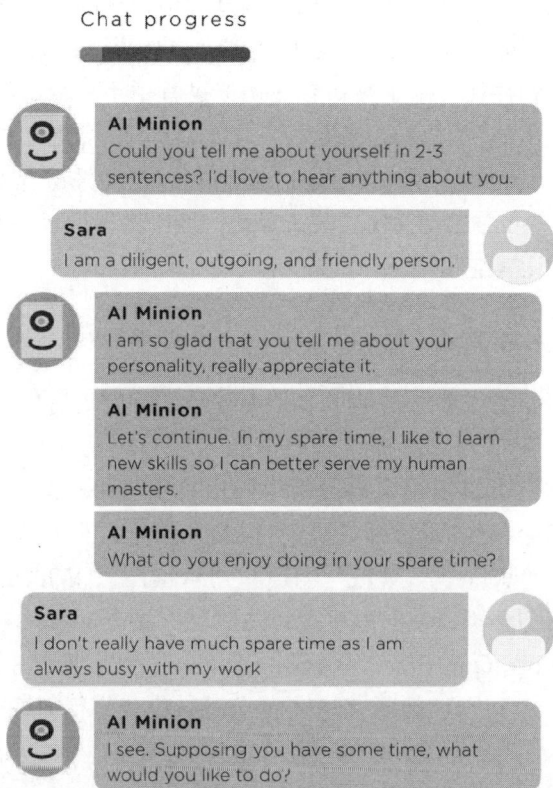

图 5.2　对话机器人平台 Juji（见文前彩插）

图片来源：引用[246]

5.2.2　人的追问行为

人与人的访谈场景，尤其是半结构化（semi-structured）的访谈中，采访者经常通过追问从受访者获取更多与主题相关的信息[302-303]。对于受访者提到的相关的话题，采访者可以要求受访者进一步解释说明或举例说明[302]；或者根据采访者的自身经历追问一些相关的话题[303]。有效的追问可以让采访者获取更完整且具有更高价值的信息；有更多收集被访者个人信息的机会；有效处理被访者出现的前后信息不一致问题[303]。Grant McCracken 在著作 *The Long Interview*[312] 中将这类追问称作"浮动追问"（floating prompts）。使用浮动追问的采访者有时候会通过简单地重复被访者提到的某一个词，来提示被访者提供关于这个词更多的信息。除了以上提到的基于被访者在访谈过程中提到的关键词来发起追问以外，采访者还可以提出类似"然后呢？""具体说说？"的通用问题来进行追问。采访者往往会基于被访者在访谈过程中不断给出的信息来组织追问，尤其是被访者给出的信息是否包含足够的细节、是否给出了之前未提及的信息[304-305]。足够丰富的细节信息可以帮助采访者提出更有针对性的追问，而缺少细节信息时，采访者就只能顺着被访者的叙述，给出一些简单的示意让其继续。

5.2.3 问题生成算法

常用的问题生成算法是基于端到端神经网络的语言生成模型，例如 Liu 等人[134] 在端到端的神经网络中加入了复制机制和注意力机制的问题生成模型，可以根据文本段落中的信息生成相应的问题。Zhou 等人[135] 的模型会在生成最终问题之前预测生成问题的类型，即按照英文中以"What""When""Who""How""Where""Which""Why"开头的特殊疑问句分类。在问题生成算法领域，主要的解决方案都是使用 SquaD（Stanford Question Answering Dataset）[308] 或 MS MARCO[313] 一类格式为"文章片段–问题–答案"的公开数据集进行训练，针对的都是静态的、非对话式的场景，即在一段给定的文章或文档中基于已有的信息或证据提出问题，例如机器阅读理解。近期文献中也有从动态的多轮对话中收集的用户语料数据库，比如中文网络对话数据库 KdConv[132] 和 LCCC[130]，但这类数据库的对话主题限于音乐、电影等，不一定符合访谈的主题需求。因此，目前针对智能访谈场景，尤其是半结构化访谈中的追问生成，仍然缺少有效算法。

5.3　前期对话分析及数据库搭建

在进行实际的设计工作之前，除了充分地进行文献和设计调研之外，还需要从人与人的对话数据中获取支撑设计的证据。为了设计出更自然的 CUI，需要先从人的对话行为入手，分析出可以作为设计参考的人的行为模式和规律。在此阶段可以使用内容分析[296] 的方法来指导设计。由于内容为对话数据，可以具体采用语言学中的对话分析方法来研究对话数据（对话分析也属于一种民族志研究方法）[314−315]，这也是 CUI 设计研究领域常用的研究方法，例如 Porcheron 等人[41] 用类似方法分析用户与智能音箱 Echo 对话录音数据。本节将以本项研究中的情况为例，介绍如何使用对话分析的方法从原始的人与人的对话数据中获取具有设计参考价值的信息。本项研究使用的对话录音数据源于专业的用户研究团队深入用户家中的实地采访，总长大于 37 小时，包含受访人 33 人，采访的主题围绕用户对智能语音产品和智能家居产品的使用感受和看法，录音资源由相关合作方提供。

5.3.1　人的追问行为归纳

根据录音转录的文本数据，第一轮分析整理出 933 组 "回答–提问" 数据，并尝试对采访者提出追问的方式进行归纳总结。通过对 933 组 "回答–提问" 数据的分析，除采访者事先拟定的 "例行问题" 以外，一共归纳出采访者的 6 类追问行为：确认、关键词追问、逻辑接续、扩展补充、原因追问和示意举例。

- 确认：采访者通过总结、重新叙述受访者回答的内容来进行确认，经过确认后受访者一般会继续进行叙述。
- 关键词追问：采访者针对受访者回答内容中的某一关键词进行追问。
- 逻辑接续：采访者接着受访者的叙述逻辑，加入自己的经历或看法，继续进行叙述，并让受访者表达对此的看法。
- 扩展补充：采访者要求受访者对当前叙述的内容进行扩展或补充。
- 原因追问：采访者询问受访者所述内容或事件的原因。
- 示意举例：采访者示意让受访者举例说明当前叙述内容。

　　不属于上述 6 类的提问将被归入其他类型。每类追问行为的数量分布如表 5.1所示。

表 5.1　　追问行为类型分布（次）

确认	关键词追问	逻辑接续	扩展补充	原因追问	示意举例	其他类型
253	208	123	76	75	34	164

　　首先，在半结构化访谈中，采访者根据受访者的回答内容临场进行追问的比例高达 82.4%（769/933 次）；其次，追问行为丰富，采访者会根据不同的情况使用不同类型的追问。根据以上分类结果，此次实验尝试使用训练语言分类模型来预测适合当前上下文情况使用的追问行为，但训练效果不佳，7 分类模型（包括其他类型）的测试结果准确率仅为 29.79%（随机分类准确率为 14.29%）。仔细比对数据后可发现，目前这 6 类追问行为可能存在混淆或重合的部分，例如，当受访者回答"我的舅舅家买了一台智能音箱"，采访者追问"舅舅为什么买智能音箱？"这条追问既可以归入关键词追问，也可以归入原因追问。对此，本项研究中约定所有追问原因的都归入原因追问，无论是否指向某个已知关键词。但即便如此，还是无法避免混淆的情况。例如，当受访者回答"我的舅舅家买了一台智能音箱"，采访者追问"为什么不用手机助手？"这个追问可以是原因追问，但其实采访者也延续了受访者叙述的事件逻辑，追加了一步推测，就是可以使用"手机助手"，并再对此追问原因，因此也可以归入逻辑接续。

　　在后续的多人标注验证分类方式时，表示一致性也并不理想。对于半结构化访谈中的追问行为类型，目前尚无主流的理论，因此直接对追问行为的类型进行预测并不是现实的设计思路。由此，追问设计的思路转向生成多个类型的追问问题，然后再进行筛选。在上述的 6 个分类中，关键词追问是一种采访者常用（22.3%）、定义明确且易于用目前的算法实现的追问行为。关键词追问行为还可以分为 6 类：（1）询问关键词相关的属性；（2）询问关键词本身的定义（什么）；（3）询问关键词达成的方式（怎么）；（4）询问关键事件发生的时间（何时）；（5）询问关键事件发生的地点（何地）；（6）询问关键事件发生的相关人（谁）。每类追问行为的数量分布如表 5.2所示。

表 5.2　　关键词追问行为类型分布（次）

属性	定义	方式	时间	地点	人物
63	52	51	27	10	5

可以发现关键词追问主要有两种情况，一是对关键词本身的含义直接发起追问，二是对关键词相关的另一关键词发起追问。第一种情况一般是直接询问关键词的含义或定义，当关键词属于动词或动词短语时，还可以询问其动作发生的方式、时间、地点、人物。目前可用的算法已经可以实现第一种情况的追问生成，相关的算法包括关键词提取算法[316]、词性识别算法[317] 和基于模板的问题生成算法[318]，使用以上三种算法无须重新进行神经网络的大量数据训练。第二种情况一般是提出与受访者提到的关键词相关的另一个关键词来发起追问，需要一个相关的知识图谱数据集来匹配相关的关键词。基于知识图谱进行追问生成的方法参考了 Su 等人提出的方法[319]，首先在数据集中提取三元组形式的知识图谱数据，然后利用模板进行问题生成。

为了增加追问设计的多样性，除了以上两种基于关键词的追问设计，原型还考虑加入一种通用的、无须关键词触发的追问设计。仔细观察表 5.1 中的 6 类追问行为，其中有几类常通过固定的问题来进行追问，例如扩展补充常用"除此以外呢？"，原因追问常用"为什么？"，示意举例常用"比如说？"。从数据分析中总结出了如表 5.7 所列的六类追问类型。对于其他分析总结出的追问行为，目前缺乏在有限数据规模下可实现的解决方案，因此，本项研究以上述三种追问行为为框架进行了对应的小规模数据库的搭建。

5.3.2　追问原型数据库搭建

本项研究从关于智能产品的采访录音中提取了用研团队和 11 位受访用户的 2770 组"提问–回答"数据，基于这些数据为后续的追问原型，设计构建了四个重要的数据集：兴趣关键词库、三元组知识图谱、问题模板，以及通用追问分类标注。

第一部分，兴趣关键词库，用于关键词追问时采访者的兴趣词匹配。首先使用中文分词工具 Jieba 对原始数据进行分词。其次从所有分出的词语中提取出备选兴趣关键词，提取的规则包括两个：词频统计不小于 2（即在整个数据集中至少出现过 2 次）；不属于停用词（停用词表包含一些常见的指代词、语气词等，如"我""好的"）。最后提取出 2460 个兴趣关键词，包括"手机""智能音箱""语音助手""耳机""智能""控制""相机""产品"等。

第二部分用于关键词追问时相关词的推理，主要是三元组形式的知识图谱，每个三元组由两个关键词和一个关系类型组成，例如，"智能音箱（关键词）"-"可用于（关系类型）"-"设闹钟（关键词）"。有部分三元组允许只有一个关键词，方便之后生成更具有开放性的问题，缺失的关键词可用疑问词替代，例如"什么"。参考 Speer 等人搭建的知识图谱 ConceptNet[320]，研究建立的知识图谱一共有 34 种关系类型，包括"从属 IsA""包含 HasA"等。标注人员初步从对话数据中提取到共 412 条三元组，随后利用关系类型对三元组数据进行了拓展。拓展主要基于"从属 IsA"和"包含 HasA"关系进行推理，推理的规则为：a 从属 A 的关系指定了 A 为 a 的父类，因此 a 继承 A 所有包含关系的三元组，例如 A 包含 x，则 a 也包含 x。按照以上规则推理最终的三元组数据增加到 677 条，最终的类型分布情况如图 5.3 所示，共出现 27 种类型的三元组，其中出现较多的是"属性关系 HasProperty""包含关系 HasA""从属关系 IsA""能力关系 CapableOf"。随后还将公开知识图谱 ConceptNet①中与之直接相关的 1933 条三元组也扩充到了本地数据集中，最终的三元组知识图谱数据集为 2610 条。

第三部分对每个关系类型设计了总共 124 个追问问题模板，涵盖 32 个关系类型，模板会根据匹配三元组关键词的词性做出初步筛选。表 5.6 展示了关系类型为"包含 HasA"的追问模板，其他关系类型的模板数量分布如图 5.4 所示。

第四部分是针对非关键词触发的通用追问行为标注数据，主要的标注方法是根据受访者对问题的回答，标注人从备选的对话反馈中选择一个或多个适合当前语境的反馈作为标注。这一部分共有 3 位标注人共同完成标注，经讨论和修正，最终对受访者回答的 2770 条内容进行了标注。备选的对话反馈参考 Senko Maynard 总结的对话反馈方式[321]，并结合

---

① https://conceptnet.io/，最后访问时间 2022 年 3 月

了对话数据中的实际情况，最终标注出了 6 个大类的反馈，如表 5.3所示。经统计在 2770 条受访者回答内容中的标注频次如下：示意继续叙述共 737 次，表示理解共 2192 次，表示共情共 568 次，表示同意共 956 次，表达情绪共 508 次，追问共 643 次。注意，在一条受访者内容回答下可以标记多种类型的反馈，因此标注总和大于 2770 条。

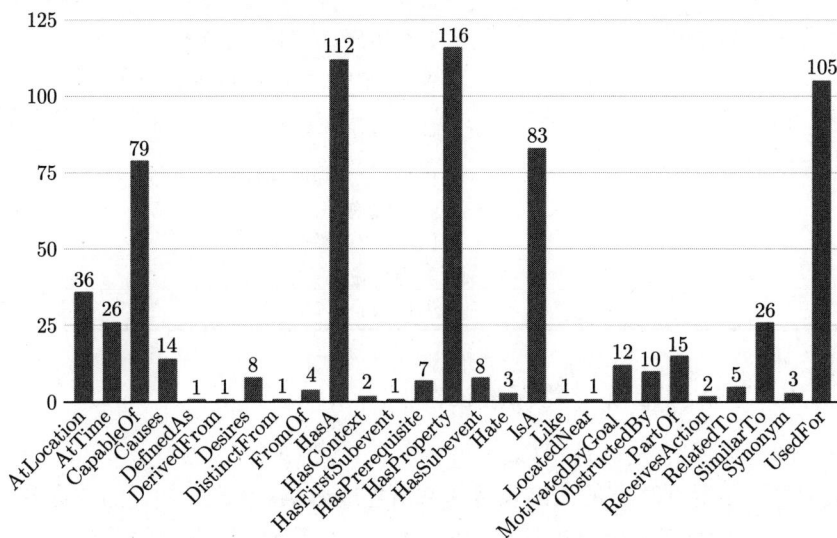

图 5.3　677 条三元组数据关系类型的分布情况

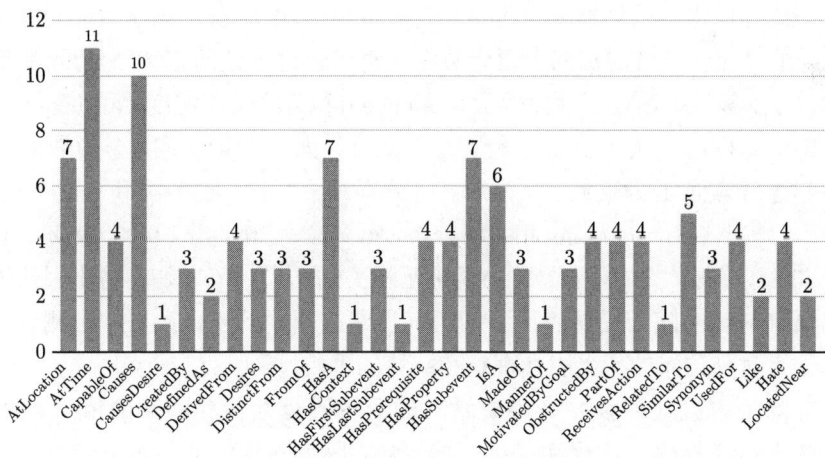

图 5.4　124 个追问模板对应 32 个关系类型的分布情况

表 5.3　采访者可用的反馈列表

反馈类型	备选反馈语句
示意继续叙述	嗯/ok/嗯哼
表示理解	明白/了解/好吧/哦/好的
表示共情	真棒/666
	挺好/不错/厉害
表示同意	确实/好吧/对/是
	可以
表达情绪	怎会如此？/啊这 /什么？
	嗯？/诶？/啊哈？/真的吗？/是吗？
	哈哈哈
追问	然后呢？之后呢？
	还有呢？/除此以外呢？
	具体说说
	比如说？/举个例子？
	随便说说
	为什么？

5.3.3　访谈对话情绪的探索性分析

除了追问行为，访谈对话中另一个重要的影响因素是访谈的氛围，而氛围主要由对话双方的情绪表达和共情程度影响。因此，初期的数据分析还针对语音的情感信息进行了探索性分析，具体的探索问题是采访者在对话时是否考虑了受访者语气中的情绪，即受访者的回答内容和采访者的反馈或提问内容的情绪表达是否具有相关性。对此，标注人员首先对其中916 组"回答–反馈/提问"语音数据（每组包含一条回答和一条反馈/提问，分别标注）进行了情绪效价（valence）和情绪唤起程度（arousal）方面的情绪标注，从 1 到 5 进行标注，效价方面 1 为最负向，5 为最正向，唤起程度方面 1 为最低，5 为最高。分别对"回答"的数据和"反馈/提问"的数据进行 pearsonr 相关性分析，得到 $R=0.08$，$*p<0.05$（效价）和 $R=0.14$，$**p<0.01$（唤起）的显著正相关的结果。可以初步得出采访人的语气情绪会随着受访者回答的语气情绪有相同的变化趋势，推测这是采访人对受访人的感受表达理解和共情的手段。

除了直接对访谈录音中说话人的语音进行效价和唤起的情感标注，标注人员还标出了出现明显笑声的语句，因为对话中的笑可以起到表达理解和共情的作用。语言学解释了笑在对话中的多重功能，包括结束当

前话题[322]、调节或补充语义[323] 等。本次对话数据分析的结果与此前
一些关于对话中的笑的研究基本一致。首先是对话中笑的共发机制[324]，
即一方发出笑声之后，另一方往往也会以笑来回应。在所有标注有笑的
受访者回答中有 61%接收到了访问者笑声的反馈，而这只是从声音模
态统计的数据，实际上如果统计上表情的笑，应该会有更高的共发概率。
由此可以发掘一些设计的可能性，比如在 CUI 中加入对用户笑声和笑
脸的反馈，有可能为直觉感受层、对话功能层、对话认知层的用户体验
带来提升。但由于本项研究围绕的设计变量是追问行为的设计，因此不
再展开相关探索。

5.4　智能访谈场景中的用户体验及重点设计变量

5.4.1　场景中的用户体验分析

　　人机访谈场景的出现最早源于用户调研，即收集用户对某一产品的
使用反馈或对某一事物的态度意见。所以与人机访谈服务相关的用户有
两方，一方是被访谈的 C 端（Customer）用户，另一方是部署访谈的 B
端（Business）用户。首先是 B 端用户希望所部署的访谈系统可以有效
地从 C 端用户获取信息，而参与访谈的 C 端用户也希望访谈可以流畅高
效，将自己所了解的信息传达出来。在人机访谈的场景中的用户体验是多
层次的，既要让用户在直觉上不反感机器的提问，还要让其感到访谈在有
效地进行，信息在有效地传达。其次是经过访谈之后，C 端用户对整个访
谈进行反思和评价，对其整体的流畅感和相关性也会影响其对话认知层
的体验，并进一步影响用户未来继续使用人机访谈的行为。

5.4.2　重点设计变量：追问行为设计

　　在确定本项研究的重点设计变量之前，需要进一步明确场景描述。本
项研究中考虑的为半结构化的访谈。半结构化访谈的前提是采访者会在
正式访谈之前准备一些与主题相关的问题，访谈中根据情况安排这些问
题的顺序。在半结构化访谈中这些问题一般是开放式的（只能回答“是”
或“否”，或只能从有限的答案选项中进行选择的问题都是非开放式的），

因此，根据受访者对这些开放问题的回答，采访者可以根据需要自由地进行追问。本项研究的重点是如何设计可以在半结构化访谈过程中自动进行有效追问的 CUI，而不必关注访谈之前由采访者准备好的问题，因为这些问题是既定的。可以用如下示例来表示此次追问行为设计的范围：

例行问题：……？（在访谈之前准备好的开放问题）

回答：……

追问：……？（待设计的追问）

例行问题为采访者在访谈开始之前预设好的问题，一般为开放问题，用户会根据自身经历和个人看法对问题进行自由回答，之后采访者会根据受访者的回答进一步追问，本项研究解决的问题就是如何设计这一步追问来达到访谈目的，即更有效地获取用户信息，让用户在对话中有更自然的体验。当然，在实际的访谈中，采访者还可以根据更早的对话或者结合自身的经历来提出追问。

本章的开头已经陈述了选择追问行为设计作为研究变量的原因，此处结合本节内容再次简要概述其原因有三：（1）追问是访谈中自然存在的对话行为，符合本书所归纳的自然人机对话特性；（2）追问是采访者有效的获取信息的手段，有利于完成对话功能，可能影响不同层次的用户体验；（3）目前访谈场景的 CUI 尚未对追问行为设计进行系统探索，研究追问有利于 CUI 的多元化。

根据 5.2.2 节介绍的文献资料和上一小节数据分析的结果，人类采访者在访谈中经常使用三种追问技巧：直接针对受访者说出的关键词进行追问，结合自己所掌握的相关信息进行追问，鼓励受访者提供更多信息。以上结论为本项研究中的设计提供了实证，由此提出一个结合了三种追问技巧的 CUI 设计：直接追问、关联追问和通用追问。

表 5.4　三类追问技巧的设计

追问技巧	实现方式	对话示例
		例行问题："请问您使用过智能家居产品吗？"
		回答："使用过**智能音箱**。"
直接追问	实体命名提取算法	追问：什么类型的"**智能音箱**？"
关联追问	知识图谱算法	追问："会用**智能音箱**来设闹钟吗？"
通用追问	基于神经网络语言模型的文本提取算法	追问："除此以外呢？"

　　注意，本节介绍的 CUI 支持用户语音输入，所有语音输入会首先经由科大讯飞提供的语音识别[①]转化为文本，然后再进行追问生成步骤。

　　直接追问：针对受访者之前提到过的关键词进行追问。直接追问常会在两种情况下出现：当受访者提到采访者感兴趣的关键词；当受访者提到的某个关键词出现歧义或混淆。因此，直接追问一般以"什么""谁""哪个""什么时候"等疑问词直接发起对上文关键词的追问。直接追问分为两个步骤，首先是定位关键词，即判断哪个关键词是采访者感兴趣的，或哪个关键词是受访者没有解释清楚的；其次是利用提问模板结合上一步确定的关键词合成问题。由于目前并没有可以直接利用的判断关键词是否已解释清楚的模型，本项研究只使用兴趣关键词来触发直接追问，兴趣词表的搭建过程见 5.3 节中的介绍。

　　直接追问具体的设计实现方案如下：

- 首先，利用关键词提取算法从输入文本中提取关键词。
- 其次，根据关键词提取算法给出的置信度信息，选取置信度最高且在兴趣词表中出现过的关键词。
- 再次，根据关键词的词性选择相应的问题模板生成多个备选追问问题（部分问题模板示例见表 5.5，其中提问关键词以 <W> 代替）。
- 最后，从备选问题中筛选出最佳问题进行提问。

表 5.5　　直接追问的部分问题模板示例

词性	问题模板
名词	哪个 <W>? 什么 <W>?
普通动词	什么时候 <W>?，在哪 <W>? 怎么 <W>?
形容词	有多 <W>?
地点名词	在 <W>?

　　在本项研究中使用的关键词提取算法[②]接口由科大讯飞（iflytek）开放平台提供。关键词的词性判断使用的是开源中文分词工具 Jieba。例如，受访者提到关键词"智能音箱"，直接追问行为得出的最后问题就是"什么智能音箱?"或者"哪个智能音箱?"。有时一个关键词因符合多个问题

---

① https://www.xfyun.cn/services/voicedictation

② https://www.xfyun.cn/service/keyword-extraction

模板而生成多个追问，5.4.3 节将介绍如何对多个追问进行筛选和排序。

关联追问：针对受访者之前提到过的关键词的相关信息进行追问，进而获得与该关键词相关的拓展信息。如果说直接追问的设计可以深化当前话题范围，那么关联追问则可以拓宽话题范围，因为关联追问可以让受访者提供更多与关键词相关的信息，有时也可能成为转移到相关的新话题的契机。例如，当受访者提到买了一副新"耳机"，而"音质"是与之关联的重要信息，因此可以使用关联追问提出问题"耳机的音质怎么样？"

关联追问的算法实现参考了 Su 等人提出的追问生成算法[319]，该算法基于给定的一段文本提取关键词并匹配三元组形式的知识谱来生成问题。本项研究主要利用 5.3 节中提到的三元组数据集（共 413 条与智能产品相关的三元组）来生成追问。在实验 1 中还基于这 413 条三元组从公开的知识图谱数据集 ConceptNet 中获取了相关的（至少包含一个共有的关键词）1933 个三元组。由于实验 1 中的数据显示加入 ConceptNet 三元组后容易生成的低相关度问题，在实验 2 中去除了这些追加的三元组。对于每一个三元组的关系类型，都有多个预设的问题模板，部分问题模板见表 5.6。三元组和问题模板有两个匹配规则：关键词的词性和关键词的数量。关键词词性规定三元组的关键词必须符合某几类词性才能匹配该模板；关键词数量规定三元组的关键词数量必须满足条件才能匹配该模板。

表 5.6　关联追问的部分问题模板示例

关系类型	问题模板
W1 包含 W2（HasA）	<W1> 的 <W2 名词 > 怎么样呢？
	对 <W1> 的 <W2 名词 > 有什么看法嘛？
	<W2 名词 > 是 <W1 名词 > 的吗？
	<W1> 的 <W2 名词 > 怎么样？
	<W1> 的 <W2 名词 > 是……？
	<W1 名词 > 有 <W2 名词 > 吗？
	<W1> 的哪些 <W2 名词 >？
	<W1> 有哪些 <W2 名词 >？

关联追问具体的设计实现方案如下：

- 首先，参考知识图谱在输入文本中匹配关键词，并找到关键词相关的所有三元组。
- 其次，根据三元组和对应的问题模板生成多个备选追问问题（部分问题模板示例见表 5.6，其中提问关键词和词性限制以 <W1 词性 > 和 <W2 词性 > 表示，未标明词性的表示无词性限制）。

- 最后，从备选问题中筛选出最佳问题进行提问。

例如，受访者回答"我有一个智能音箱。"含有关键词"智能音箱"的三元组"智能音箱（关键词）"–"可用于（关系类型）"–"设闹钟（关键词）"和问题模板"<W1 名词 > 会用来 <W2 动词 > 吗？"结合，可以得到追问问题"智能音箱会用来设闹钟吗？"对于最后一步的追问筛选在 5.4.3 节中将进行具体介绍。

通用追问：从六类非关键词触发的通用追问中选择一类合适的进行追问。直接追问和关联追问都是由受访者提到过的一个具体关键词而触发的，通用追问则是另一种思路，当受访者在回答中并没有提及适合追问的关键词，则可以使用不指定关键词的追问技巧。通过之前的对话数据分析，总结出如表 5.7 所示的六类非关键词触发的通用追问问题。

表 5.7　六个通用追问类型

追问类型	追问问题
提示继续表述	"然后呢？"
提示进行补充	"除此以外呢？"
提示举例说明	"比如说？"
提示提供细节	"具体说说？"
鼓励倾诉	"随便说说。"
询问原因	"为什么？"

通用追问行为的算法实现主要利用了基于 BERT 的预训练神经网络语言模型[139,325]，对于一段给定的文本输入，训练好的文本分类模型会从以上六类追问行为中选择最合适的一个进行追问。在 Cui 等人提出的中文预训练语言模型[325] 的基础上，利用 5.3 节中提到的 1149 条具有追问行为分类标注的文本进行优化训练，最终得到一个用于生成通用追问的算法。例如，采访者提出一个事先准备好的例行问题"你是怎么使用智能音箱或者语音助手的？"，受访者简短的回答"我就是正常使用"。采访者使用通用追问的方式即可追问道"具体说说？"。

注意，本项研究对文本模型进行训练时仅考虑了当前例行问题和用户回答作为上下文，直接将两部分文本进行了拼接。一些语言模型会考虑整个对话的上文进行生成[326-327]，在之后的 5.5节和 5.6.2节中介绍到本项研究中的用户实验设计是以"问题单元"作为单位乱序随机来进行的，因此只考虑了当前的例行问题和用户回答。

5.4.3 追问筛选与排序设计

直接追问和关联追问两种技巧在大多数情况下都会产生不止一个备选追问问题，需要设计筛选和排序的策略来从中选择一条最合适的进行追问。首先是追问筛选，实验中的 CUI 原型会筛去已经出现过的重复的追问问题。然后再将经过筛选的候选追问问题进行排序，排序根据的是每条候选追问的流畅度和相关度的求和。流畅度是基于 BERT 模型中的掩码语言模型（Masked-Language Model)[139] 进行计算的，对于给定的文本，首先在分词之后对随机一个词进行掩码替换（即替换为 [mask]），然后将原始文本和替换掩码后的文本都做 Token 化处理得到输入文本 Token 和掩码文本 Token，将掩码文本向 Token 输入预训练模型，模型会在掩码出填入恰当的词从而获得掩码预测文本表征向量，计算掩码预测文本表征向量和输入文本向量的交叉熵，最终将交叉熵的倒数输入指数函数中得到最终的流畅度表示。

$$T = Tokenize(I)$$
$$T' = BERT(Tokenize(I_{mask})) \qquad (5.1)$$
$$Fluency(I) = e^{\frac{1}{CrossEntrophy(T,T')}}$$

其中 I 表示输入的备选追问问题文本，I_{mask} 表示经过随机掩码替换的备选追问问题文本。

相关度是计算例行问题和回答拼接之后的文本与追问问题文本之间的相似度，相关度等于基于 BERT 模型输出的两个文本表征向量的欧氏距离的倒数，即两个向量差异越大，欧氏距离越大，则相关度越小，反之相关度越大[109]。

$$T = BERT(Tokenize(I))$$
$$T' = BERT(Tokenize(I_{context})) \qquad (5.2)$$
$$Relevance(I) = \sqrt{\sum_{i=1}^{n}(t_i - t_i')^2}$$

其中 I 表示输入的备选追问问题文本，$I_{context}$ 表示当前的例行问题和受访者回答文本。

5.5　用户实验 1：初步验证追问技巧设计

5.5.1　被试用户

实验 1 总共招募了 26 名被试（年龄 20 ～ 36 岁，平均 24.9 岁，标准差 3.47），其中 12 名为女性。所有被试都是通过线上平台的招募帖主动报名参与实验。所有被试的母语都为中文，因此实验中的对话原型系统也都为中文环境。在招募时对所有的被试进行了智能产品使用情况的初步调研，所有被试都有过使用智能设备的经验，包括智能手机、智能音箱等。

5.5.2　实验设计

基于 5.3 节中的数据集，实验 1 搭建了一个可以自动进行访谈的对话交互原型系统（以下称为原型系统），原型系统会针对被试的智能产品使用经历提出一系列问题。访谈过程中，被试首先需要回答原型系统事先预设好的例行问题，原型系统会根据被试的回答自动提出三个类型的追问，追问设计按照 5.4 中介绍的三种追问技巧。被试可以根据追问的相关度和流畅度来选择回答或跳过，随后还会让被试从中选出整体效果最好的追问，并写下一个被试自己认为在当前语境中最合适的追问。最终所有的访谈对话过程都会被记录下来用于分析。以下是具体的实验设计介绍。

被试在主试的引导下通过手机 App 接入事先搭建好的原型系统，原型系统会针对被试的智能产品使用经历进行访谈。访谈中一共有 15 个提前制定好的例行问题，问题范围包括被试的日常生活习惯，过往的智能设备使用经历，对智能设备的看法（智能设备包括手机、家用、车载的智能语音助手等）。例如，"周末在家一般做什么？""使用智能音箱有什么喜欢或者讨厌的地方吗？"。每个例行问题都会要求被试以两种方式进行回答："简短回答"和"详细回答"。"简短回答"要求被试必须在 10 个字以内完成回答，而"详细回答"要求回答必须 10 个字以上且尽量详细。每位被试总共会回答 30 次例行问题，而这 30 次例行问题的顺序会被完全打乱以减少顺序效应（Order Effect）。

　　问题单元：这 30 次例行问题构成了每位被试的 30 个问题单元，如图 5.5所示，每一个问题单元由一个例行问题，例行问题对应的被试回答，所有后续追问以及所有追问回答组成。在实验 1 中，被试在回答每一个问题单元中的例行问题之后会接收来自 CUI 原型系统的 3 次追问（直接追问/关联追问/通用追问），这 3 次追问也设置成随机顺序来减少顺序效应。主试会提示被试每一个问题单元都是独立的，在遇到已经回答过的例行问题（但不同回答要求）时可以在满足要求的前提下回答重复的内容；在每一个问题单元内，三个追问互相之间也是独立的，因此也可以回答重复的内容。在同一个问题单元下，不同类型的追问由于具备了相同的语境而具有更好的可比性。

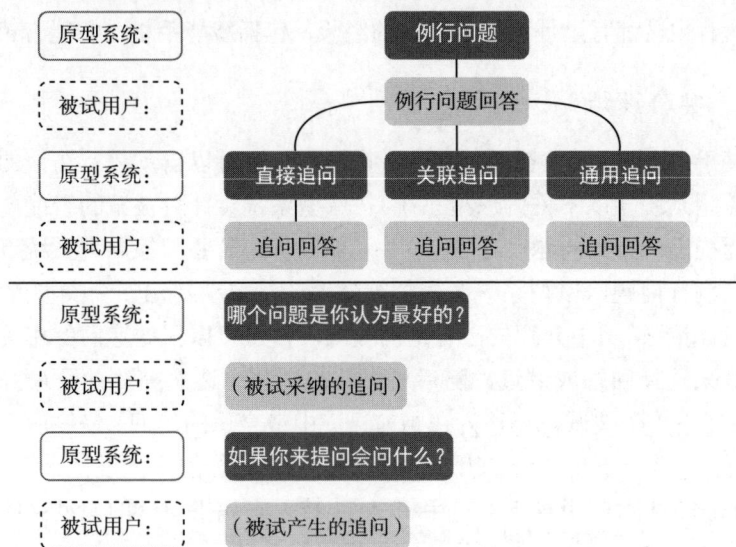

图 5.5　用户实验 1 中的问题单元示例

　　由于实验中的采访属于半结构化访谈，所有例行问题都属于开放问题（即不存在选择题或是非判断题），为了方便被试更自由地进行回答，主试会在实验中要求被试使用语音消息进行对话，语音消息随后被语音识别工具转译为文本用作追问生成。如果遇到任何不愿意回答的追问，可以要求跳过，跳过方式为在文本对话框中输入"00"并发送给原型系统。在每一个问题单元的结尾，原型系统还会让被试采纳一个其认为最合适的追问，如果被试认为所有追问都无法采纳，可以输入"00"表示跳过；

每一个问题单元的最后，原型系统会问：如果让被试自己在当前语境下进行追问，会问什么问题。

在每一个问题单元内，被试需要回答 6 个问题（1 个例行问题，3 个追问，2 个评价），整个采访需要完成 30 个问题单元，总共需要被试回答 180 个问题。考虑到被试的工作量较大，实验 1 将分为 3 个部分完成，每个部分包含 10 个问题单元，可以在 15 ~ 20 分钟完成，在一部分完成后，至少需要间隔 1 小时才能进行下一部分。

至此，实验 1 为包含两组自变量（2 × 3）的组内对照实验：上文信息量（高/低），追问技巧（直接追问/关联追问/通用追问）。其中上文信息量表示问题单元内的例行问题回答的信息量，通过提示被试按照"简短回答"或"详细回答"的要求来回答问题，从而进行变量控制。这种对于回答长度的要求只存在于例行问题，对于之后原型系统提出的追问问题，被试可以随意进行回答。而对于另一个自变量追问行为的控制，主要是在每一个例行问题之后，以随机顺序用三种不同的方式对被试进行追问来达到。在访谈过程中，追问技巧 o 的相关信息是对被试隐藏的，用户不会直接了解目前原型系统使用什么技巧提出的问题。

用户体验的评估：实验 1 中通过追问的方式来引导用户表达信息，因此通过计算用户选择立即跳过追问的概率来评估直觉感受层的用户体验；通过计算追问帮助用户表达的信息量来评估对话功能层的用户体验。用户对访谈中的对话进行反思，形成的主观评价可以体现其对话认知层的体验，因此实验 1 也通过被试对追问的采纳评价来评估其对话认知层的体验。

相关文献中记载的关于 CUI 信息获取效果的评估主要通过对话记录分析和用户主观评价来完成[14,246,328]。在被试用户与 CUI 原型系统的对话记录中主要分析的数据包括用户回答的长度[14,246,328]，信息量（informativeness）[246,328]，采访完成率[328]。在实验 1 中以如下三个方面来评估：用户对追问回答的**信息量**，跳过当前追问的**跳过率**，标记为最可能采纳的**采纳率**。

信息量（Informativeness）表示了被试用户在回答追问问题时透露出的信息量的多少，具体的计算方法如公式 (5.3) 所示。该计算方法参考的是 Xu 等人提出的访谈机器人的效能量化框架[328]，基于对文本中每个词的罕见系数求和来计算文本包含的信息量，而每个词的罕见系数等于该词在现代汉语中出现概率的倒数。

$$Informativeness(R) = \sum_{n=1}^{N} \frac{surprisal(word_n) - min\_surprisal}{max\_surprisal - min\_surprisal} \quad (5.3)$$

公式中的输入 R 表示用户对问题的回答内容，N 表示输入内容经过分词之后的词语总数，$min\_surprisal$ 和 $max\_surprisal$ 表示整个词表中罕见系数最小和最大的词的罕见系数（本项研究中使用的词表是中文分词工具 Jieba 中的中文词表）。

跳过率（Skipping Rate）计算的是每一类追问技巧被被试用户跳过的概率，具体的计算方法如公式 (5.4) 所示。**采纳率**（Acceptance Rate）计算的是每一类追问技巧在问题单元中被认为最好的概率，具体的计算方法如公式 (5.5) 所示。

$$SkippingRate(Q) = \frac{N_{skipped}(Q)}{N(Q)} \quad (5.4)$$

$$AcceptanceRate(Q) = \frac{N_{accepted}(Q)}{N(Q)} \quad (5.5)$$

公式 (5.4) 和公式 (5.5) 中的 Q 都表示任一追问技巧，$N(Q)$ 表示该追问技巧在访谈中出现的总数。$N_{skipped}(Q)$ 则是该追问技巧被被试跳过的总次数，$N_{accepted}(Q)$ 是被试认为该追问技巧最合适的总次数。

5.5.3　实验环境搭建

本项研究（包括用户实验 1 和用户实验 2）都是将对话系统的原型部署在了微信公众号后台，被试都是通过微信线上进行实验的。微信公众号后台会将用户发给公众号的消息转发到实地部署的服务器中，服务器使用 Django （3.1.5 版本）框架运行，对应的 Python 版本为 3.7.9，相关神经网络使用的 pytorch 进行构建，所有的代码运行在 Windows 10 的操作系统环境下。硬件方面包括一块计算型 GPU NVDIA Tesla T4，一块 i7-8700K CPU，32G 的 RAM 内存。对话原型系统的整体状态管理基于有限状态自动机完成。

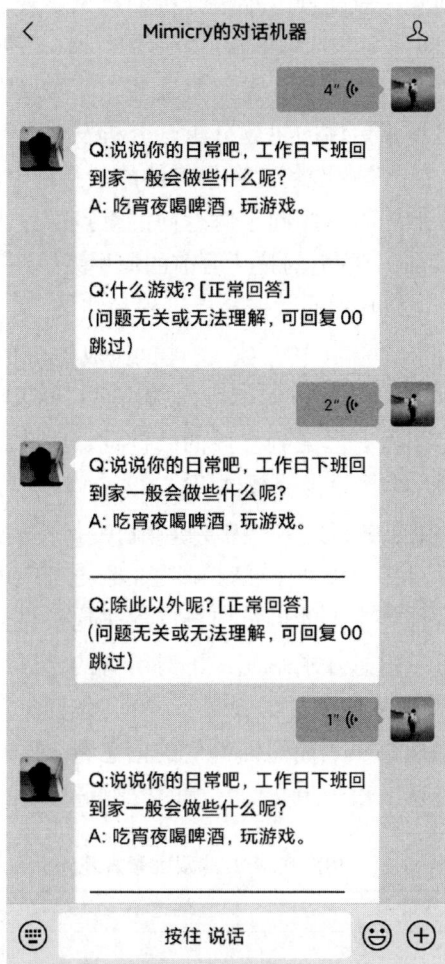

图 5.6　用户实验中部署在微信公众号的对话交互原型系统（见文前彩插）

5.5.4　用户实验 1 结果：追问设计可行

通过对用户实验 1 数据的定量和定性分析，所得结果初步验证了追问设计的可行性，即用户基本接受原型系统所提出的追问，并且追问可以有效地根据用户所提供的已有信息来获取更多信息。定量分析的结果表明，不同的追问技巧设计会造成不同的访谈效果，用户实验 1 中的通用追问目前效果最好，在用户信息获取效率，用户的采纳率方面都高于基于关键词的直接追问和关联追问。定量分析的结果还表明，上文信息量也会影响访谈效果，即上文信息越丰富，之后进行追问挖掘信息的效果也越好。除了原型系统提出的追问，实验 1 还收集了被试在相同语境下提出的追问，并对此进行了定性的主题分析。分析发现了几类典型的被试使用的追问技巧，其中一些已经包含在目前的原型系统中，例如部分通用追问，但被试在进行追问时更倾向于对追问的重点部分进行复述之后再追问。另外，分析发现的一些追问技巧目前的原型系统还无法完成。在本节接下来的内容中会介绍具体的数据分析过程和结果。

数据处理：用户实验 1 中的 26 位被试完成了一共 780 个问题单元，其中有 97 个问题单元由于被试对例行问题的回答过于简单而导致后续的直接追问或关联追问没有匹配到有效的关键词，因此将这些问题单元首先排除。排除后剩余数据最少的被试仍有 22 个问题单元。

在进行正式的结果分析之前，需要确认自变量控制是否有效，即被试是否遵守了"简短回答"和"详细回答"的要求。因此，利用公式 (5.3) 计算每位被试在两种要求下的例行问题回答平均信息量，即对每位被试所有的"简短回答"信息量求平均，再对所有的"详细回答"信息量求平均。Wilcoxon 符号秩检验的结果显示，"详细回答"的信息量（所有被试平均 7.85）显著高于"简短回答"的信息量（所有被试平均 2.75），***$p<0.001$，即实验 1 对于上文信息量的控制是有效的。

表 5.8　　用户实验 1 的双因素方差分析结果

	信息量				跳过率				采纳率			
	M	SD	F	PR	M	SD	F	PR	M	SD	F	PR
上文信息量												
低	2.05	0.25	9.13	$<0.01^{**}$	0.14	0.012	0.049	>0.1				
高	2.64	0.29			0.18	0.018						
追问技巧												
直接追问	1.82	0.25	27.54	$<0.001^{***}$	0.31	0.04	4.59	$<0.05^{*}$	0.24	0.02	3.27	$<0.05^{*}$
关联追问	1.49	0.16			0.39	0.03			0.27	0.03		
通用追问	3.82	0.46			0.27	0.04			0.32	0.04		

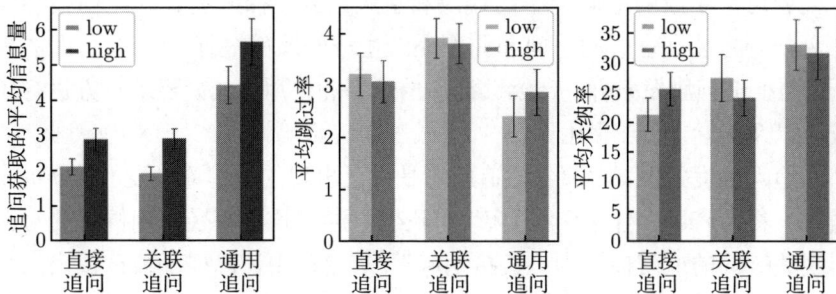

图 5.7 3 类追问回答的平均信息量、平均跳过率、平均采纳率

跳过率（直觉感受层）：双因素方差分析的结果显示追问技巧类型对于跳过率有显著效应（$*p<0.05$），事后分析结果表示被试更倾向于回答通用追问（$**p<0.01$），因此通用追问的跳过率为最低，仅有 26.7%。上文信息量对于跳过率没有发现显著效应，但对于通用追问来说上文信息量的高的情况下跳过率相对更高。

信息量（对话功能层）：双因素方差分析的结果显示上文信息量（$*p<0.05$）和追问类型（$***p<0.001$）对于之后追问获取的信息量都是有显著影响的。上文信息量高的情况下后续追问获取的信息量会随之提高 28.8%，具体来说，上文信息量低时后续追问获取的信息量平均值为 2.05，而上文信息量高时后续追问获取的信息量平均值为 2.64。利用带有 Holm Bonferroni 校正的 Wilcoxon 符号秩检验来对不同追问技巧类型对信息量的影响进行事后分析，结果表明，通用追问获取的信息量会显著高于直接追问和关联追问（$***p<0.001$）。

采纳率（对话认知层）：双因素方差分析结果表明不同的追问类型在采纳率上也有显著的不同（$*p<0.05$）。事后分析结果表明，通用追问比直接追问的采纳率更高（$*p<0.05$）。当通用追问的上文信息量高时，平均采纳率也更高。

被试生成的追问：用户实验 1 中的每一个问题单元最后都要求被试提出一个自己认为适合当时语境的追问问题。在排除无效数据后（被试认为在当前语境中无法提出有效追问），总共有 708 个问题单元用于分析。对用户生成问题数据的分析采用了定量分析方法中的主题分析[329]。三名研究人员修正了转录文本并对数据进行了初始编码。研究人员讨论确定了代表用户生成的追问类型的代码和主题。为了探索更好的追问技巧设计，分析将被试生成的追问和原型系统生成的追问进行了 4 个方面的分析：（1）追问触发条件；（2）关键字的选择和使用；（3）要求对方进行比较，以及（4）追问原因。

追问触发条件：大部分的追问还是由已出现的关键词触发的。分析人员统一将所有以"什么""怎么""什么时候""谁"等疑问词提出的对已出现关键词的追问标记为"直接追问"。若追问中还出现了被试提出的另一个与已出现关键词相关的关键词，将会被标记为"关联追问"。询问原因的（主要以"为什么"进行提问）追问会被标记为"原因追问"。最终 708 个用户生成的追问中的 422 个（59.6%）被分析人员编码为"由已出现关键词触发的追问"，这与之前定量分析得到的原型系统提出的关键词追问有 49.32% 的接收率的结果很接近。

关键字的选择和使用：原型系统和被试在关键词的选择和使用上存在较大差异。共有 135 个问题被标记为"直接追问"，在这 135 个被试生成追问所在的问题单元中，有 119 个单元也包含了原型系统提出的直接追问。这 119 个问题单元中有 47 个（39.5%）的直接追问被被试评价为采纳接受，该比例高于原型系统提出的其他两种类型的追问技巧（通用追问 28.6% 的采纳率，关联追问 21.8% 的采纳率）。然而，当前的原型系统和被试在追问触发关键词的选择上存在很大差异：119 个问题单元中有 67 个（56.3%），被试选择了和原型系统不同的关键词触发追问。另外 52 个被试选择了相同关键词的问题单元中有 25 个（48.1%），但使用了不同的提问方式，即疑问句类型。表 5.9 节选了部分实验 1 中原型系统与被试的对话记录，被试 P18 选择了与原型系统不同的关键词，而被试 P19 选择了与原型系统相同的关键词，但使用了不同的疑问词。

要求对方进行比较：在对话记录中发现被试生成的另一种追问技巧，即要求对方在特定方面比较两个或多个关键字。当上文对话出现多个并列的关键字时，经常会出现要求进行比较的情况，而比较的目的是希望了解对方对这些关键词的态度，例如"您更喜欢哪个？"。而目前的原型系统仅从上文对话中提取了一个置信度最高的关键字来追问。如表 5.10 所示，被试 P9 根据先前对话列出的关键字询问了对于各个个人数码产品的态度。

表 5.9　用户实验 1 中原型系统与被试的对话记录节选（a）

原型系统：	你一般怎么使用智能音箱？
P18：	有一次在超市里，我们让它播放某一位歌手的音乐。 或者让它讲笑话。
原型系统：	哪里的超市？
P18：	学校里的。
	……
原型系统：	（最后，如果你自己来提问，你会问什么？）
P18：	讲什么笑话？
原型系统：	周末一般做什么？
P19：	锻炼、看书、喝咖啡。
原型系统：	什么时候锻炼？
P19：	一般早上或者晚上。
	……
原型系统：	（最后，如果你自己来提问，你会问什么？）
P19：	怎么锻炼？

表 5.10　用户实验 1 中原型系统与被试的对话记录节选（b）

原型系统：	买过什么个人数码产品吗？
P9：	智能手机、相机、耳机，还有一些家居产品。
	……
原型系统：	（最后，如果你自己来提问，你会问什么？）
P9：	你最喜欢哪个？

表 5.11　用户实验 1 中原型系统与被试的对话记录节选（c）

追问否定的原因	
原型系统：	你是怎么使用语音助手的？
P19：	很少用语音助手，不过我有 Siri。
	……
原型系统：	（最后，如果你自己来提问，你会问什么？）
P19：	为什么你很少使用它？
追问出现情绪的原因	
原型系统：	你最喜欢或最讨厌什么个人数字设备？
P13：	我讨厌音箱。
	……
原型系统：	（最后，如果你自己来提问，你会问什么？）
P13：	你为什么讨厌它？
复述重点部分并追问原因	
原型系统：	你认为理想的语音助手是什么样的？
P16：	……它的声音应该更像人类。
	……
原型系统：	（最后，如果你自己来提问，你会问什么？）
P16：	为什么要像人类？

追问原因："为什么？"共有 100 个被试生成的追问被编码为"追问原因"，其中有 93 个（93%）在追问时复述了上文中某一重点部分，并对其原因进行追问。这些引起追问的重点部分可能是关键词、意图、态度。从对话记录中确定了 4 种追问原因的方式：直接问"为什么？"（7%），加入否定"为什么不……？"（18%），情绪的原因"为什么喜欢/讨厌……？"（46%），复述重点部分并追问"为什么……？"（29%）。其中直接问"为什么"不对上文信息任何信息进行复述，这与原型系统中通用追问是一致的。加入否定"为什么不……？"用于探究任何否定先前反应的原因。"为什么喜欢/讨厌……？"的问题被编码为与情绪相关的问题，当前面的回答表达了明显的情绪时，无论是积极的还是消极的，都可能出现这类追问。

其他追问形式包括四类：追问补充信息、要求举例说明、要求提供细节、要求继续叙述。原型系统中的通用追问技巧涵盖了以上的四种追问形式，但对于前两种追问形式，被试在使用这些追问形式时有明显的区别，就是会加入上文信息中引发问题部分的复述。追问补充信息时原型系统会直接问"除此以外呢？"，但被试倾向于先复述已有信息，"除了……以外，还有什么？"要求举例说明时原型系统会直接问"比如说？"，但被试倾向于问"可以举个例子说明一下……？"要求提供细节和继续叙述通常都不需要复述前文内容，直接问"具体说说？"和"然后呢？"

5.6　用户实验 2：对比人类的追问行为

用户实验 1 中设置的被试生成追问环节由于没有设置任何限制，收集到了被试提出的类型丰富的追问，但也因此与原型系统生成的追问缺乏可比性，无法为已有的追问技巧设计提供更具体的优化参考。为了更好地对比原型系统与人的追问技巧，用户实验 2 在每一个问题单元中加入了人类实验主试使用相同的追问技巧，即直接追问、关联追问、通用追问。因此，每个问题单元中将会包含 3 个原型系统和 3 个人类主试的追问，总共 6 个。为了控制被试回答的问题总数量，例行问题的数量从 15 个调整到了 10 个，每个问题依然需要按简单和详细的要求回答两次，因此每位被试需要完成总共 20 个问题单元。实验中，原型系统会把主试提出的追问随机混合在自动生成的追问中，因此被试无法直接得知追问来源，即不知道是自动生成的还是人类生成的。实验 2 中使用的 CUI 设计原型（即原型系统）与实验 1 中基本一致，唯一的区别在于实验 2 中的关联追问去掉了从 ConceptNet 导入的三元组数据，原因是实验 1 中加入的 ConceptNet 三元组数据使得生成的追问缺乏相关性。

5.6.1　被试用户

实验 2 总共招募了 26 名被试（年龄 21 ~ 37 岁，平均 25.4 岁，标准差 3.43），其中 15 名为女性。所有被试都是通过线上平台的招募帖主动报名参与实验。所有被试的母语都为中文，实验中的对话原型系统也都为中文环境。在招募时对所有的被试进行了智能产品使用情况的初步调研，所有被试都有过使用智能设备的经验，包括智能手机、智能音箱等。

5.6.2　实验设计

与实验 1 的设计类似，实验 2 同样基于 5.3 节中的数据集搭建了可以自动进行访谈的对话交互原型系统（以下称为原型系统），原型系统同样会针对被试的智能产品使用经历进行访谈。实验 2 的原型系统唯一的区别在于，其关联追问的部分没有经过公开知识图谱数据集的扩充，即仅使用 677 条三元组（实验 1 使用了 2610 条）。减少三元组规模的原因是实验 1 中对话原型所生成的关联追问与话题的相关程度较低。

整个访谈过程与实验 1 一致，被试同样需要回答原型系统提出的事先预设好的例行问题，实验 2 中原型系统会根据被试的回答使用 3 个追问技巧，其中 3 个与实验 1 一致，按照 5.4 中介绍的三种追问技巧设计进行实现，另外 3 个则是人类主试在后台输入的。主试所提出的问题也按照直接追问、关联追问、通用追问三类技巧，具体的规则如下：

- 直接追问：选择一个上文关键词，并使用"什么""哪里""谁""怎么""什么时候""哪个"中的任一提问词进行追问。
- 关联追问：选择一个上文关键词，并基于此关键词联想到与之相关的另一个关键词，针对这个相关关键词进行追问。
- 通用追问：从表 5.7 中任选一个问题进行追问。

被试可以根据追问的相关度和流畅度来选择回答或跳过这些追问，在整个访谈结束之后，被试会对其中出现过的所有追问进行话题相关度和语句流畅度的评价。所有的访谈对话过程以及用户对追问的评价都会被记录下来用于分析。以下是具体的实验设计介绍。

被试在主试的引导下通过手机 App（微信）接入事先搭建好的原型系统，原型系统会针对被试的智能产品使用经历进行一系列访谈。访谈中一共有 10 个提前制定好的例行问题，问题范围与实验 1 一致，包括被试的日常生活习惯，过往的智能设备使用经历，对智能设备设计的看法（智能设备包括手机、家用、车载的智能语音助手等）。例如，"周末在家一般做什么？""使用智能音箱有什么喜欢或者讨厌的地方吗？"与实验 1 一致，每个例行问题都会要求被试以两种方式进行回答："简短回答"和"详细回答"。"简短回答"要求被试必须在 10 个字以内完成回答，而"详细回答"要求回答必须在 10 个字以上且越详细越好。因此，每位被试总共会回答 20 次例行问题，而这 20 次例行问题的顺序会被完全打乱以减少顺序效应（Order Effect）。

实验 2 采用了与实验 1 一致的实验搭建环境，因此不再赘述。

问题单元：这 20 次例行问题同样也构成了每位被试的 20 个问题单元，如图 5.8所示，每一个问题单元由一个例行问题，例行问题对应的被试回答，所有后续追问以及所有追问回答组成。在实验 2 中，被试在回答每一个问题单元中的例行问题之后需要进入等待，此时主试在后台根据被试的回答手动输入 3 个追问，输入完成后原型系统会将主试输入的追问和系统自动生成的追问随机打乱顺序，然后对被试提问。为了减少提问的个人偏好问题，主试人员包括 3 名访谈专家，在实验前充分了解了所设置的提问技巧说明。与实验 1 一样，原型系统会提示被试每一个问题单元都是独立的，在遇到已经回答过的例行问题（但不同回答要求）时可以在满足要求的前提下回答重复的内容；在每一个问题单元内，6 个追问互相之间也是独立的，也可以回答重复的内容。如此一来，可以在相同的语境下对比人类主试和原型系统使用相同的追问技巧的不同效果，从而对 CUI 的追问技巧设计提供优化参考。

实验 2 的采访也属于半结构化访谈，所有例行问题都属于开放问题，主试会在实验中要求被试使用语音消息进行对话，语音消息会随后被语音识别工具转译为文本用作追问生成。如果遇到任何不愿意回答的追问，被试同样可以要求跳过,跳过方式为在文本对话框中输入"00"并发送给原型系统。实验 2 的问题单元中不再需要被试对追问进行评价,而是改为在整体访谈结束后进行评价。

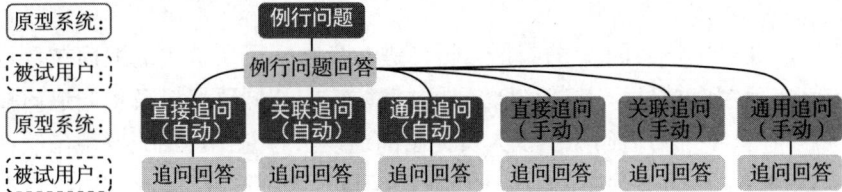

图 5.8　用户实验 2 中的问题单元示例

　　在每一个问题单元内,被试需要回答 7 个问题(1 个例行问题,6 个追问),整个采访的 20 个问题单元总共需要被试回答 140 个问题。同样考虑到被试的工作量较大,实验 2 将分为 2 个部分完成,每个部分包含 10 个问题单元,可以在 45 ~ 55 分钟完成,在第一部分完成后,至少需要间隔 1 小时才能进行第二部分。

　　至此,实验 2 为包含三组自变量($2 \times 2 \times 3$)的组内对照实验:追问源(原型系统/人类主试)、上文信息量(高/低),以及追问技巧(直接追问/关联追问/通用追问)。在访谈过程中不会为被试提供任何追问源及追问行为技巧的信息,被试只能基于追问本身的质量和自身的用户体验来进行评价。

　　用户体验的评估:直觉感受层和对话功能层的体验评估与实验 1 一致,是通过计算访谈追问的跳过率和信息获取量来进行评估的。为了更准确全面评估对话功能认知层的用户体验,实验 2 将实验 1 中的采纳率评估改为了让被试对追问的相关度和问题流畅度进行评价。被试在评价追问的相关度和流畅度时,需要对之前的对话交互进行思考,形成认知之后进行评价,因此是对话认知层体验的评估。在实验 2 中以如下 4 个方面来评估追问获取用户信息的效果:用户回答追问所给出的**信息量**,跳过当前追问的**跳过率**,用户对追问的**话题相关度**评价和**问题流畅度**评价。

　　其中信息量和跳过率的计算方法都与实验 1 一致。话题相关度是在访谈完成之后,被试根据当时发生的对话记录对每一个追问与当前语境的话题相关度进行评价,从 1 到 5 进行评分,1 为非常不相关,5 为完全相关。问题流畅度是在访谈完成之后,被试根据每一个追问问题本身的语言流畅度进行评价，也是从 1 到 5 进行评分，1 为非常不通顺，5 为非常通顺流畅。

5.6.3　用户实验 2 结果：CUI 追问技巧设计优化方案

　　通过对用户实验 2 的数据分析，进一步验证了所提出的追问技巧设计优化后的有效性。用户实验 2 通过将访谈中相同语境以及相同追问技巧下的 CUI 自动追问与主试人员提出的追问进行对比，结果发现虽然在相关度评价和回答意愿上，CUI 追问还是与人类主试有显著的差距，但在问题流畅度和追问所获取到的信息量上已经很接近人类主试。实验 2 在减小了用于生成追问的知识图谱范围之后，关联追问的质量得到显著提升，展现出了更高的准确性。与实验 1 结果一致的是，通用追问在三类追问中仍然可以最大限度地从用户获取信息，但经过优化后的关联追问在实验 2 中表现出更低的跳过率，也就是说用户回答关联追问的意愿会更强。总结以上，通用追问更容易从用户获取更多信息，而用户对于关联追问则具有更高的回答意愿。接下来介绍具体的数据分析结果。

表 5.12　追问产生源与追问技巧类型的双因素方差分析结果

		追问源		追问技巧类型		
		主试	CUI	直接追问	关联追问	通用追问
信息获取量	M	4.37	3.89	4.13	3.97	6.73
	SD	1.88	1.91	1.82	2.11	4.27
	F	0.95		13.35		
	PR	>0.05		<0.001***		
跳过率	M	5.33%	15.83%	10.63%	6.24%	14.87%
	SD	7.26%	10.77%	11.92%	5.15%	13.06%
	F	29.28		6.59		
	PR	<0.001***		<0.01**		
相关度	M	3.98	3.32	3.65	3.86	3.44
	SD	0.77	0.99	0.82	0.70	0.86
	F	23.98		2.95		
	PR	<0.001***		>0.05		
问题流畅度	M	4.37	4.03	4.20	4.43	4.53
	SD	0.56	0.75	0.59	0.42	0.67
	F	3.88		4.16		
	PR	<0.05*		<0.05*		

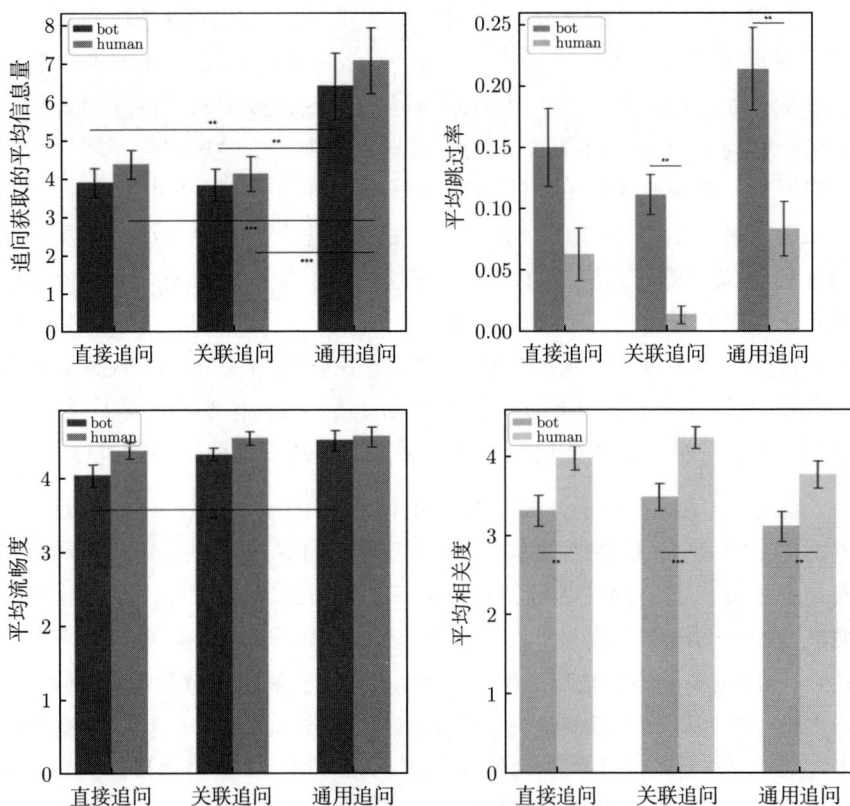

图 5.9　不同追问产生源和追问技巧类型的数据

数据处理：用户实验 2 中的 26 位被试一共完成了 520 个问题单元。其中有部分问题单元由于被试对例行问题的回答过于简短而导致后续没有形成足够的追问，有 20 个问题单元主试没有给出 3 个追问，147 个问题单元 CUI 没有给出 3 个追问，因此在数据分析之前排除这些问题单元，最后剩下 361 个问题单元，平均每位被试 13.88 个问题单元（SD = 2.59），最少的一位仍有 7 个问题单元。与实验 1 一样，需要先检验实验中自变量的控制是否有效，即被试是否按照要求进行了"简短回答"和"详细回答"。实验 2 中的信息量同样使用公式 (5.3) 计算被试回答中包含的信息量。使用 Wilcoxon 符号秩检验对所有被试的"简短回答"信息量和"详细回答"信息量做比较，结果是后者以平均值 9.67 显著高于前者的平均值 2.33（***$p<0.001$），也就是说实验 2 对上文信息量的控制也是有效的。

上文信息量对访谈的影响：首先对自变量上文信息量进行分析，在 CUI 对被试进行追问时，上文信息量会对之后 CUI 提出的追问所获取的信息量有显著影响（***$p<0.001$），即 CUI 根据被试的"详细回答"所提出的追问平均可以获取 5.13 的信息量，而根据"简短回答"所提出的追问平均只能获取 4.01 的信息量。这一结果与用户实验 1 中的结果一致，可以确定目前 CUI 生成追问的方式是受上文信息影响的，上文信息越多，CUI 所生成的追问获取信息的效果就越好。上文信息量还对主试提出追问所获得的问题流畅度有显著影响（*$p<0.05$），但均值差距不大，主试根据被试的"详细回答"所提出的追问平均流畅度为 4.51，略微高于根据"简短回答"的 4.45。除此以外，上文信息量对其他因变量并无显著影响，因此之后的分析主要围绕追问产生源和追问技巧类型两个因素进行。

跳过率（直觉感受层）：虽然 CUI 追问所获取的信息量已经很接近人类主试提出的追问，但在跳过率上还是显著地高于人类主试（***$p<0.001$）。人类主试提出的追问被跳过的平均概率为 5.33%，而 CUI 提出的追问被跳过的平均概率高达 15.83%。双因素方差分析的结果显示追问产生源（***$p<0.001$）和追问技巧类型（*$p<0.05$）对于跳过率均有显著影响。用户实验 1 中跳过率最低的追问技巧类型是通用追问，但在调整了数据库构成之后，用户实验 2 中的通用追问变成了 3 类追问中跳过率最高的，基于关键词提出的直接追问和关联追问的平均跳过率有所下降。也就是说，通用追问虽然可以获取更多信息，但被试回答通用追问的意愿并没有直接追问和关联追问高。

信息量（对话功能层）：分析中信息量的计算不包含被跳过的追问，信息量的数据仅表现当被试对追问进行了有效回答时的信息量情况。虽然双因素方差分析中追问产生源对信息量没有主效应（$p>0.05$），但主试提出的追问比 CUI 提出的追问平均获取的信息量要高 12.28%，且方差分析 ANOVA 显示出了显著性（*$p<0.05$）。对追问产生源和追问技巧类型的双因素方差分析的结果显示追问技巧类型对所获取的信息量有显著影响（***$p<0.001$）。利用带有 Holm Bonferroni 校正的 Wilcoxon 符号秩检验分析不同追问技巧类型对信息量的影响，结果表明，无论是主试提出的还是 CUI 提出的追问，通用追问获取的信息量会显著高于直接追问和关联追问（***$p<0.001$），CUI 追问的结果与用户实验 1 一致，用户实

验 2 在人类主试提出的追问上也验证了该结论。

问题流畅度（对话认知层）：双因素方差分析的结果显示追问产生源（*$p<0.05$）和追问技巧类型（*$p<0.05$）对流畅度评价均有显著影响，但均值的差异并不大。主试提出的追问和 CUI 提出的追问平均的流畅度评价都达到了 4 分以上（总分为 5 分）。带有 Holm Bonferroni 校正的 Wilcoxon 符号秩检验的事后分析表明，CUI 提出的通用追问的平均流畅度显著高于直接追问的平均流畅度（**$p<0.01$）。具体来说，CUI 提出的通用追问平均流畅度评价为 4.51（SD=0.68），直接追问平均流畅度评价为 4.03（SD=0.75）。

相关度（对话认知层）：双因素方差分析的结果显示追问产生源对追问的相关度评价有显著影响（***$p<0.001$），带有 Holm Bonferroni 校正的 Wilcoxon 符号秩检验事后分析的结果也在三类追问技巧中都发现了主试提问和 CUI 提问的显著差异。具体来说，主试提出的直接追问平均相关度比 CUI 提出的要高 19.86%（**$p<0.01$），关联追问的平均相关度要高 21.68%（***$p<0.001$），通用追问的平均相关度要高 20.95%（**$p<0.01$）。从相关度评价的均值上看，通用追问的平均相关度评价要低于直接追问和关联追问。

5.7　设 计 讨 论

两轮用户实验验证了所设计的 CUI 追问技巧，可以有效地在访谈中帮助用户进行叙述，从而获取用户信息。其中用户实验 1 初步验证了所设计的 CUI 追问技巧的有效性，结果显示通用追问在三类追问中无论是用户评价还是实际的帮助用户表达信息方面都要更好。用户实验 2 中在优化了关联追问所使用的知识图谱后有效地提升了追问质量，因此实验 2 的结果更准确地表明了三类追问行为设计的特性：通用追问仍然具有最好的帮助用户表达信息的能力；关联追问成为用户评价相关度最高、最有回答意愿的追问行为；而直接追问除了流畅度评价较低以外，其他方面都介于关联追问和通用追问之间。用户实验 2 通过在相同的语境下对比 CUI 和主试提出的相同技巧类型的追问，表明虽然在相关度评价和回答意愿上还是主试提出的追问效果显著更好，但在流畅度评价和帮助用户表达信息方面，CUI 和主试已经很接近了。此外，实验 1 根据被试提供的追问问题发现了一些新的追问行为模式，实验 2 根据主试提供的追问问题，发现了人类在使用相同追问策略时的具体行为区别。

基于以上实验结果，本节将展开以下方面的设计讨论：在半结构化访谈中影响访谈效果的因素，影响用户访谈对话认知评价的因素，基于目前版本追问设计的优化方案。

5.7.1　直觉感受层体验：立即跳过

追问技巧设计：用户实验 1 和实验 2 的结果都表明了不同的追问技巧设计会显著地影响之后用户立即跳过的概率。实验 1 中通用追问在跳过率上有更好的表现，但关联追问经过优化后，在实验 2 中获得了更低的跳过率。总体来说，实验 2 的结果更符合预期，展现了不同追问技巧设计的特点。

直接追问和关联追问都是基于用户在上文对话中的关键词提出的，也就是说与上文的连接性更好，用户在回答这两类问题的时候，基本上可以沿着自己先前回答的思路继续补充一些信息。因此这两类追问的跳过率都比较低，用户的回答意愿相对来说更高，可能的原因是用户更容易回答这两类追问。

表 5.13 中列出的被试 P29 的一个问题单元展示了通用追问被跳过的一类情况。被试 P29 在回答例行问题时已经提供了较为完整的答案，因此主试和 CUI 提出的通用追问让被试无从回答，所给出的相关度评价也均为 1；但关联追问则更好地延续了对话，让被试有一个新的点可以继续对话，主试提出的是"语音助手的回复"，而 CUI 则提出了"语音助手的问题"，被试 P29 对这两个关联追问给出的相关度评价均为 3。这与5.5.4节中被试生成的追问大部分由已知的关键词触发的结果是一致的。

5.7.2　对话功能层体验：影响访谈效果的因素

在人机访谈的场景中，最主要的对话功能就是访谈，而访谈功能实际就是系统利用 CUI 的对话交互从用户方获取信息的功能，而对于用户来讲，就是 CUI 帮助其完成访谈流程，并帮助其通过叙述、倾诉来表达信息的过程。因此在人机访谈场景中，CUI 是否可以有效地帮助用户表达信息，就属于典型的对话功能层的用户体验。从两轮用户实验的结果中发现，影响 CUI 访谈效果的两个因素分别是上文信息量和追问技巧的设计。

表 5.13　　用户实验 2 中原型系统与被试的对话记录节选（a）

原型系统：	你是怎么使用智能音箱或者语音助手的呢？
P29：	一般会先喊语音助手的名字，然后再去说自己的问题，或是想要对语音助手说的话，然后语音助手就会根据我的需求去回复我。
	……
原型系统：	具体说说？（主试通用追问）
P29：	（跳过）
	……
原型系统：	除此以外呢？（CUI 通用追问）
P29：	（跳过）
	……
原型系统：	语音助手怎么回复你？（主试关联追问）
P29：	它会根据我的需求内容去回复我，比如说我想点一首歌，然后他会问我具体的歌曲类型。
	……
原型系统：	对智能音箱的问题有什么看法吗？（CUI 关联追问）
P29：	智能音箱有时候会答非所问。
	……

　　上文信息量：用户实验 1 和实验 2 的结果都表明上文信息量越多，CUI 所提出追问的信息获取效率就越高。这表明目前的算法比较依赖于上文信息量，用户在回答例行问题时如果可以提供足够多的信息，那么 CUI 在之后提出的追问中也可以更有针对性或者更准确。直接追问和关联追问都需要用户在之前的回答中提及至少一个可用的关键词 CUI 才能提出相应的追问，因此在实验 2 中 28.27％的问题单元没有可用的关键词用于直接追问或关联追问。例如表 5.14 中，被试 P32 在回答例行问题时仅回答了一个"有"字，CUI 未能提出任何与关键词相关的追问，但提出了通用追问"比如说？"。值得注意的是，在这一问题单元中，主试也未能提出关联追问，而选择了与 CUI 相同的通用追问"比如说？"，这说明通用追问在已知信息量有限，尤其是用户尚未给出任何可以用来挖掘更多信息的关键词的情况下可以发挥很好的作用。不过在实验 2 中，主试提出的追问获取的信息量受上文信息量影响并不显著，这可能说明主试在已知信息量有限的情况下选择合适的关键词的能力更强。这也印证了文献中人类采访者善于根据被访者给出信息的细节进行追问的结论[304-305]。

表 5.14　　用户实验 2 中原型系统与被试的对话记录节选（b）

原型系统：	工作日上班下班的时候有哪些开心或者不开心的事情吗？
P32：	有。
	……
原型系统：	比如说？（CUI 通用追问）
P32：	比如说无人机。
	……

追问技巧设计：用户实验 1 和实验 2 的结果都表明不同的追问技巧设计会显著的影响之后用户回答的信息量。上文提到，用户回答直接追问和关联追问的意愿相对来说更高，但容易回答的同时所提供的新的信息就会相对来说更少一些。例如表 5.15 中列出的被试 P27 的一个问题单元 CUI 提出的追问部分，直接追问和关联追问都是根据被试先前回答中的关键词，直接追问是针对被试提到的"休息"，关联追问针对的是关键词"周末"，而通用追问则没有针对任何关键词。问题单元与实验 2 的结果一致，CUI 的通用追问帮助被试表述了更多的信息。另一个可能的原因是，目前通用追问的候选问题（见表 5.7）都是直接要求用户提供更多信息。

表 5.15　　用户实验 2 中原型系统与被试的对话记录节选（c）

原型系统：	周末的时候一般都做些什么呢？
P27：	周末的时候一般会选择出去逛逛街、买点东西，置办一点家用，或者是在家里看看书、浏览浏览手机、打扫打扫卫生。还有就是多多地休息，调整一下自己整个人的状态，以便下一周更好地投入到工作当中。
	……
原型系统：	具体什么时候休息？（CUI 直接追问）
P27：	一般周末的话，除了晚上会睡得久一些之外，下午午休的时间也会长一些。
	……
原型系统：	周末的时候经常加班吗？（CUI 关联追问）
P27：	周末不会经常加班，偶尔会有加班的情况。
	……
原型系统：	除此以外呢？（CUI 通用追问）
P27：	除此之外，可能有的时候会约朋友出去爬山、逛一逛景点，或者在家里还会自己做点饭，然后可能就是听听音乐，一般下午会睡得久一些，周末的时候会休息得更多一些。
	……

5.7.3　对话认知层体验：访谈相关性和流畅性的用户评价

用户实验 2 中被试对每一个访谈中的追问进行了流畅度的评价，流畅度的评价仅根据追问本身的语言通顺程度。实验 2 中 CUI 追问整体的流畅度评价都比较高，这说明按照所提出的算法技术方案可以在数据集规模有限的情况下产生语言流畅度高的追问问题。具体来说，目前使用的直接追问和关联追问模板，以及追问筛选与排序的设计对于生成语言流畅的追问问题来说是有效的、可靠的。尽管仍然会出现少数语言不流畅的情况，如表 5.13中被试 P48 被原型系统的关联追问问道"早起会引起费神吗？"，虽然这个问题从语义上勉强可以理解，被试 P48 也做出了相应的回答，但这样的语言并不通顺，因此被试 P48 给这个追问的流畅度评价为 1。

用户实验 2 中被试对每一个访谈中的追问进行了相关度的评价，相关度需要根据对话上文，包括例行问题以及被试对例行问题的回答，来评价原型系统提出的追问有多相关。对于追问相关度的评价整体来讲都比流畅度要低一些，而且 CUI 提出的 3 类追问相关度平均评价要分别显著低于主试提出的 3 类追问。可见提出相关的问题是比提出流畅的问题更难达到的一个标准，但整体来说实验 2 中 CUI 原型系统提出的追问的相关度评价还是不错的，3 类追问技巧的平均相关度评价都达到了 3 以上。直接追问和关联追问都使用了用户上文提到的关键词，但使用上文的关键词并不能保证提出的问题相关程度一定高，例如表 5.16中被试 P30 的一段对话，CUI 提出的直接追问选择了被试 P30 刚提过的关键词"唤醒"来作为发问点，但通过观察上文语境可以发现，被试在回答例行问题时的重点并非"唤醒"，而是唤醒所需要叫出的智能音箱的"名字"，因此被试 P30 为 CUI 提出的直接追问给出了 1 的相关度评价。而人类主试在这个问题单元中准确地捕捉到了重点"名字"，并对其进行了直接追问，被试 P30 给出了 5 的相关度评价。

即便选择对了重点关键词，但往哪个方向发问也会影响相关度。例如表 5.17中被试 P36 的一段对话，主试和 CUI 都选择了被试提到的"导航"作为追问的发起点，主试问到了导航是否使用屏幕，这是与被试在回答中所说的驾驶话题非常相关的；而 CUI 却将话题引导向了天猫精灵，当然这是源于三元组"天猫精灵–可用于–导航"，但在这个语境里，天猫精灵并未被提及过，被试 P36 也正好没有使用过天猫精灵，所以显得不那么相关，最终被试 P36 给出的 CUI 关联追问的相关度评价为 2。

表 5.16　用户实验 2 中原型系统与被试的对话记录节选（d）

原型系统：	工作日上班下班的时候有哪些开心或者不开心的事情吗？
P48：	需要早起不开心。
	……
原型系统：	早起会引起费神吗？（CUI 关联追问）
P48：	那当然会。
	……
原型系统：	使用智能音箱或语音助手的时候，有什么喜欢或者讨厌的经历呢？
P30：	我觉得唤醒智能音箱的这个过程非常的奇怪，就是需要重复地叫一些很"中二"的名字，让我觉得并不喜欢。
	……
原型系统：	什么名字？（主试直接追问）
P30：	比如小度小度、小爱同学之类的。
	……
原型系统：	具体什么时候唤醒？（CUI 直接追问）
P30：	（跳过）
	……

表 5.17　用户实验 2 中原型系统与被试的对话记录节选（e）

原型系统：	在乘车或者开车的时候，如果有一个智能语音助手，你会让它帮你做什么呢？
P36：	乘车的时候，就是我闲的时候，我希望跟它玩儿，然后就是（它）能够给我一些消遣的东西，但我并不希望跟它聊天，我不希望我的对话被司机听见。如果驾驶的时候，我希望它能够保证我的安全，能够给我提供正确的导航的引导。
	……
原型系统：	导航需要看屏幕吗？（主试关联追问）
P36：	我觉得最好是不用的，现在已经发展到不用看屏幕了。
	……
原型系统：	天猫精灵可以导航吗？（CUI 关联追问）
P36：	我没用过天猫精灵。
	……

5.7.4　智能访谈场景中的 CUI 设计优化建议

根据用户实验 1 和实验 2 的结果，总结出以下设计建议供访谈场景中的 CUI 设计参考，总体的思路就是充分发挥本项研究所提出的三类追问技巧的特点，提升访谈场景下 CUI 的多层次用户体验。

第一，为保证追问与上文更连贯，应当在追问中加入部分上文提及的重点内容。研究所提出的直接追问和关联追问的设计就具有更高的用户回答意愿，且用户实验 1 中的被试产生的追问数据也表现出了使用已有关键词用来提问的趋势。尽管实验中直接追问和关联追问相比于通用追问在帮助用户表达信息方面的结果要更差，但是本项研究中的两项实验都是按照单轮追问设计的，即没有对追问的回答再次进行追问。也就是说，如果保证了更好的用户回答意愿，那么在允许多轮追问的情况下，即便单次追问引导出的信息不多，但由于用户回答意愿更高，追问的轮数也会更多，整体下来引导用户表达的信息也有可能会更多。而且，指明已提到过的部分进行追问，可以让追问变得更明确，尤其是当用户已经在当前话题下提供了许多信息的情况下。指明要询问的具体内容或细节更有利于用户理解问题，从而也会让用户感觉到 CUI 在访谈中更智能。

第二，在从上文对话中选择追问发起点时，应当考虑缺少关键信息的部分、与访谈目的密切相关的部分、有趣的部分。在使用直接追问和关联追问时，要恰当选择发起追问的部分，根据用户实验 2 中主试所提供的追问数据，首先追问时应当找到上文受访者用户叙述的重点，若重点内容仍有明显缺失的部分信息，应当优先针对这一部分进行追问；若受访者用户上文的叙述中有与此次访谈目的的主话题、子话题密切相关的部分，也应当优先追问；最后，受访者所表现出来的情绪，或让人觉得有趣的部分也可以优先追问。

第三，在上文信息不充足的情况下，可以使用通用追问的方式来鼓励用户。当上文信息不充足，尤其无法找到有效的关键词来发起追问时，可以参考本项研究中的通用追问的设计，制定一些无需关键词即可直接引导用户给出更多信息的追问问题（例如表 5.7 中本项研究使用的通用追问问题）。而且，可以使用基于预训练神经网络的语言模型来预测当前语境下（结合当前话题和用户以提供的信息）最合适的通用追问。

5.8　研究小结

本项研究存在一些局限性。本项研究仅对一个访谈话题进行了测试。未来的研究工作应当将本项研究所提出的设计方案在更多的访谈话题中进行测试和验证。研究中追问原型系统使用的关键字提取算法是用于通用用途的，所选择出用于追问的关键词在相关性和准确性上仍然存在不足，未来工作中可以考虑专门训练用于提取"值得提问部分"的语言模型。分析前期数据和用户实验 1 的对话发现了更多可用的追问行为方式，本项研究仅对直接追问、关联追问、通用追问三类进行了验证，未来工作中可以扩展至更多的追问技巧的设计。可能影响智能访谈场景用户体验的设计变量还包括 CUI 的音色、语言风格等，可以在未来工作中考虑。

为了优化 CUI 在访谈场景中的多层次用户体验，本项研究提出了三种模拟自然对话中采访者追问受访者的对话技巧，即直接追问、关联追问以及通用追问。研究基于两轮用户实验验证了所提出的追问技巧设计对引导用户信息表达以及用户对访谈的评价均有提升效果。研究讨论了影响访谈效果及用户对访谈评价的因素，分析了不同追问技巧的特性。具体来说，直接追问和关联追问具有更好的相关度评价（对话认知层）以及回答意愿（直觉感受层），而通用追问可以更有效地引导用户表达信息（对话功能层）。最终，研究提出了 CUI 追问的优化设计建议。

第 6 章　任务协助场景 CUI 的情绪反馈设计

对话中的情绪传递着重要信息，能够感受并反馈用户情绪的 CUI 设计更接近自然交互。而目前的相关研究工作主要集中在工程学领域的情感计算技术研究，将情绪感知和情绪反馈的设计融入 CUI 中的工作相对较少。那么，为什么要在任务协助场景中研究情绪反馈的设计呢？项目最开始选定的是工作面试一类的场景，面试者在面试中往往会感到较大的心理压力，从而影响发挥，项目希望设计出一个具有情绪反馈能力的 CUI，来让受试者有更好的发挥。但面试场景涉及的对话范围非常广泛，难以进行实验，因此本研究对场景做了限定。在这个场景中，CUI 需要通过对话协助受试者，完成一系列具有难度的计算任务。本项研究尝试在 CUI 中加入情绪感知和反馈的闭环设计，来优化任务协助场景中的多层次用户体验。

任务协助型的 CUI 还涉及许多其他的设计维度和变量，例如，CUI 的人格设计。本项研究选择情绪反馈行为的设计来进行研究主要有以下原因：根据文献调研，目前为 CUI 进行情感智能设计的研究工作较为缺乏，尤其是关注用户语音输入中的情绪信息的 CUI 尚未充分探索。根据本书所归纳的自然人机交互特性，对话中的情感互动有利于达成系统性的自然，情感智能是 CUI 设计的重要维度。本项研究希望探索在 CUI 中基于语音情绪进行情感智能维度设计的可能性，促进 CUI 的多元化设计。

6.1　研究概要

对话交互界面 CUI 被广泛地应用到各种场景中，例如个人时装咨询[288]、智能用户调研和访谈[224,309]、智能教学[193,330] 和心理健康辅助[15-16,331-332]。为了使 CUI 的交互更接近与自然对话，许多研究将重点扩展到了 CUI 的情感智能[155,167,333]。提高 CUI 的情感智能具有多方面的好处，包括但不限于：更丰富的人际关系、增加沉浸感、增强用户体验[167]。情感智能最初的心理学定义涉及人对情绪的感受和表达、情绪调节和使用的能力[183]。在人机交互（Human-Computer Interaction, HCI）领域，CUI 的情感智能评价包括用户对于 CUI 感知用户情绪（例如从对话内容和语音中检测情绪）、使用用户情绪（例如利用情绪以支持认知任务）、理解情绪（例如理解情绪并了解其触发因素）以及管理情绪（例如调节情绪）四方面能力的综合评价[154-155]。

提升用户对 CUI 的情感智能评价，可以从文本和语音两个模态尝试。如果对话信息是通过语音输入的，可以利用自动语音识别转化为文本，因此无论是语音输入还是文本消息输入的对话内容，都可以通过文本情感分析来感知用户对话时的情绪状态[334-335]，甚至以此帮助用户调节情绪[175]。此外，在情感表达方面，利用序列到序列（sequence-to-sequence）的神经网络语言模型来生成具有情绪的文本[26,136]，也可以为 CUI 的情感智能带来新的可能性。除了从算法能力上尝试情绪感知和情绪反馈的可能性，一些巧妙的语言行为及语言风格设计也可以影响用户对 CUI 的情感智能评价。例如，设计具有倾诉行为的聊天机器人可以提高用户的亲密感[14]。除了对话文本的利用，对话语音中的声学信息也蕴含着情感[336-337]，可以考虑加入到 CUI 设计中。CUI 可以利用一些基于语音的情绪识别算法（Speech Emotion Recognition，SER）从用户的声音中感知情绪[338-341]。此外也有一些 CUI 设计采用用户自我报告的方式来收集用户的情绪状态信息[342]。人与人经常在对话中反馈对方的情绪，其中一个重要的情绪反馈原则就是共情——理解他人情绪感受并重新体验转化为自身感受的能力，例如语气词常被用来表示对某种情绪的共情[343-344]。把这类语气词用到 CUI 中也可以提升用户体验[164]，但目前为止尚未有研究系统性的评估基于语音情绪识别算法的情绪感知能力结合共情语气词的情绪反馈行为对 CUI 情感智能评价的影响。

为了填补这一研究空白，本项研究设计、开发和评估了一种具有情绪反馈能力 CUI 的语音助手 HUE（Heard yoUr Emotion）。具体来说，本项研究在 CUI 设计中加入了语音情绪识别（SER）[338] 以更好地感知用户语音中的情绪，并通过使用情绪语气词和情绪反馈语句（包括赞美、分散注意力和重新评价策略）来为 CUI 创造共情的能力。研究邀请 75 名被试进行了一项包含两个原型测试阶段的用户实验，以评估 HUE 的不同情绪反馈行为对其情感智能评价的影响。第一阶段为观察实验，被试观察一系列人机对话样例（包含所涉及的情绪反馈行为设计），评价其中 CUI 的情感智能；第二阶段被试亲自参与到人机对话中，被试按照要求完成一系列任务，CUI 作为协助，任务中被试的负面情绪会被激发，CUI 会在对话过程中对被试情绪做出反馈，同时被试对 CUI 的情感智能作出评价。

第一阶段的观察实验中，主试人员为被试播放具有不同情绪反馈的 CUI（包括 HUE 与对照组）和人类用户对话的音频片段，并让被试根据音频片段中的对话来评价 CUI 情感智能。这些音频片段呈现了具有 4 个不同情绪氛围的场景，在每个场景下通过对比不同的情绪反馈方式来检验 HUE 设计对情感智能评价的影响。第一阶段的实验结果表明，用户对 CUI 的情感智能评价受不同的情绪反馈方式的影响，HUE 的情绪反馈设计可以有效地提高用户对 CUI 的情感智能评价。具体来说，同时使用情绪感叹词和情绪反馈语句可以在不同的情绪环境中更稳定地提高情感智能评价。

第一阶段的实验主要是让被试作为旁听者来评估 CUI 的情绪反馈设计所体现出的情感智能。第二阶段实验则聚焦于被试与原型交互系统的实际对话，即用户需要在实验中亲自与 CUI 原型系统对话，并评价其情绪反馈设计所体现的情感智能。在实验过程中，被试需要按照要求完成一系列数学计算任务。随着时间的推移，实验会调整计算难度以激发被试的情绪。被试需要通过对话向 CUI 原型系统寻求协助来完成任务，而原型系统会在对话中感受并反馈被试的情绪。例如，被试因任务产生负面情绪时，原型系统通过对话表达共情来帮助被试及时调整，或者在被试完成任务表现出正向情绪时原型系统表示祝贺。最终被试根据原型系统的情绪反馈行为来评价其情感智能。

最终的实验结果表明：所提出的 CUI 情绪感知和反馈设计可以有效地提升用户对其情感智能的评价（对话认知层体验），并且具有辅助用户情绪调节的潜在作用（本能感受层体验）。此外，实验还对比了不同的情绪反馈设计在不同用户情绪状态下的效果，并在之后的用户访谈中进一步分析了情绪反馈设计对用户的对话认知层体验的影响。

关于本项研究的产出总结如下：

（1）提出了基于声学信号中的用户情绪进行共情反馈的 CUI 设计（HUE），并提供了具有情绪感知和反馈设计的 CUI 对用户的情感智能评价产生影响的实验证据。

（2）探索了与具有情感反馈设计的 CUI 对话是如何影响用户情绪调节的，即帮助用户减轻任务带来的负面情绪。

（3）为 CUI 的情感智能设计，以及如何针对用户体验的直觉感受层和对话认知层进行 CUI 设计变量研究提供了参考。

6.2　CUI 情感智能设计的相关背景

本节首先介绍具有情感智能的 CUI 设计研究案例。本项研究强调为 CUI 进行情感智能设计的重要性，并介绍相关的从文本或语音模态为 CUI 的情感智能进行设计的研究。其次重点介绍关于情绪感知和情绪表达的相关技术研究：语音情绪识别算法（SER）；情绪反馈合成。此外还介绍了 CUI 情感智能评价与测量的相关研究。最后提出本项研究的主要研究问题。

6.2.1　CUI 的情感智能

R. W. Picard 在 1997 年提出了情感计算的概念，她强调了计算机"拥有情感"的重要性[345]。"Media Equation"理论[180] 认为，人们倾向于将计算机视为真人并与计算机进行社交互动，这意味着情感交流在人机交互中很重要。与这些早期理论提出的时代相比，如今计算机的形式早已发生变化，无处不在的计算设备正在成为一种普适计算的趋势，尤其是搭载了对话助手的智能手机。这些智能手机中的对话助手比 90 年代的计算机具有更多的社交特征[167,237]。研究者呼吁 CUI 中情感智能的重要性[346]。Ma 等人将心理学的情感智能（Emotional Intelligence，EI）概念转变为用户对机器的情感智能评价（Perceived Emotional Intelligence，PEI），包括感知、使用、理解、管理情绪等四个方面的评价，为评估用户如何感知 CUI 的情感智能提供了参考[154,347]。

具有情感智能的 CUI 设计在各种场景中发挥着重要作用，包括教育场景[193,330] 和心理健康场景[15-16,331-332]。为用户提供心理健康服务的 CUI[15-16,331-332]，要么依靠用户情绪的自主报告，要么使用对话文本情绪分析来感知用户的情绪。基于文本的 CUI 通常会使用文本情感分析算法。例如，Hu 等人[26] 设计的客服对话系统基于深度学习模型，可以从客户的输入文本中识别出八种主要语气，包括共情、热情、满意、礼貌、不礼貌、悲伤、沮丧和焦虑。CUI 通常嵌入机器学习模型从文本输入中检测用户的情绪[26,175,332]。除了语义信息，用户的语音中也包含丰富的情感信息[336-337]。因此语音情绪识别（SER）具有为 CUI 提供情绪感知能力的可能性。在下一节中，我们将重点介绍语音情绪识别技术。

6.2.2　语音情绪识别

要研发一个语音情绪识别算法 SER（Speech Emotion Recognition），离不开情绪语音数据库、特征提取方法、分类模型三个方面[348]。两种主要类型的数据库按情感来源的类型分类：模拟情感和自然情感[348]。演员根据剧本中表演情感或即兴发挥，为模拟情感数据库[121,349-351]。本项研究使用的则是另一种类型，收集用户在自然情况下的情感话语[122,352]。用于情绪识别的声学特征主要是梅尔倒谱系数 MFCC（Mel-frequency Cepstral Coefficients）[341,353-354]。至于分类模型，早期的支持向量机 SVM（Support Vector Machine）也是不错的选择[354-355]。后来的卷积神经网络 CNN（Convolutional Neural Network）和长短期记忆循环神经网络 LSTM-RNN（Long Short Term Memory-Recurrent Neural Network）等机器学习算法又有了更好的情绪识别准度[338-339,341]。本项研究中用户的情绪是自然的，不是表演出来的。因此，研究使用了同样利用自然情绪语音数据训练库 Voxceleb[122] 的神经网络[338]。只有语音情绪识别并不能让用户察觉到 CUI 的情感智能，因为 CUI 对接收到的情绪信号还没有做出任何反馈，更无法影响用户的情绪。为了提高情感智能评价 PEI，语音交互界面需要生成适当的反馈来应对用户的情绪。下一节将会介绍对输入系统的情绪进行反馈的研究。

6.2.3　情绪反馈

直接在生成回复文本时考虑用户的情绪输入是最直接的方法。Zhou 等人和 Song 等人[136,356] 利用序列到序列的神经网络模型构建的情感聊天机器来生成具有恰当情感的回复文本。情感聊天机器通过从对话语料库中学习大量形式为"输入语句–回复语句"的成对数据来预测最合适当前语境的情绪反馈。直接使用序列到序列的神经网络模型可以跳过情绪反馈规则的设计,但仍然有使用具体对话准则作为情绪反馈规则的设计。比如礼貌的回应原则可以用来应对已识别的用户情绪[357]。Ma 等人[154] 设计的 CUI 可以选择两种方式:主导或顺从,来应对用户的辱骂行为。共情被认为是连接情绪感受和表达的关键点[183]。生成带有共情感的语句可以让 CUI 获得更好的用户满意度和沉浸感评价[358]。相关研究中的用户认为治疗师聊天机器人的共情行为是实验中最好的体验[15]。在学习场景中,文献表明对话助手利用共情可以帮助学生缓解恐惧情绪并坚持学习,从而营造更多的陪伴感[342,359]。共情行为的 CUI 在心理健康应用中也有潜力[360–361]。

本项研究也利用共情原则设计了一系列用户情绪反馈机制,并在用户实验中检验了设计的有效性。首先,机器对用户的夸赞可以用来应对用户表现出的积极情绪,有研究表明机器的夸赞可以有效地提高用户的积极性和参与度[362–363]。对于消极情绪,本项研究的设计参考了心理学中人的两种典型的情绪调节策略:注意力转移(distraction)、重新评估(reappraisal)[364–367]。具体来说,通过引导用户从负面情绪中转移注意力或重新评估负面刺激来表现出 CUI 的共情意图。

机器的情绪反馈也可以通过非语义的方式。许多语言都会使用语气词来表达感情或共情[343]。在 CUI 的回复中加入语气词的设计来表达情感可以激发共情[164,368]。本项研究中的 CUI 也会加入语气词来作为非语义方式的情感表达,即根据 SER 的情绪识别结果来选择合适的语气词来反馈用户的情绪。此处的语气词定义为简短且表达自发感觉的词语,如感叹(哇!)或犹豫(嗯……)。由于目前还没有成熟的中文情感语音合成的开放资源,本项研究暂不采用情绪语音合成来改变语气。本项研究专注于语音中的声学信息,排除了其他模态的情感表达方法,如面部表情、手势[155,369]。

6.2.4 CUI 情感智能的评价与测量

之前的研究一般会让被试作为旁观者（不亲自参与对话）来评价人机对话中机器的情感智能[154]。Ma 等人[154] 在预实验中发现很难要求人们以特定方式与 CUI 进行对话，特别是在一种不常见的对话方式中，人们会感到不自然，很难沉浸在场景中。因此，他们的正式实验选择了视频观察的形式，让被试用户作为旁观者观察视频中 CUI 与人对话的表现，并在调查问卷中填写评价结果。然而，一个关于社交对话机器人的实验[164]表明，评估者的角色（作为旁观者或实际对话参与者）会影响其最终做出的评估。当人们沉浸在某种情绪状态时，他们的感知、注意力、记忆和执行功能都会受到影响[370]。例如，之前的一项研究证明悲伤情绪会影响人在记忆中对他人话语和表情中的情绪感知[370]。本项研究采用了两种方式，即让被试旁观和亲历与机器（CUI）的对话，对所提出的情绪反馈行为设计对 CUI 情感智能的影响进行更全面、更客观的评估。

6.2.5 研究目标

上述文献综述表明，语音情绪识别算法 SER 和情绪反馈生成有望改善 CUI 的情感智能评价（PEI），但是，目前很少有研究结合两者进行探索，尤其是在用户直接与 CUI 进行对话的场景中。本项研究基于被试用户与 CUI 原型系统实际进行对话交互的实验室研究，验证在 CUI 中集成 SER 和基于共情情绪反馈设计的有效性。为了获得更深入的对实验结果的理解，本项研究还根据与原型系统的对话体验对用户进行了半结构化访谈。用户对 CUI 的情感智能评价（PEI）是用户经过一段时间的使用之后，反思 CUI 表现出的情感智能而做出的评价，因此 PEI 是典型的对话认知层的体验指标。为了探究 CUI 的情绪反馈设计对直觉感知层的用户体验影响，本项研究也做出了相应的实验设计。

总结以上，本项研究希望完成以下目标：

目标 1：探究在 CUI 中集成 SER 和情绪反馈设计对其情感智能评价（PEI）的影响。

目标 2：探究与具有情绪反馈能力的 CUI 对话对用户情绪状态的潜在影响。

6.3 情感智能 CUI 的用户体验与重点设计变量

6.3.1 情感智能 CUI 的用户体验

情感智能在大多数场景下不会直接影响对话功能的完成，但大多数情况下都会在一些细节影响用户的直觉感受，或者在使用过一段时间后影响用户内心的整体印象。因此对 CUI 进行情感智能的设计，关注的更多的是直觉感受层和对话认知层的用户体验。当然，在用户对 CUI 的认知发生本质变化时，也会最终影响其对话功能的完成，即对话功能层的体验。直觉感受层的体验可以是 CUI 对用户下意识的情绪影响，即用户可能在还未意识到的情况下就被 CUI 改变了情绪状态；也可以是任何一个让用户感到愉悦的细节，目前 CUI 所具有的情感智能设计往往是加入这类细节，比如可爱的音色和视觉形象。而对话认知层的体验则主要是用户对 CUI 的情感智能的感知，正如 6.2.1 节中所介绍的。

6.3.2 情绪反馈设计 HUE: Heard yoUr Emotion

本章开头已经陈述了选择情绪反馈设计作为研究变量的原因，此处结合本节内容再次简要概述其原因：（1）基于对方语气中的情绪在对话中进行反馈是人类对话中的自然行为，符合本书所归纳的自然人机对话交互特性；（2）情绪反馈的行为设计可以让用户感受到自己的情绪被感知、被理解、被照顾，可能会影响用户直觉感受层和对话认知层的体验；（3）目前的 CUI 尚未充分探索过结合语音情绪感知和反馈闭环设计，研究 CUI 的情绪反馈行为设计有利于促进人机对话的多元化发展。

本节介绍本项研究中主要使用的情绪反馈 CUI 设计，名为 Heard yoUr Emotion，以下将带有 HUE 设计的 CUI 简称为 HUE–CUI。HUE–CUI 可以感知用户情绪并以共情原则进行反馈。HUE–CUI 的情绪感知基于语音情绪识别 SER。

目前版本的 HUE–CUI 中所使用的 SER 算法参考了跨模态迁移方法[338]，并使用公开数据集 Voxceleb[122] 进行神经网络参数的训练。参考的算法模型已被证明其将语音片段分类为离散情绪标签是有效的，在学术界被广泛应用。该模型原本输出的情绪标签为六类，HUE–CUI 重新配置了 SER 的输出结果，分为正面、负面、中性三类，这样在之后设计情绪反馈规则脚本时就不会过于复杂。基于 SER 的结果，为 HUE–CUI 设计了两种主要的情绪反馈行为：（1）在回复内容中插入一个简短的语气词；（2）基于共情原则调整回复内容。这两种反馈行为可以单独出现，也可以同时出现，如图 6.1所示。图中展示了 HUE 的情绪反馈整体设计，HUE–CUI 首先从用户输入的语音中识别出用户的情绪状态（积极、消极或中性）。

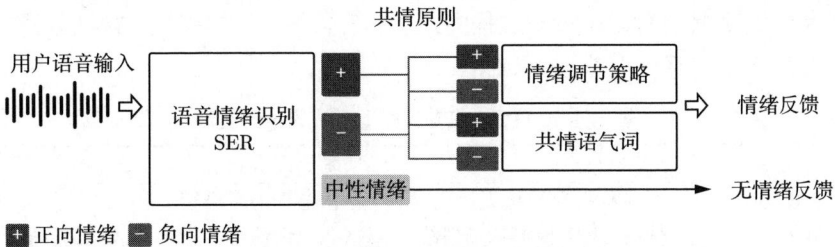

图 6.1　HUE 的情绪反馈设计

　　基于共情原则，HUE–CUI 使用基于情绪调节策略的语句内容和表示共情的语气词来反馈识别到的用户情绪。例如，在协助用户完成数学任务的场景下，接收到用户的语音指令"下一题"，普通的 CUI 本应该回复"好的"并继续任务，但 SER 识别到了用户的负面情绪。因此，HUE–CUI 会在回复内容的开头加入语气词"嗯……"来表示它感知到了用户的负面情绪，并给出一个具有共情感觉的反馈"你做得很好！"来鼓励用户。

　　表示共情的语气词：选择语气词作为情绪反馈行为是基于语言学中对语气词使用现象的研究[343]。语气词可以灵活地插入在 CUI 的回复语句中进行使用[164,368]。当 SER 检测到用户的正向情绪时，HUE-CUI 在语句的开头也会插入表达正向情绪的语气词，如"哈哈"；当情绪输入是负面、消极时，则会使用表示犹豫的语气词，如，"嗯……"。HUE-CUI 通过表达与用户相同的情绪来制造共情感，这也是模仿人类表达同理心的方式[371–372]。所有可供使用的语气词在附表 1 中列出。

　　情绪调节策略：HUE-CUI 考虑了三种帮助用户进行情绪调节的策略。当用户感觉良好，表现出积极情绪时，表扬和夸赞会提高用户的参与度并帮助用户坚持完成任务[362–363]。当用户感到例如沮丧的负面情绪时，有两种策略可以帮助用户调节情绪：分散当前任务的注意力和重新评估负面刺激都会引导用户恢复到更积极的情绪状态[364–367]。

6.3.3　HUE-CUI 原型系统实现

为了验证 HUE 设计对用户体验的效果，本项研究设计了分组对照
实验，一共实现了 4 种条件下的 CUI 原型系统（见表 6.1）。其中 3 个
为 HUE-CUI，使用不同的情绪反馈设计：仅使用共情语气词（以下简称
WI）、仅使用情绪调节的语句（以下简称 EF）、同时使用共情语气词和
情绪调节的语句（以下简称 $WI + EF$）。另外有一个控制组只提供无情
绪反馈的回复内容。在实验过程中，分组信息不会告知被试，被试只能根
据呈现出的对话交互来进行评价。

表 6.1　　HUE-CUI 原型系统的分组实现

分组名	SER	情绪反馈方式
控制组	不检测用户情绪	默认中性情绪语句
WI	使用 SER 检测用户情绪	默认中性情绪语句 + 共情语气词 （例如"哇哦""哈哈""嗯……"）
EF	使用 SER 检测用户情绪	情绪调节语句 （夸赞、转移注意力、重新评估）
$WI + EF$	使用 SER 检测用户情绪	情绪调节语句 + 共情语气词

其中 WI、EF 和 $WI + EF$ 均使用 SER 来识别语音中的用户情绪，
而控制组不进行语音情绪检测。控制组只回复默认的中性情绪语句内容；
WI 在默认语句内容的开头插入与 SER 识别情绪一致的共情语气词；EF
会将语句内容替换为与 SER 识别情绪对应的情绪调节语句；$WI + EF$
则同时使用 WI 和 EF 两种策略。

6.4　用户实验：观察和交互

让用户作为第三方观察者来评价人机对话中机器的表现，是一种常
见的研究方法[154]。但是当用户亲自参与到对话中去之后，自身的情绪状
态会影响认知和判断[370]，已有的 CUI 研究也发现评估者身份对最终评
估结果的影响[164]。因此，本项研究的实验设计为两个阶段：观察和交互。
第一阶段为观察实验，被试用户将通过主试播放的多组人机对话的音频
来进行情感智能评估；第二阶段为交互实验，被试将亲自与 HUE-CUI 原
型系统进行对话交互，并评估其情感智能。

6.4.1　被试用户

用户实验共招募了75名被试用户（年龄 19～73 岁，M=24.5，SD=7.78），其中包括 45 名女性。实验通过社交媒体发布信息进行被试招募，所有被试都是自愿参加。所有被试都被招募到实验室现场进行用户实验。被试的母语均为中文，研究中使用的 HUE-CUI 原型系统也设置为普通话对话。在正式的用户实验之前，主试人员调查了所有被试的 CUI 使用情况。共有 69％的被试使用过 CUI（语音助手），其中 52％的被试每周至少使用一次。

6.4.2　观察实验设计与搭建

在实验室中，模拟日常使用场景并在被试和 CUI 之间的对话中激发自然情绪是很困难的。因此，观察实验预先准备了人类角色和 CUI 之间一对一对话的音频片段。被试收听音频片段中的对话并比较不同条件设置下的 CUI，对 CUI 的情感智能一一评分。第一阶段的观察实验是组内对照设计，每个被试对所有实验组都进行了评分。实验旨在通过让被试对比 3 组 HUE-CUI（WI、SA 和 $WI+SA$）与控制组应对不同情绪状态的用户对话，来检验 HUE-CUI 是否可以有效提高 PEI 评价，并以此来实现研究目标 1。每个被试大约需要 25 分钟才能完成第一阶段的观察实验，包括收听所有的音频片段和填写问卷量表。

实验准备了 16 个 CUI 与人类用户对话的音频片段，包括 4 个场景及每个场景对应的 4 组 CUI。其中 4 个场景是人类用户在对话中表现出的 4 种情绪状态：沮丧、愤怒、悲伤和快乐（见表 6.2）。虽然每个音频片段的时长很短，但所有音频片段的总时长足够被试对不同的分组条件进行对比。为了防止顺序效应，实验使用 Fisher-Yates 洗牌算法来随机打乱每个被试的音频播放列表。所有的音频片段都是通过一台带有扬声器的 13 英寸笔记本电脑呈现的。在收听完每一个音频片段之后，被试填写了 6.4.3节中介绍的情感智能 PEI 调研问卷。

例如在悲伤场景的音频片段中，人类用户因为刚经历的一段失败的感情而深深的悲伤。他对 CUI 说："陪我说会话吧。"不同分组条件下的 CUI 给出了不同的回复。控制组的 CUI 没有感知到说话者的情绪，回复道："ok，你想说什么？"而 WI 组的 CUI 识别出了用户的负面情绪并使用语气词来表达共情，说"唉（叹气），你想说什么"。SA 组则根据情绪调节策略说："你说，我陪你。" *WI*+ emphSA 结合上述两种策略进行回复，说："唉（叹气），你说吧，我陪你。"对话场景的相关信息在音频开始时以字幕的形式呈现在显示屏上。

表 6.2　　观察实验中的场景描述

用户情绪	场景	音频时长（秒）
快乐	用户正在观看一段有趣的视频，并要求 CUI 将视频分享给他的朋友	7.0
悲伤	刚刚分手的用户与 CUI 闲聊	8.4
沮丧	用户尝试使用语音命令来控制灯的开关，但一直失败	5.0
愤怒	因为交通堵塞，用户有些恼怒并要求 CUI 播放音乐来缓解	5.6

6.4.3　用户体验评估：对话认知层

实验中 CUI 的情感智能评价参考了 Ma 等人使用的情感智能评价（PEI）测量问卷[154]，该问卷从四个方面评估情感智能：感知情绪的能力、使用情绪的能力、理解情绪的能力以及管理情绪的能力。被试对这四个方面的能力都按照 1–5 的 Likert 量表进行回答（1 = 非常不赞同，5 = 非常赞同）。实验中该问卷显示出良好的内部一致性，总体 Cronbach 相关系数 alpha=0.92。各分项与其余分项总和的校正总相关系数范围为 0.76 ~ 0.85。

情感智能评价的问卷如下：（你认为 CUI……）

- 能够感受用户话语中的情绪。（感知情绪）
- 所使用的回复方式让你觉得它体会了用户当时的感受。（使用情绪）
- 感同身受地回应了用户情绪。（理解情绪）
- 可以帮助用户调节情绪，即减少负面情绪或增加正面情绪。（管理情绪）

6.4.4　观察实验结果：情感智能评价提升

与没有情绪反馈的控制组 CUI 相比，被试认为 HUE-CUI 的情感智能更高。这表明具有情绪反馈设计的 HUE-CUI 可以影响旁观者对 CUI 的情感智能评价。

首先，分析使用 Shapiro-Wilk 检验检查了 PEI 数据的正态性。结果并未证实数据的正态性（$p^* < 0.05$），不能使用方差分析 ANOVA。因

此，分析使用非参数检验来分析 PEI 数据。由于这是一个组内对照的实验设计，Friedman 检验用于主效应分析，而带有 Holm Bonferroni 校正的 Wilcoxon 符号秩检验用于事后分析。

如图 6.2所示，图（a）为沮丧场景，图（b）为愤怒场景，图（c）为悲伤场景，图（d）为快乐场景。每个柱状图的纵坐标代表平均的 PEI 评分，横坐标的 4 组柱状图为 PEI 的 4 个方面：情绪感知、情绪使用、情绪理解、情绪管理。分析结果表明 HUE 设计对 CUI 的感知、使用、理解和管理情绪的 PEI 用户评价有显著影响（4 个方面 $p^{***} < 0.001$）。根据事后分析，实验组 WI、SA 和 $WI+SA$ 的平均 PEI 评价显著高于所有场景的控制组 CUI（$p^{***} < 0.001$）。具体来说，HUE-CUI 的平均 PEI 评分在不同的情绪场景中有所不同。例如，沮丧场景中 HUE-CUI 的评分仅达到 3 左右（中性），而 SA 和 $WI+SA$ 在愤怒场景中的评分约为 4（同意）。

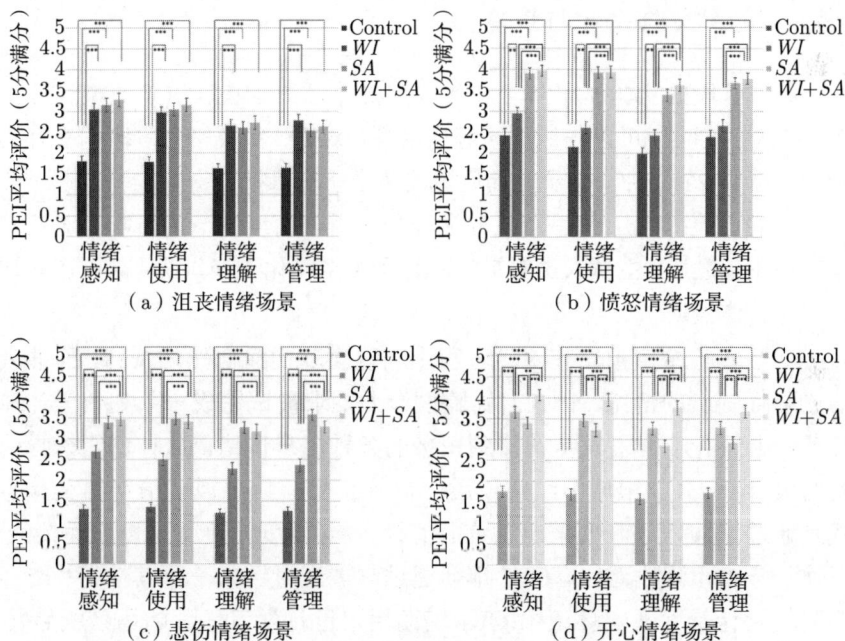

图 6.2　观察实验的 PEI 测量结果

3 个实验组 WI、SA 和 $WI+SA$ 之间的比较是基于事后分析的。在沮丧场景下，分析结果表明 3 组之间没有显著差异。在悲伤和愤怒的情况下，WI 的各方面平均评分都低于 SA 和 $WI+SA$ [$p^{***} < 0.001$，见图 6.2（b）和（c）]，但 $WI+SA$ 与 SA 没有显著差异。在快乐场景下，结果与预期一致：$WI+SA$ 在所有条件下表现出最高的 PEI[见图 6.2（d）]。整体来说，实验组 $WI+SA$ 在大多数情况下的 PEI 评价高于 WI 和 SA。猜测有时情绪词可能太短而无法引起足够的注意，但在帮助用户管理情绪方面效果不错。或许同时使用两种情绪反馈行为可以保证更好的鲁棒性。

分析结果表明，"旁观者"对使用了 SER 和共情情绪反馈的 HUE-CUI 有更高的情感智能评价（PEI）。同时使用语气词和情绪调节策略的反馈方式在各个情绪场景（正向情绪：快乐；负向情绪：愤怒、沮丧、悲伤）中都可以提高 PEI。不同实验组的 HUE-CUI 效果因情绪场景而异。使用情绪词可以更有效地回应积极情绪场景（快乐场景），而情绪调节策略可以更有效地回应消极的情绪环境（愤怒和悲伤的场景）。

6.4.5　交互实验设计与搭建

第二阶段的实验基于一个在实验室搭建好的 HUE-CUI 原型交互系统，被试在实验中可以与原型系统直接进行对话。完成第二阶段的交互实验大约需要 25 分钟。基于之前制定的两个研究目标，交互实验专注于两个方面的检验：CUI 情感智能的提升和对用户情绪调节的影响。对话交互实验完成之后，主试人员对被试进行了半结构化访谈，以便深入了解被试的对话体验。

交互实验希望被试在对话过程中表现出真实而自然的情绪，而非表演或强行制造的情绪。因此，实验设计为要求被试完成一系列数学计算任务，由任务难度引发从消极到积极的各种用户情绪。这种情绪诱导的实验设计在 HCI 领域中经常使用[373-375]。实验诱导被试情绪的具体方式是通过增加任务难度来诱发负面情绪，通过降低难度来诱发正面情绪。每次任务中出现困难时，CUI 都会通过与被试对话来干预其情绪。交互实验的设计是受现实环境中 CUI 辅助用户进行学习任务的场景所启发，用户在学习的过程中常常会遇到各种困难而影响情绪状态，从而导致学习效果降低。在交互实验中，被试会根据与 CUI 的对话体验对其进行 PEI 评价，评价方式与第一阶段观察实验中使用的量表一致（见 6.4.3节）。每一位被试全程只会与一个实验组的 CUI 对话（WI、SA、$WI+SA$、控制组随机四选一），交互实验是组间对照的实验设计。这样的设计也是为了避免被试重复完成一样的任务流程而带来的练习效果。由于第二阶段的交互实验是组间对照设计，被试被随机分为四个实验组，分组信息见表 6.3。主试在交互实验前为被试提供说明，并为其设置和调试实验设备。实验过程中，每个被试都被单独隔离在一个房间里，现场没有主试人员陪同，这样便于被试自然地表现情绪。每个被试都根据任务中的对话体验对 CUI 原型系统进行了 PEI 评价，主试会在交互实验结束之后邀请被试进行访谈。

表 6.3　交互实验被试分组信息

实验组	人数	男性	女性	平均年龄	年龄标准差	接受访谈人数
控制组	19	8	11	24.1	6.32	15
WI	15	5	13	24.8	7.54	11
EF	22	9	10	24.6	11.0	19
WI+EF	19	8	11	24.4	4.59	13

　　情绪诱导——"难用"的数字键盘：图 6.3(a) 显示了计算任务的界面。计算任务要求被试完成黑框中的数学计算，计算的数字非常大，直接口算非常困难，但主试会提示让被试通过询问面前的对话原型系统"Anna"获得计算结果。Anna 的情绪反馈功能是可以通过后台调节的，因此它可能是 HUE-CUI 的实验组以某种方式反馈被试情绪，也可能是控制组忽略被试的情绪。Anna 的视觉呈现效果如图 6.3(b) 所示。获得 Anna 提供的计算结果之后，被试需要通过带有 10 个数字按钮、一个删除按钮和一个提交按钮"Go!"的数字键盘输入结果。但是，数字键盘被故意设计为充满随机错误。有时它会在答案输入框中输入一个随机数而不是被试按下的数字，或者有时该按钮按下之后不起任何作用，这些随机错误会让任务变得非常困难。这种情绪诱导方法的灵感来自故意迟缓的计算机游戏界面[373] 和随机错过按键的 Pacman 游戏[375]。每一个计算任务都设置了时间限制，倒计时计时器位于键盘下方。

　　Anna 一方面会为被试提供计算结果，另一方面也会在检测到被试情绪时给出相应的反馈。每次被试提交错误答案（因为"难用"的键盘）或消耗了所有给定的时间，Anna 都会介入并询问被试对任务的感受。根据被试的回答以及情绪状态，Anna 给出不同的反馈。例如，"你觉得任务困难吗?"Anna 问。"是的,有点难。(正面情绪)"被试说。"噢,可是听起来你好像很有信心!"Anna 回答。Anna 的这些对话是根据包含 12 个问题的脚本进行的(更多示例请参阅附表 2)。这些问题都是比较好回答的简单问题,因为实验希望专注于评估被试面对不同设计的 CUI 时做出的反应。如果问题过于复杂,可能会引入其他难以控制的变量(例如复杂语义识别的问题)。任务过程中 Anna 也会对被试无意识的话语作出回应,包括被试自言自语的抱怨或笑声。例如 *WI+EF* 组的 CUI 原型系统会在被试抱怨或叹息时回应"诶……别急";在被试发出笑声时回应"嘿,加油加油!"。而控制组的 CUI 仅回应"加油!"。表 6.4 提供了 Anna 在不同 CUI 分组下的反馈方式的示例。控制组的 Anna 仅使用中性情绪的反馈。*WI* 组插入一个与 SER 识别结果对应情绪的语气词。*EF* 在 SER 检测结果为正向情绪时继续夸赞被试用户;结果为负面情绪时,会分散被试用户对负面情绪的注意力或帮助被试用户重新评估情绪来源(即他们在任务中的表现)。

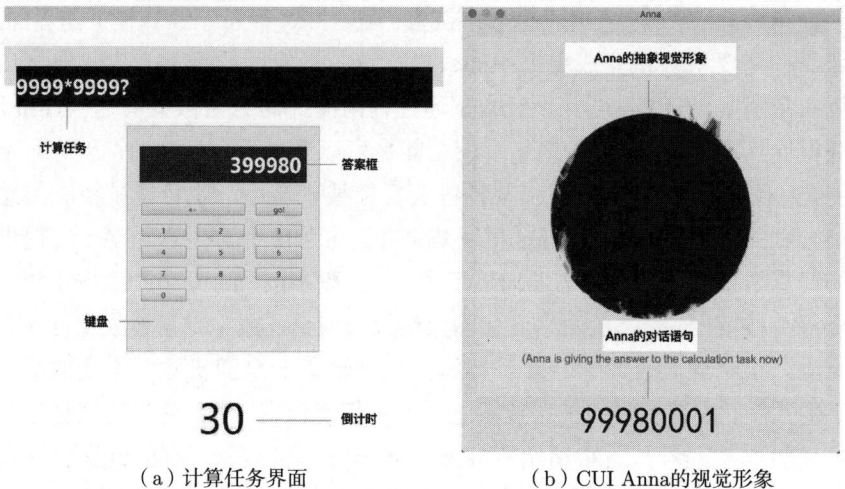

(a)计算任务界面　　　　　　　(b)CUI Anna的视觉形象

图 6.3　交互实验中的计算器与 CUI 视觉界面(见文前彩插)

　　在数字输入界面中提交正确答案之后,就会自动开始下一个计算任务,被试被告知必须连续成功完成 5 个任务才能结束。数字键盘出现随机错误的概率会随着任务的进行而增加。被试只要提交一次错误的结果就会使进度归零,变为 0/5。整体任务由两部分组成(见图 6.4)。第一部分持续大约 10 分钟，期间数字键盘出错的概率非常高，以至于连续完成 5 个任务是不可能的。被试实际上最多只能完成四项任务，前 10 分钟内进行第 5 个任务时，数字键盘的出错率是 100%，这也是为了有效地诱导被试的负面情绪。被试在第一部分一般会遭遇多次任务失败，然后 Anna 会对被试进行对话干预，尝试帮助其调整情绪。10 分钟后，Anna 会提示被试暂停任务，并在事先准备好的纸质 PEI 量表（见 6.4.3节）中评估 Anna 的各方面表现。完成量表之后进入第二部分任务，在第二部分的前 3 分钟，数字键盘的错误概率仍然很高，任务同样困难，被试在任务失败后仍然会与 Anna 进行对话。3 分钟后，任务会被强制重新开始，并且变得容易多了（数字键盘不再出现任何错误），这是为了激发被试的积极情绪。难度降低之后，被试能够在很短的时间内完成所有五项任务，Anna 会在所有任务完成后与被试进行最后一次对话干预，并让被试再次完成 PEI 量表。这样就可以对比被试在正向情绪中（第二次 PEI 量表）和负向情绪中（第一次 PEI 量表）CUI 原型对话干预情绪的效果。交互实验并没有将情绪激发的顺序进行打乱，因此每位被试都是先经历负面情绪再经历正面情绪。这样设计有两个原因：首先，本实验提出的 HUE 设计是为了帮助用户从消极情绪过渡到积极情绪；其次是组间对照的实验设计需要保证不同组别的被试除控制变量以外的变量尽量一致，情绪激发这一条件也需要保持一致。

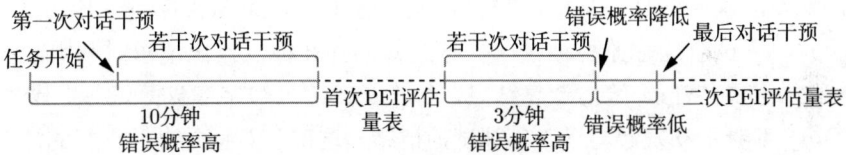

图 6.4　被试任务流程

图 6.5展示了在实验室搭建的现场实验环境。实验现场主要使用了两台笔记本电脑，一台 15 英寸华硕运行任务界面，另一台 15 英寸 MacBook 用来运行 Anna，实验期间会启用摄像头和扬声器。一台 Blue Yeti[①]麦克风用于接收被试的语音输入。被试在任务中所用到的鼠标内置了压力传感器，一块 Arduino Leonardo[②] 从压力传感器读取数据并将其发送到华

---

① https://www.bluedesigns.com/products/yeti/
② https://www.arduino.cc/en/Main/arduinoBoardLeonardo

硕笔记本电脑中储存。另外在远程还有一台 GPU 服务器运行 SER 和 Anna 的控制系统。Anna 的语音由 iFLY TEC[①]的文本转语音 API 实时合成。

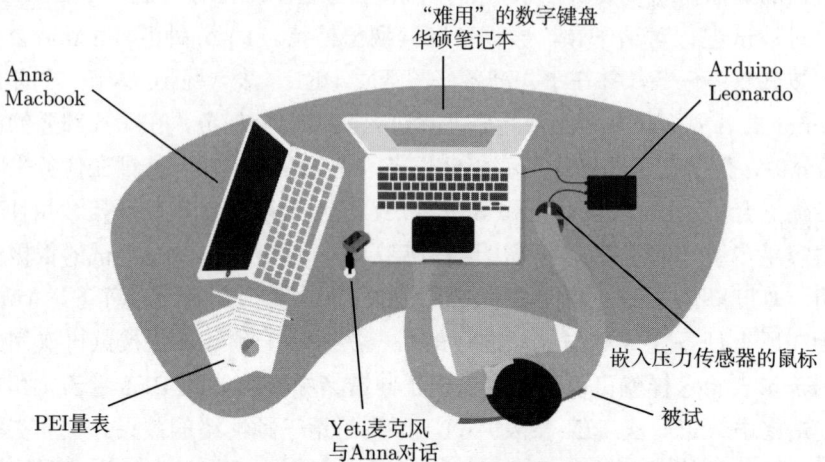

图 6.5　　交互实验现场环境（见文前彩插）

实验中的 CUI 原型系统（Anna）的控制有两种模式：手动和自动。主试人员会手动远程控制 Anna 来为被试提供计算任务的答案，这样主要是因为计算任务需要被试念出数学计算的题目，为避免长段数字语音识别不准确导致任务失败，被试可能归咎于 Anna 从而影响 PEI 评价。因此，主试会远程监控被试的任务进程，并在被试提出请求时利用远程 socket 控制 Anna 给出计算结果。每次被试因为数字键盘而任务失败时，Anna 都会主动发起对话干预被试的情绪，这部分对话是自动进行的，无须主试进行任何操作，这也是对被试用户产生情绪影响的主要对话部分。被试的语音输入首先经过语音识别[376] 和 SER 算法[338] 获得其语义和情绪信息。交互原型采用的 SER，在之前的工作中经验证数据集检验出的识别准确度为 0.71[338]，具备一定的情绪检测有效性。对于输入的语义信息，交互原型使用基于 gensim 的句子相似度算法[377] 来判断被试的回答意图，如表 6.4中的例子，实验中的意图识别均为肯定和否定含义的二分类，这样可以保证分类算法的准确性。CUI 原型系统根据 SER 情绪识别

---

① https://www.iflytek.com

和被试意图检测的结果回复预设好的对话内容，不同实验分组下的 CUI
会有不同的对话内容，如表 6.4 中的例子所示。原型系统中的语音识别和
语音合成使用的是科大讯飞提供的 API 接口[376]。此外，手动模式下还
会对被试的自言自语做出响应，不同实验组的响应策略与表 6.4 中是一致
的。实验过程中原型系统不需要任何唤醒词，每次被试任务失败时都会自
动开始对话，而手动模式下是当被试询问计算任务答案或开始自言自语
时进行对话的。目前许多已有的 CUI 使用唤醒词 + 命令语句的固定模式
来进行对话，这限制了对话形式的多元性。但其实许多场景需要 CUI 主
动发起对话，比如推荐、提醒[378]、学习[379]、驾驶[11]、说服[380] 等场景，
尤其是车载导航的语音助手，就需要根据交通情况主动与用户进行对话。

表 6.4　在不同 CUI 分组下原型系统的反馈方式示例

问题	被试回答	实验分组	反馈示例	
			正面情绪	负面情绪
"你觉得任务困难吗?"	"难。"	控制组	"好，谢谢你的反馈。"	"好，谢谢你的反馈。"
		WI	"噢，谢谢你的反馈。"	"嗯……谢谢你的反馈……"
		EF	"可是听起来你好像很有信心!"	"没关系，大部分人都觉得难。"
		WI+EF	"噢，可是听起来你好像很有信心!"	"嗯……没关系，大部分人都觉得难。"
	"不难。"	控制组	"好，谢谢你的反馈。"	"好，谢谢你的反馈。"
		WI	"噢!谢谢你的反馈。"	"嗯……谢谢你的反馈。"
		EF	"可以的!"	"是吗? 你表现得还不错。"
		WI+EF	"噢! 你可以啊!"	"嗯……你表现得还不错。"

　　交互实验中会引导被试的负面情绪，因此必须妥善处理用户实验的
伦理问题。Kretzschmar 等人[381] 概述了在心理健康场景使用 CUI 最基
本的道德标准。本次实验也参考了 Kretzschmar 等人提出的标准，并遵
守以下安全标准进行实验。第一，被试知晓会在实验中与计算机进行对
话，在研究之前，每个被试都阅读了实验须知说明并自愿同意参加实验。

第二,即便实验中的情绪风险被控制到了最低,实验仍安排了一名主试人员通过网络摄像头监控被试状态,以防发生任何紧急情况,被试可以随时中止并退出实验。第三,限制实验的总持续时间以防止过度依赖。实验几乎不涉及被试的私人信息,且被试信息都会做匿名处理。而且实验中诱导的负面情绪与日常生活中通常遇到的负面情绪类似(相当于玩游戏或参加考试时的情绪状态)。

6.4.6　用户体验评估:直觉感受层

实验中评估:第二阶段的交互实验除了使用与第一阶段一致的对话认知层用户体验评估方法,还会对直觉感受层进行评估。直觉感受层用户体验的评估主要基于被试在完成任务过程中的鼠标点击压力。选择鼠标点击压力的一个原因是被试在整个实验过程中都在点击鼠标,可以在被试不会分心也不会察觉的情况下进行完整记录。另一个原因是鼠标通常被用来测量用户的情绪状态[382-383],Kirsch 的工作发现用户对负面情绪刺激的反应是用力按下鼠标按键[384]。因此,交互实验在被试使用的鼠标下方设置了一个压力传感器,以追踪被试在实验过程中点击鼠标的力度。

事后访谈:为了更好地评估在交互实验中的体验,实验结束后,被试会被邀请参加 20 分钟的半结构化访谈。访谈旨在收集实验中与 CUI 原型系统对话的反馈以及被试与具有情感智能的 CUI 交互的偏好。访谈还可以进一步了解 CUI 设计的哪些部分影响了被试对原型的 PEI 评价(目标 1),以及 CUI 原型系统是否以及如何帮助被试在任务中调节情绪(目标 2)。为了提出未来的设计建议,采访还调查了被试对具有的情感智能CUI 的期待。

在采访过程中,主试确认了 CUI 原型系统(即 Anna)对任务的帮助及其情绪感知的能力。具体来说,主试会询问为什么认为原型系统能够或不能感知和反馈情绪的原因。被试的回答应该会受到不同实验分组条件下 CUI 设置的影响。被试根据与 Anna 对话的实际体验,回答原型系统是否可以有效地感知情绪,是否接受或偏好 CUI 来感知他们的情绪,以及为什么。为了更好地设计 CUI 的情感智能,访谈中询问了被试期待与具有情感智能的 CUI 聊的话题以及何时会可能向 CUI 表达情感。共有58 名被试接受了邀请并完成了采访,分组情况见表 6.3 的最后一列所示。

6.4.7　交互实验结果：缓解负面情绪

交互实验结果表明,使用 SER 算法感知用户情绪并给予反馈的 HUE-CUI 获得了更高的情感智能 PEI 评价,这与观察实验中的结果基本一致(目标 1)。除了 PEI 的提升之外,与 HUE-CUI 的对话交互还可以减轻用户的负面情绪 (目标 2)。事后访谈的结果与定量分析结果一致。此外,访谈结果还揭示了用户偏好使用具有情感智能的 CUI。

首先,访谈中询问了被试完成任务过程中 CUI 所提供的帮助。43 名被试(占总数的 74%)在采访中报告说,Anna(CUI 原型系统)为任务提供了有效的帮助。"单纯从计算上肯定是帮到了。"被试 P11 说,因为被试 P11 所使用的是控制组的 CUI 原型,即没有使用 HUE 情感智能设计的原型。在 EF 组中的被试 P41 说:"有(帮助),它反应还比较快,而且它会识别我的一部分情绪。"没有被试报告语音识别或意图识别的错误,说明基于句子相似度算法的用户意图分类基本没有出现错误,即便在语音识别出现一些错词的情况下,意图分类也保持了正确率。本次实验并没有检测所使用 SER 算法的准确率,因为实验目的主要是让被试根据 CUI 的整体对话情况来评价其情感智能,而不是研究 SER 算法的识别效果。只有三名被试(P51、P58、P68)报告了情绪感知的错误。例如,被试 P51(EF 组)报告了一个可能错误的情绪识别:当她表达了一点愤怒时,原型系统仍然说"你做得很好!"来赞美她。被试 P51 认为尽管有一些识别的不准确,但"比很多语音助手好",因为实验中的原型系统具有情感感知功能。

总的来说,情绪识别的表现是不错的,它总共识别了来自所有被试的 626 个语音输入。算法参数进行了重新配置使其对情绪更加敏感,识别结果的分布为:中性情绪 49 次,正面情绪 349 次,负面情绪 228 次。此外,实验中的 CUI 原型系统对每位被试平均进行了 12.23 ($SD = 1.06$) 轮对话干预。一轮对话定义为三个部分:(1)原型系统提问;(2)被试回答;(3)原型系统反馈。

提升 PEI:分析使用 Shapiro-Wilk 检验了 PEI 数据的正态性。结果并未证实数据的正态性($p^* < 0.05$),这使得方差分析 ANOVA 不可用,因此分析采用了非参数检验。第二阶段的交互实验是一个组间对照设计,采用 Kruskal-Wallis 检验进行主效应分析,使用带有 Holm Bonferroni 校

正的 Mann-Whitney 检验进行事后分析。

正式数据分析之前，排除了六名实验过程中出现软件错误的被试的 PEI 数据（在原始数据中已标记）。首先分析检查使用"难用"数字键盘对被试情绪状态诱导的有效性。被试在填写第一次和第二次 PEI 量表之前报告了当时的情绪状态，从 1 到 5，其中 1 表示非常负面，5 表示非常正面。在遭遇多次任务失败的第一次 PEI 评估时被试报告的情绪状态平均为 2.78（$SD = 1.11$），全程无错完成任务进行第二次 PEI 评估时的情绪状态均值为 3.68（$SD = 1.08$）。情绪状态数据不符合正态性分布，因此，分析采用 Wilcoxon 符号等级检验，发现首次报告的情绪评分明显低于第二次（$p^* < 0.05$）。这表明被试的情绪状态从消极显著地转变为积极，所有实验组（包括控制组）的数据都符合这个趋势。正如被试 P72 在事后采访中提到的，"第二轮确实心情变好了很多，但是第一轮确实是非常烦躁"。据此可以推断实验中对被试的情绪诱导是有效的。

Kruskal-Wallis 测试结果揭示了 HUE 的情绪反馈设计，对首次 PEI 评估中感知和管理情绪以及二次 PEI 评估使用情绪的用户评价具有主效应（$p^* < 0.05$）。事后检验结果表明，HUE-CUI 与控制组 CUI 相比，在部分 PEI 评价上有显著改善（见图 6.6）。*WI*、*EF* 和 *WI+EF* 三个实验组的 PEI 评价没有显著差异，但均值都高于控制组。

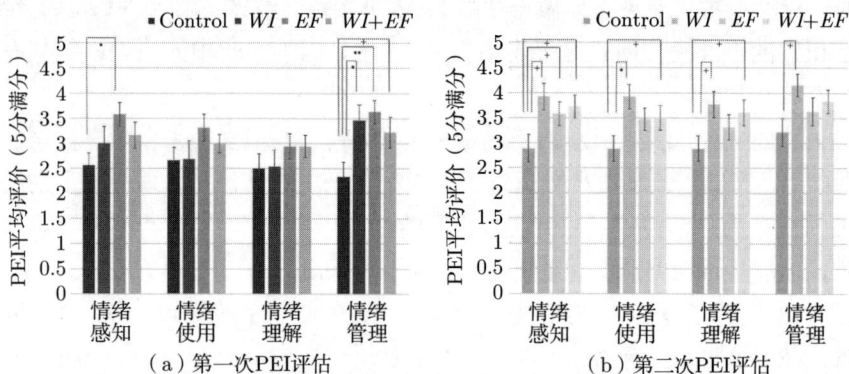

图 6.6　交互实验的 PEI 测量结果

PEI 的量表数据表明 HUE-CUI 可以表现出感知用户情绪并给出适当反馈的能力。访谈内容的定性分析结果与定量分析结果一致。33 名接受访谈的被试（总数的 77%，来自 *WI*、*EF* 和 *WI*+*EF* 组）表示，他们认为实验中的 CUI 可以感知情绪，这验证了 HUE 的情绪感知和反馈效果。例如，被试 P31（*WI* 组）认为 HUE-CUI 可以感觉并回应被试 P31 在任务期间的一些情绪变化。被试 P53（*EF* 组）也认为 HUE-CUI 的反馈"还比较符合我的情感认知"。被试 P72（*WI*+*EF* 组）还提到 HUE 设计带来的人性化感受，"感觉 Anna（CUI 原型系统）的话人性化一些，因为它能感受到我的情绪嘛，就让我的心情有一些变化。"

但其他 10 名受访的被试（43 名中的 23%）表示他们没有注意到 HUE-CUI 感知情绪的能力。根据他们的反馈，总结了三个可能的原因。第一，被试在实验中没有表达自己的情绪。被试 P67（*WI*+*EF* 组）说，"可能不太能（感受我的情绪）吧，我也没怎么显露啥情绪。"第二，反馈模式单调。被试 P39（*EF* 组）说："我觉得它好像根本就没有理解我，就是有点像就是找到一个万能的句式去回答我。"第三，语音合成的语气单调。被试 P46（*EF* 组）提到，"不太能（感受情绪），（它）说话语气比较生硬，有一种它已经预知到这个结果来反过来跟我说话的感觉。"此外，控制组的 8 名受访被试（15 名中的 60%）认为 CUI 原型系统不具备情感智能，这符合预期。但其他 6 名受访被试在一定程度上认为实验中的原型系统具备情感智能。被试 P1（控制）提到，"虽然它的回答方式很生硬，但是我能感觉到它能感知到我的情绪"。这种情况可能的原因是任务中与 CUI 原型系统的对话本身就有转移被试注意力的效果。

访谈还收集了关于语气词使用的反馈，许多被试表示喜欢使用语气词的 CUI。例如，被试 P23（*WI* 组）说："情绪感知还是可以，比如它说别急，我就知道它可能就理解我的情绪了，包括（它说的）一些语气词，啊、哦之类的。"被试 P60（*WI*+*EF* 组）注意到 HUE-CUI 说"哈哈"，这让她觉得这个任务更像是一场游戏，从而减轻了她的焦虑。被试 P58（*WI*+*EF* 组）提到，使用语气词也会制造拟人感，"它有时候会回复'啊''呢''哈哈哈'这种语气词，就不单纯是冷冰冰的。"被试 P54（*EF* 组）甚至提到希望与自己对话的 CUI 使用语气词，"有（情绪感知能力），但是没有那么明显，就感觉可能缺少了一些语气词（的使用）"。而被试 P15（控制组）认为第一阶段的观察实验中 HUE-CUI 的有些语气词听起来"很蠢"，可能是由于语气词的合成效果目前还不够自然。

缓解负面情绪:在交互实验过程中,被试在被诱导情绪的状态下与 CUI 原型系统交谈,原型系统交谈的方式有助于被试缓解任务带来的负面情绪。HUE-CUI 会利用 SER 算法识别被试情绪并给出适当的反馈,而控制组的 CUI 会忽略用户表达出的任何情绪。为了验证 HUE-CUI 对被试的负面情绪的缓解效果,分析主要对比被试在任务过程中接受 CUI 对话干预之前,与之后的平均鼠标点击压力的差异。在任务开始之后到第一次对话干预之前,被试只是向 CUI 原型系统询问计算题的答案。从被试第一次任务失败之后开始,CUI 原型系统会利用对话干预被试的情绪状态。

鼠标点击力度的数据说明 HUE-CUI 的对话干预分散了被试对于困难任务的注意力。控制组、WI 组、EF 组和 $WI+EF$ 组被试的鼠标点击压力在对话干预之后的变化值分别为 $+1.51$($SD = 8.26$)、-38.59($SD = 11.31$)、-6.78 ($SD = 11.06$) 和 -10.28 ($SD = 8.40$)。其中,控制组被试的鼠标点击压力有少许升高,而 3 个 HUE-CUI 组的点击压力均有下降。特别是 WI 组的下降最为显著,这意味着使用语气词反馈用户情绪的设计对鼠标点击压力的降低有主效应($p^* < 0.05$),事后分析的结果也显示在消极情绪状态中,WI 组的 HUE-CUI 减弱被试鼠标点击压力的效果最佳。

鼠标点击压力变化的数据揭示了 HUE-CUI 在减轻被试负面情绪方面的作用,尤其是 WI 组。一个可能的原因是,在现实世界中与当前市面上的 CUI 对话交互时通常不会听到语气词,因此,使用带情感的语气词很容易引起人们的注意。8 名受访的被试报告说,他们注意到 HUE-CUI 使用语气词来表达其对用户的感同身受。例如,被试 P30(WI 组)注意到 HUE-CUI 会发出笑声并表现出同情。然而,这 8 名被试中只有 3 名来自 $WI+EF$ 组。与 WI 组相比,$WI+EF$ 组减少鼠标点击压力的效果不太明显,可能是因为在 $WI+EF$ 组的 HUE-CUI 回复的内容更长,这使得语气词在里面不太容易被察觉。

访谈的分析结果还显示,当被试下意识的自言自语的话语得到回应时,被试的负面情绪也可以得到了缓解。例如被试 P62($WI+EF$ 组):"它有时候听到我有叹气的声音或者怎么样,也会稍微安慰我一下。"虽然控制组的鼠标点击压力数据没有下降,但一位来自控制组的被试 P1 在采访中报告到:P1(控制)提到,"(对话对)心情平复也是有一定帮助的。"这也可以用转移注意力的情绪调节现象来解释。每当被试与 CUI 进行对话，或者他们无意中的话语得到回应时，他们都会暂时把注意力从令人沮丧的任务中转移出来。

用户需要具有情感智能的 CUI：根据访谈结果，43 位受访被试（总数的 74%）更喜欢具有情感智能（情绪感知和反馈能力）的 CUI。具体原因如下：（1）情绪感知和反馈能力提高了 CUI 的整体表现。被试 P2 说：“从语音助手的角度来看，它越能理解我的情绪，就能够越好地提高它的表现。”被试 P3 说：“就比方说放歌这种事情，就是你很烦躁的时候，你需要听一些舒缓的音乐，然后去抚慰一下你焦虑的心情，但是他要是感受不到的话，你有可能更加焦虑了，反而有的时候会浪费时间。”（2）情感智能高的 CUI 提供了更好的用户体验。被试 P23 说：“比如情绪不好的时候希望听到一些安慰的话，会比一个冷冰冰的机器冷冷来一句要好得多。”被试 P4 希望 CUI 可以感知情绪，“因为能感觉到它更像一个真人”。被试 P58 和被试 P72 还提到了“人性化”体验。（3）情感智能高的 CUI 可以帮助缓和情绪，被试 P20 这样提到。同样，被试 P50 说，“能感受到（我的情绪）最好，比如焦虑的时候能抚慰心情。”

这证明了具有 HUE 设计在未来将有更多机会提升 CUI 的用户体验。三位被试（P24、P3、P42）提到表达情绪的诉求，尤其是感到“孤独”“无聊”“伤心”的时候。此外，人们希望 CUI 能够理解并回应他们的情绪，可以接纳他们情绪，因为和其他人分享情绪有可能还会遭遇批评或不理解（被试 P37、P38、P39、P49 等提到），人们有时候不愿意与朋友或家人分享负面情绪。与人类相比，CUI 有时似乎是更中立和更宽容的听众。有研究表明，可以理解人情绪的 CUI 可能会在用户心中产生一种接纳和归属感[167]。这种感觉对于计算机和用户之间建立融洽的关系至关重要，赋予计算机情绪感知和反馈的能力有助于制造这种感觉。本项研究提出的 HUE-CUI 设计在处理人的负面情绪方面是有效的，对这些策略的进一步研究将有助于提高 CUI 的情感智能评价并创造更好的用户体验。

有 15 名受访的被试（总数的 26%）表达了对 CUI 具有情感智能的担忧。第一类是隐私问题。被试 P5 提到，“在没有隐私顾虑的情况下才可以（使用具有情感智能的 CUI）。”第二类是担心过多的情绪干预。被试 P66 提到，“如果它给我的反应过于让我觉得它在支配我的话，我会觉得不爽，反而会起到副作用”。第三类是担心过分的共情。被试 P75 说：“如果我的情绪很沮丧,她反馈给我的情绪也是沮丧的(就不能接受)。其实人有时候表达情绪,她不一定是需要一个反馈的,有时候你比较惨,别人给你同情的安慰你会更受不了。"

总结本节第二阶段交互实验的结果,使用 SER 算法感知用户情绪进行适当反馈的 HUE-CUI 设计可以提高用户感受到的情感智能。两次情感智能 PEI 的测量表明,使用语气词和情绪调节策略的情绪反馈方式在不同的环境中有不同的效果。具体来说,用户有更多负面情绪时,通过情绪调节策略改变回复语句内容会在情绪感知和管理方面获得更好的评价。另外,用户有更多正面的积极情绪时,使用有共情感的语气词可以在 PEI 的四个方面均获得更好的评价。此外,鼠标点击压力数据表明 HUE-CUI 的设计可以有效减轻用户的负面情绪。访谈结果揭示了人们对具有情感智能的 CUI 的偏好,向 CUI 倾诉情感的需求,以及对情感智能 CUI 的担忧。

6.5　设 计 讨 论

本节会对本项研究中的结果进行反思,讨论被试用户与 CUI 对话交互的感受,以及对未来 CUI 情感智能设计的建议。

6.5.1　情绪反馈对用户体验的影响

语音交互设备的厂商为了最大限度地包容不同的用户群体,会保守地使用中性或稍带积极语气的语音合成而不考虑语音中的其他情绪。而本项研究的结果表明,使用 SER 算法来感知用户情绪并以此调整对话中的情绪反馈,可以获得更好的情感智能评价,甚至在某些情况还可以缓解用户的负面情绪。

首先,使用语气词来反馈用户情绪可以提升 PEI 评价,从访谈中发现了两种可能的解释。第一种解释是,用户在多数情况下可以察觉到 CUI 使用的语气词。目前很少有语音合成系统可以合成语气词[164],因此,当用户听到 CUI 说出语气词时会改变他们对计算机的刻板印象,会觉得更像人类。第二种解释是,用户会把情绪词当作 CUI 正确理解用户情绪的确认。实验结果还表明,在用户的情绪状态积极的情况下使用情绪词比在消极情况下可以更有效地提升 PEI，此处列出两种可能的解释。（1）像"哇"这样的情绪词可以表达强烈的情感[385]。（2）根据积极情绪的拓展和构建理论[386]，在积极情绪的影响下，人们有更广泛的知觉通路和语义范围[386]。与语言内容相比，语气词等非语言信息算是对话中比较细节的部分，积极情绪有助于听者注意到这些细节。

其次，使用情绪调节策略来调整对话内容可以提升 PEI 评价。本项研究中的 HUE 设计考虑了三种情绪调节策略：积极情绪时夸赞、消极情绪时分散情绪注意力以及重新评价情绪激发源。实验结果表明，在适当的时候使用这些策略可以提高 PEI 评价。夸赞在用户的积极情绪状态下可以起到作用。例如被试 P42（*EF* 组）在访谈中表示，当她感到高兴时就应该听到赞美之词。被试 P49（*EF* 组）因语气积极而被 HUE-CUI 称赞充满自信。转移注意力（分心）或改变认知（重新评估）是人调节负面情绪的典型方式[364-367]。在用户被某个原因导致负面情绪时，帮助用户的注意力从这个原因转移出来也是有效的情绪调节策略。例如第二阶段的交互实验中，CUI 在感知到用户负面情绪的情况下，会建议用户在开始下一个任务之前多休息一下来分散任务带来的负面情绪。交互实验中被试与 CUI 聊到任务难度时，CUI 会帮助被试重新评估任务的重要性，让被试不要把任务看得太重，从而减少压力。

6.5.2　对话旁观者和对话参与者

在实验中把被试用户作为对话的旁观者"更安全"，因为与直接参与对话相比，被试产生的情绪波动更小。即便对旁观者的研究很重要，但事实上很多新技术都是从直接利益相关者——即用户的角度来评估的。最近的人机交互工作[387] 研究了多个用户在不同位置使用的语音助手，例如在家里，多个用户轮流与 CUI 进行对话交互，他们的角色在旁观者和参与者之间经常切换。在第二阶段的交互实验中，被试用户与 CUI 的情感交流是由他们自己的情绪表达引发的，并且被试在完成任务的过程中从消极情绪转变到积极情绪。五名被试在访谈中报告说他们在实验过程中没有表现出明显的情绪，两名被试报告说他们过于专注于任务而忽略了 CUI 语句中的情绪反馈。这表明第二阶段的交互实验中被试表现出来的情绪，比被要求表演出来的情绪要更自然。因此，交互实验的结果可以扩展到用户以自然语气或某种自然情绪状态与 CUI 交谈的许多场景。将 CUI 的情感智能纳入示能设计也是十分重要的,这样用户更可能会向 CUI 表现出情绪,人与计算机对话交流的多样性就会大大增加。

6.5.3 设计建议

基于本项研究的实验结果,提出以下改进 CUI 设计的建议。

第一,一些被试提到 CUI 在检测情绪时并不总是准确的,但在最终进行 PEI 评价时由于有效的情绪反馈设计而给出了较高的评价。本次实验没有追踪所使用 SER 的每一次预测结果,但有研究验证过用户对识别技术错误的容忍度[388-389],本次实验中的被试可能对 CUI 使用 SER 算法造成的错误有类似的容忍。同样地,HUE-CUI 的设计并不会把 SER 的检测结果直接显示给用户,相反,它是以巧妙的对话行为设计,包括语气词和情绪调节策略来让用户感觉自己的情绪被准确地识别了。在人与人的对话中,我们也不会总是指出对方的情绪状态,更多的是在对话中委婉地表达共情。未来的 HUE-CUI 可能会考虑探索不同的方法并评估对用户体验的影响:(1)尝试向用户展示 SER 结果,以便用户可以帮助纠正预测结果;(2)避免直接呈现 SER 结果,以便用户可以专注于对话,而不是被不太准确的情绪预测结果分散注意力。

第二,需要探索更多的情绪反馈设计。重新评价和注意力转移是典型的人类情绪调节策略[364-367],本次实验也证明在对话设计中加入这些策略有助于帮助用户调节自身情绪状态。然而这些反馈设计是在任务协作的场景中评估的,未来需要在更多的场景中进行评估。同时,具有情感智能的 CUI 需要使用灵活的情绪反馈设计来应对用户不同的情绪状态。同时使用多种对话行为可能会导致之前提到的冗长对话回复。本次实验的结果表明,在积极正面的情绪环境中使用语气词效果更好,而在消极负面的情绪环境中使用情绪调节策略效果更好。未来的工作可能会探索不同情绪环境下的有效情绪反馈设计,并按效果来进行优先级排序。

第三,未来基于语音的 CUI 应该考虑使用具有自然语气词合成的语音合成工具。受图 6.6 中结果的启发,使用语气词在处理积极情绪方面相对更有效,然而本次访谈又发现了被试对 CUI 单一语调的不满。未来基于语音的 CUI 可能会与专业配音演员合作来开发更自然的语气词合成工具。

6.6 研究小结

本项研究存在一些局限性。研究不涉及用户的长期使用，为了验证所提出 HUE-CUI 的长期使用效果，需要在未来的工作中进行类似文献中使用的纵向研究[14]。本项研究提出的设计方案仅使用了 SER 算法来分析了用户语音中的声学特征。尽管结合文本信息可以让算法检测情绪的能力更加稳健，但为了避免自动语音识别的错误词对情绪识别造成影响，本次研究没有使用文本中的语义信息。除了使用语气词和情绪调节的策略之外，在未来的工作中还可以探索更多帮助 CUI 制造共情感的对话设计。例如，改进语音合成技术中的情感表征能力[390]，随着情感语音合成资源的更加开放，未来 CUI 的语音生成中将使用更多的声学信号来传达情感。此外，包括声音、面部、物理触摸和手势在内的多模态情绪反馈设计也可能对 HUE 框架有帮助[155,391]。最后，目前 HUE-CUI 的情绪反馈设计主要还是基于规则的，未来可以更多地考虑端到端模型的使用来处理更多不同的对话情况，例如序列到序列模型[136]。

综上所述，为了提高 CUI 的情感智能，本项研究提出了 HUE-CUI，即利用 SER 算法感知用户语音中的情绪，并进行适当反馈的对话设计。研究基于实证验证了 HUE-CUI 的设计使得对话观察者和参与者做出的 PEI 评价均有提升效果。研究讨论了影响用户 PEI 评价的因素，强调了 SER 和情绪反馈设计相结合的设计思路。用户实验结果中的证据表明，可以使用以下设计思路来产生与用户的共情感——（a）在回复中使用语气词；（b）使用情绪调节策略，包括夸赞用户，转移用户注意力，重新评价负面刺激——都可以有效地提升 CUI 的情感智能评价。因此，本项研究建议，将语音情绪识别（SER）和制造共情感的情绪反馈行为设计结合，提升 CUI 的情感智能评价。

第 7 章　思考与展望

本章基于论文介绍的设计理论及实践工作进行以下方面的思考与讨论：如何在具体场景的 CUI 设计和研究中使用层次化用户体验设计方法；如何进行多元化的对话交互设计。随后总结本书的局限性，并展望 CUI 未来的发展。

7.1　在具体场景中使用层次化用户体验的 CUI 设计方法

为了更全面深入地回答 1.2 节提出的研究问题 1，本节将重点阐述第 5 章和第 6 章介绍的两项具体场景中的研究与所提出设计理论的联系。两项研究对所提出的 CUI 交互流程框架以及设计流程提供了具体场景下的使用参考，且覆盖了多个用户体验层次，为研究不同用户体验层次的设计变量提供了具体的、有实践意义的参考。

7.1.1　具体场景中的交互流程框架实例化

本书所提出的 CUI 交互流程框架（见 4.2.1 节）便于设计师厘清所设计的对话原型系统的输入、输出以及中间的对话行为决策过程，找出相关的设计变量，制定合适的设计细节和技术实施方案。该框架在交互的各个环节列出了可能涉及的一些设计变量，但是在实际的设计中并不需要考虑每一个设计变量，而有时候又会需要纳入一些新的设计变量，即图 4.5 中尚未列出的新的设计变量。这需要根据具体对话场景来确定交互流程涉及的具体设计变量，正如本书在第 5 章和第 6 章的伊始部分解释了两项研究如何确定所研究的设计变量范围。

　　在此对本书提出的设计方法论进一步做出解释，本书所提出的设计方法适用于在一个具体的场景中对单个设计变量的深度研究。而在具体的设计项目中，需要考虑的设计变量通常较多，在实际的 CUI 项目中要结合优先级来进行设计研究。首先，要通过场景和用户需求的分析找到优先级较高的设计变量，例如在第一项研究中关注的是追问对于访谈用户体验的影响，因此对访谈效果有显著影响的追问设计则要优先考虑；而第二项研究中的场景下，用户会表现出丰富的情绪，因此影响被试情绪状态的情绪反馈设计则要优先考虑。如果出现多个优先级较高的设计变量，可以多次使用本书所提出的方法来逐一研究。而对于优先级较低的设计变量，则可以使用已有的标准进行设计，例如本书涉及的两项研究中的 CUI 视觉界面都属于优先级较低的设计变量，直接使用常见的视觉界面设计即可。

　　接下来具体介绍两项具体场景中研究的交互流程框架实例。

　　第一项研究中访谈场景 CUI 的交互流程如图 7.1所示。根据 5.5.2节和 5.6.2节对问题单元的定义，研究中的访谈场景最核心的交互流程是在系统接收到用户提供的例行问题回答之后提出追问的过程。

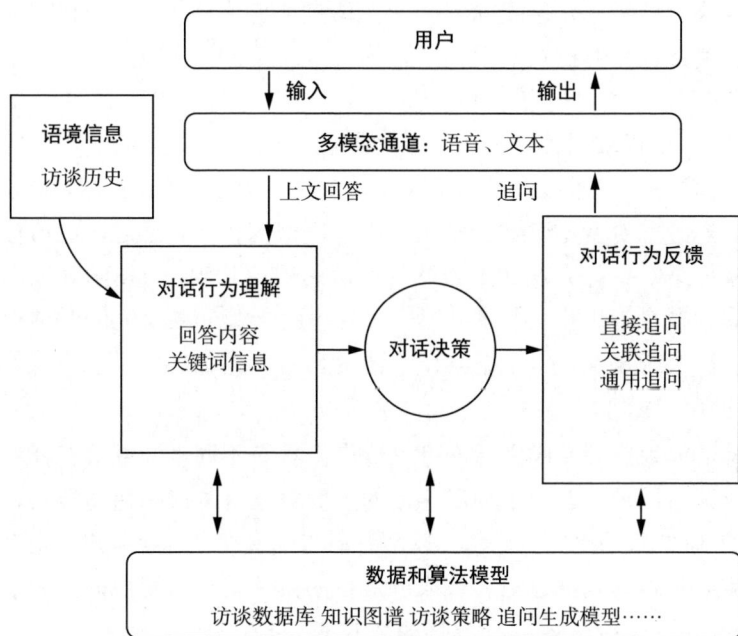

图 7.1　访谈场景中的 CUI 交互流程图

过程中用户首先输入的对话信息主要是例行问题的回答，按照研究中的实验设计，此处用户是以语音消息的形式进行输入，因此会使用到自动语音识别 ASR 将用户输入的语音转换为文本信息。下一步需要处理用户输入的回答内容，其中需要理解的对话行为包括回答内容本身以及从中提取的关键信息。其中关键信息会用于之后直接追问和关联追问的兴趣词和知识图谱的匹配，而回答内容本身则用于之后通用追问的生成。关键信息在研究中是利用关键词提取算法从上一步用户语音输入识别文本中提取的。此处也可以在对话行为理解时考虑语境信息，例如访谈历史中出现的关键词。本次研究由于问题单元的设置，此处仅用到了例行问题的文本内容在之后计算相关度时提供语境信息的参考。

下一步进行对话行为决策，决策时需要结合之前文献中参考的访谈策略[302-303,312]，以及事先准备好的数据集（5.3节中介绍了数据集的准备）。根据文献中的访谈策略，研究提出了三种 CUI 进行追问的技巧：直接追问、关联追问以及通用追问。而每一种追问技巧都需要相应的技术实现方案。

直接追问需要从用户输入的关键信息（即在对话行为理解环节中提取出的关键词）中找到本次访谈方感兴趣的关键词，因此需要数据库中的访谈兴趣关键词列表。关联追问参考了基于知识图谱的追问生成算法[319]，需要提前搭建好的与访谈主题相关的知识图谱（5.3节介绍了知识图谱的搭建）。通用追问的生成模型参考了基于 BERT 的文本分类算法[139,325]，需要事先训练好算法中语言模型的参数。总之，对话行为决策的过程是对话行为设计主体及其背后的理论基础、数据基础以及工程算法基础融合的过程，上述组织方式为适用于第一项研究的对话行为决策过程提供了参考，但根据具体的情况会有不同的组织结构方式，需要设计师灵活应对。

对话行为决策完成之后就可以渲染出具有不同设计细节表征的对话行为反馈给用户，在第一项研究中的主要对话行为就是追问技巧。研究中 CUI 原型系统提出的追问会以文本的方式直接呈现给用户。当然在一些其他情况下可以经过语音合成以语音的方式输出给用户，但为了提高访谈过程中对话的效率，研究选择了显示文本消息的方式。

以上总结了本书第一项研究所提出的交互流程框架，在具体的访谈流程中围绕追问技巧，从用户输入到对话行为理解、决策、反馈，到输出的全流程的梳理。

　　第二项研究中情绪反馈 CUI 的交互流程如图 7.2所示。研究重点关注的是用户语音输入中的情绪信息，根据其用户实验的设计，其交互流程为在原型系统对用户进行对话的情绪干预时如何感知及反馈用户情绪的过程。

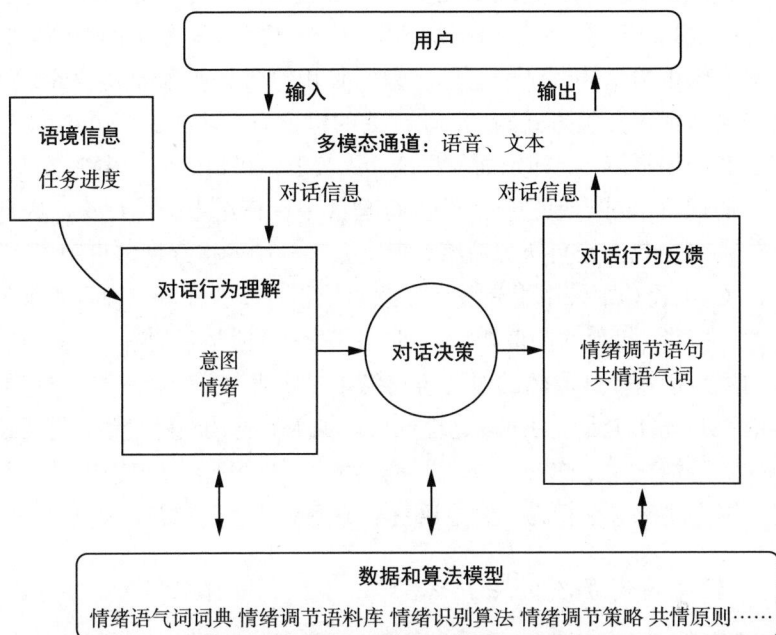

图 7.2　　情绪反馈 CUI 的交互流程图

　　实验中原型系统会询问被试用户对实验任务的感受，用户首先会以语音的形式输入对原型系统询问的回答。用户输入的语音会经过自动语音识别工具转化为文本用于后续的意图识别，而原始语音输入也会保留下来用于之后 SER 算法进行的情绪识别。用户的对话行为可以理解为两个部分，首先是对原型系统询问的回答，根据实验设计，被试的意图应该可以由算法分为肯定和否定含义。其次是用户语音中的情绪，这一部分由事先训练好的基于神经网络的语音情绪识别算法完成。研究中的原型系统没有考虑历史对话等语境上下文信息，但在有情绪交流的对话场景中，这一部分信息也是可以利用的，不过设计师需要注意在之后的对话决策环节中，需要对应选择合适的方式，处理上下文情绪及对话内容。

下一步是最为关键的对话行为决策。研究中的对话行为决策统领的原则是心理学中的共情原则[183]，即细节的对话行为决策应当符合人与人对话时倾向于产生共情的原则来进行设计。这也奠定了之后无论是使用语气词还是使用情绪调节的策略，都要反馈与上一步理解到的用户情绪状态一致的情绪表达行为。研究中一共设计了两种可以制造共情感的对话行为：使用语气词，使用语句帮助用户调节情绪。语气词的对话行为是基于语言学中情绪和共情表达的现象。使用语气词需要预先准备分好类的情绪语气词，分类方式与 SER 结果的输出方式对应。研究中的 SER会输出 3 类用户情绪，即正面积极情绪、负面消极情绪以及中性情绪。因此语气词词典也对应地进行了分类整理（中性情绪不进行反馈，因此附表 1 的词典中包含正负两类情绪。根据心理学中的情绪调节机制[362-367]，研究在 CUI 设计中使用了夸赞、注意力转移、重新评估三种方式来帮助用户调节情绪。目前这些情绪调节机制的语句一般是手动编写，需要有分好类的情绪语料库（具体的对话语句脚本见附表 2）。与第一项研究的情况类似，此处的对话行为决策过程也可以纳入其他的设计变量，需要设计师根据实际情况灵活选择。最后根据共情原则，CUI 会渲染出具有不同情绪反馈方式的对话行为，经过语音合成之后输出到用户。

7.1.2 　研究不同层次的用户体验

本书所提出的设计理论重点在于层次化用户体验，本节会重点介绍如何将层次化用户体验的思想融入所提出的设计方法。层次化用户体验的思想主要体现在两处，一是在进行设计研究范围圈定时分析设计变量对各个层次用户体验可能的影响，二是在用户实验中对各个层次的用户体验进行评估。

在第一项访谈场景中对追问设计的研究中，对选定的设计变量——追问技巧设计——进行多层次用户体验潜在影响的分析。在 CUI 进行访谈的过程中，用户如果不喜欢当前的追问，可以直接跳过，这个过程很短，且不需要用户给出具体理由，可以看作追问影响直觉感受层的体验。如果用户愿意回答，那么回答内容的信息量体现了追问设计是否可以有效地帮助用户表述，这是访谈 CUI 的基本功能，因此追问可能影响对话功能层的用户体验。而用户在完成访谈之后，基于对访谈体验的反思，对访谈的相关性、流畅性进行评价，多次完成问答的过程可能会影响用户对 CUI 的整体评价，即影响对话认知层的用户体验。我们在之后进行用户实验设计时，可以按照以上分析的思路进行多层次的用户体验评估。

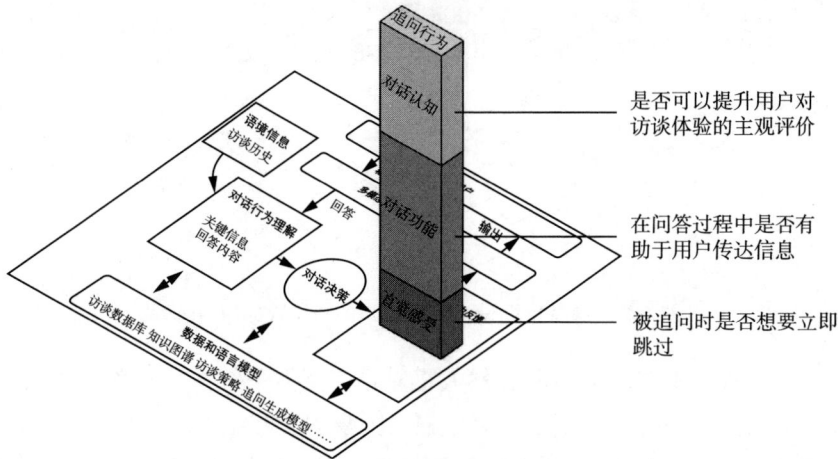

是否可以提升用户对访谈体验的主观评价

在问答过程中是否有助于用户传达信息

被追问时是否想要立即跳过

图 7.3　追问技巧设计可能影响多个层次的用户体验

在第二项任务协作场景中对情绪反馈设计的研究中，对选定的设计变量——情绪反馈设计——进行多层次用户体验潜在影响的分析。在直觉感受层，情绪反馈设计可能会影响用户的情绪调节，用户在进行任务过程中很难理性地认识到自身情绪的变化，情绪反馈方式的设计可能会影响直觉感受层的用户体验。在对话功能层，情绪反馈设计有可能会影响用户当前任务的完成情况。在对话认知层，用户可以通过反思与 CUI 的对话经历，来对其情感智能的程度进行评价，而不同的情绪反馈设计也可能会影响评价，也就是影响对话认知层的体验。在进行用户实验设计时，可以按照以上分析的思路进行多层次的用户体验评估。

除了可以在梳理交互流程时对设计变量进行多层次的用户体验分析，更重要的是，在用户实验中对多个层次的用户体验进行评估。两项研究基于所提出的设计方案开发并测试了 CUI 原型系统，测试的方式是通过用户实验，用户实验中所用的评估方法包括定量测量和定性分析。在对不同层次的用户体验可以进行有效评估的前提下，设计师才可以通过不断调整设计变量来获得一个理想的设计方案。

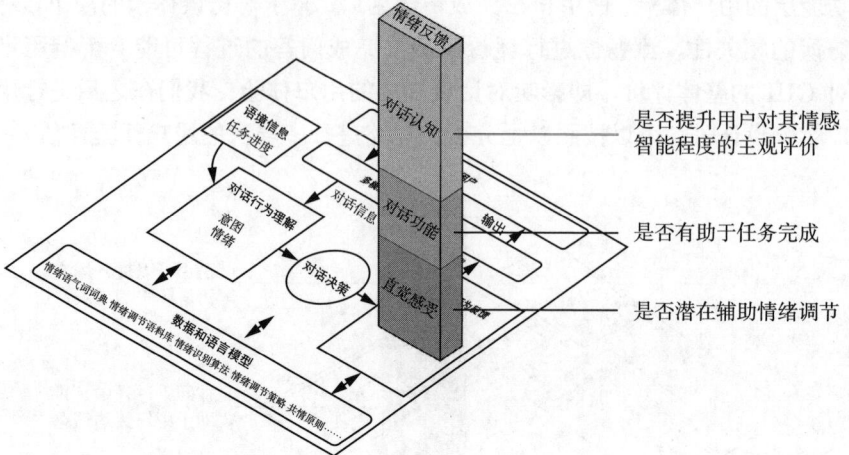

图 7.4　情绪反馈设计可能影响多个层次的用户体验

　　为了符合本书所提出的自然人机对话交互的系统性,本书中的两项研究不仅参考了有助于更全面考虑相关因素的交互流程框架和设计流程,还对用户体验进行了多个层次的评估。本书在 4.2.3 节中列举出了部分 CUI 设计变量对各个层级用户体验的影响侧重,接下来从中选取一部分结合文献以及本书中的两项研究展开探讨。

　　评估直觉感受层的体验:直觉感受层的用户体验是最难评估的,因为对于用户来讲,该层次的体验难以进行解释,且一旦要求用户对自己使用 CUI 时的某种感觉进行描述,用户就会开始进行反思,影响直觉感受评估的准确性。因此,CUI 的用户实验一般不采用例如访谈中询问用户的使用经历,或者让用户填写问卷量表这类通过反思或回忆使用经历来进行评估。想要有效评估直觉感受层的用户体验,需要巧妙的实验设计,让用户在不知情的情况下对用户行为进行追踪。

　　例如,可以对用户对话中的措辞行为进行统计、评估。对话表达维度的语言风格变量是涉及直觉感受层用户体验的,语言风格可能从措辞、语气、语调等方面表现出不同,是对话中重要的社会语言信息。用户几乎会在一瞬间察觉到不同的语言风格,但不同的语言风格并不直接影响对话功能的完成,因此措辞行为对直觉感受层的用户体验影响更多。Cowan 等人的研究[159] 发现,人们会对着说美国英语的对象使用更多美国英语才有的词组，而对说爱尔兰英语的对象就使用得相对少一些。此处的对话对象也适用于人和机器，这也符合"Media Equation"理论[180]。在 Cowan 等人的研究中，对直觉感受层次的评估是基于统计用户使用美国英语词组的频次，因为用户是下意识对对方的语言风格做出的反应。例如，我们可以通过追踪用户使用鼠标时的点击力度进行评估。本书第二项研究中为了检验情绪反馈行为对被试用户直觉感受层体验的影响，追踪了被试用户在任务中的鼠标点击压力。实验中鼠标压力对应的负面情绪程度因与 HUE–CUI 的对话而减少，证明了情绪反馈行为设计在用户当时没有明显察觉到的情况下减少了负面情绪。

除了用户下意识的行为，通过生理信号（例如心率、眼动等方式）也可以有效评估直觉感受层的用户体验。生理信号一般不受用户的思考影响，能表现短时间内用户的直觉感受。不过目前在 CUI 设计的领域还较少出现对用户的生理信号的检测，未来 CUI 设计师可根据具体情况考虑使用生理信号的检测。

评估对话功能层的体验：对话功能层的用户体验相对来说容易评估，与 4.1.2 节中介绍的一致，评估对话功能层的体验也可以分为两个方面，基本对话功能的体验以及高级对话功能的体验。

基本对话功能一般依赖于单项算法功能的表现，例如用户感受一个 CUI 是否能够听清自己说的话基本上取决于使用时语音识别算法 ASR 的性能。因此，算法本身的性能指标，例如 ASR 的错词率，可以为对话功能层的体验评估提供参考。注意此处指的性能指标，比如错词率不是指算法在标准数据集下的测试结果，而是用户在目标使用场景下进行测试或实际使用的评估结果。除此以外也可以通过量表或访谈一类的方式进行评估。例如 Choi 等人使用量表和访谈来检验不同语速的 CUI 对用户体验的影响[158]，Catania 等人通过量表让用户评价不同唤醒词的使用难度[21]。

而对于高级对话功能的用户体验，则取决于具体功能的指标。具体来说，就是通过调整所研究的设计变量的不同水平，来测试目标功能的完成效果。用于教育的 CUI 可以通过评估其具体的教学效果来作为对话功能层的体验评估，例如，使用 CUI 之后进行学习效果测验[4–5]。用于心理健康的 CUI 可以通过评估心理健康状态来作为对话功能层的体验评估，例如使用一系列心理健康量表[15]。当然，也可以通过采集用户的主观评价作为评估指标，例如让用户评价易用性[4,15]。本书第一项研究的对话场景是访谈，目的是帮助用户叙述更多内容，采用的评估方式就是测量用户叙述内容的多少，即信息量。这也是参考的文献中访谈场景 CUI 的评估方法[246,328]。

评估对话认知层的体验：对话认知层的用户体验一般较为复杂，很难通过类似对话功能层评估时使用的客观测量指标进行评估，因此一般通过主观量表来评估用户对 CUI 在某一方面的整体印象，或通过深度访谈来收集可供定性分析的信息和证据。比较典型的与对话认知层体验相关的设计变量，包括 4.2.3 节中列举的情感智能维度下的变量以及人格特征设计。

本书第二项研究通过由 4 个维度组成的情感智能 PEI 量表，来评估被试用户在实验中感受到的 CUI 原型系统展现出的情感智能程度。该量表也是参考了文献中对 CUI 情感智能的评估方法[154]。为了更全面地评估用户的对话认知层体验，研究还对被试用户进行了深度访谈，并使用主题分析的方式获取到许多定性分析的证据来体现更为复杂的对话认知层体验。评估人格特征设计变量对于对话认知层的体验时，一般会使用主观量表在一些较为抽象的维度进行评估，例如用户对 CUI 的信任感、喜爱度、满足感等[11]。除此以外对于 CUI 的人格化设计还有一些比较特殊的评估方法，例如引导用户把感受到的 CUI 中的人格进行可视化[174]。

总结用户实验中各个层次的用户体验评估方法：直觉感受层用户体验的评估要点在于测量用户的客观数据，例如基于生理数据的分析或者用户的快速直觉反应行为分析。对话功能层的要点在于对话目标完成情况的分析，可以结合客观数据和主观态度，例如，访谈场景中的信息获取量的分析。对话认知层的要点是用户主观态度和看法的分析，例如使用主观量表、用户访谈的方法。

7.1.3　具体场景中的设计流程的实例化

4.3.2 节介绍了适用于 CUI 设计的流程，在两项研究中分别按照该流程进行了实例化，为设计师提供了具有实践指导意义的参考。本书提出的设计流程更适用于对单个设计变量的深度研究，在实际的 CUI 设计开发项目中如果需要对多个设计变量进行研究，可以分别对其使用本书所述设计流程。

第一项研究以追问技巧作为重点设计变量进行设计流程的实例化，实例化之后的流程如图 7.5所示，流程顺序从左到右。首先是发现阶段。目

标对话场景是人机访谈场景，即带有 CUI 的计算机系统自动对人类用户
进行某一特定话题的半结构化访谈，其中 CUI 会提出许多开放性问题要
求用户根据自身经历进行回答。访谈对话的目的是帮助用户叙述和倾诉，
即帮助用户在访谈中透露出更多信息。接着是定义阶段。结合文献中访
谈场景 CUI 的研究现状和用户在此类场景中对话功能体验的要求，选择
追问技巧设计作为重点研究的设计变量，并分析其对各层次用户体验可
能造成的影响。然后是构思阶段。参考前期进行的对话分析和文献调研
的结果，设计出 3 种追问技巧：直接追问、关联追问、通用追问。最后
是验证阶段。根据设计细节选择合适的算法技术解决方案，研究使用了一
系列具有可行性的用于追问生成的自然语言处理技术，最终开发出可实
际交互的智能追问原型系统。基于原型系统开展线上用户实验，实验中
原型系统会对用户进行访谈，并在访谈中测试不同追问技巧设计的效果。
用户实验评估了各个层次的用户体验，通过测量用户的快速跳过追问的
概率来评估直觉感受层体验，通过测量追问功能帮助用户叙述的信息量
（即信息获取量）评估对话功能层体验，通过用户对追问质量的主观量表
评估对话认知层体验。对实验产生的数据进行定量及定性的分析，得出优
化设计的方案并对设计原型进行迭代，最终产出设计方案以及设计建议。

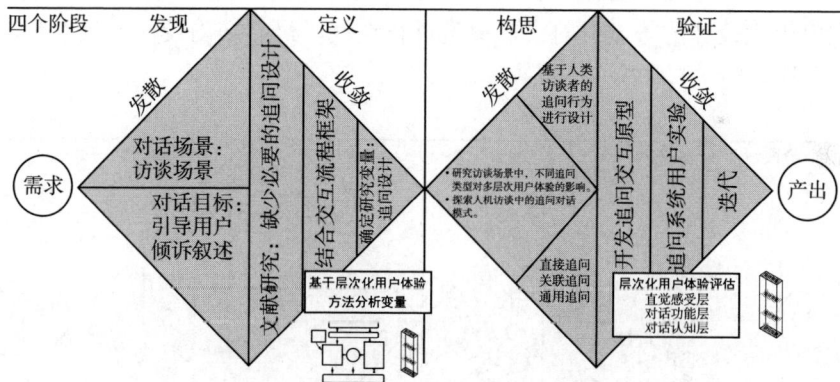

图 7.5　访谈场景中的追问技巧设计流程

　　第二项研究以情绪反馈行为作为重点设计变量进行设计流程的实例
化，实例化之后的流程如图 7.6所示，流程顺序从左到右。首先是发现阶
段。需要进行设计的对话场景是任务协助场景，即 CUI 协助用户完成一

系列任务的过程中用户会因为任务出现负面情绪波动，需要 CUI 通过对话中的情绪反馈帮助用户处理负面情绪。因此对话的目的是让用户感受到 CUI 的情感智能，并帮助用户处理负面情绪。接着是定义阶段。结合目前类似场景中 CUI 的研究现状和用户对 CUI 情感智能的需求，选择情绪反馈行为设计作为重点研究的设计变量。然后是构思阶段。参考前期的文献调研结果，设计出具体的情绪反馈行为，在 CUI 可以感受用户情绪的前提下进行两种类型的情绪反馈行为：使用情绪语气词和情绪调节策略（在实际的原型系统中加入了第三种情绪反馈方式，即将以上两种方式进行结合）。最后是验证阶段。根据设计出的具体的情绪反馈行为，选择合适的声学算法和自然语言处理算法进行原型系统开发，研究主要采用的是语音情绪识别和意图识别文本分类算法，并事先准备了原型系统会用到的语音和对话语句脚本。基于原型系统开展线下用户实验，实验中原型系统协助被试用户完成一系列数学题任务，任务会引起用户的负面情绪，因此过程中原型系统通过对话的形式干预用户情绪，具体来说就是通过在对话中用以上设计的不同方式来反馈检测到的用户情绪。用户实验重点评估的是原型系统直觉感受层和对话认知层的用户体验，通过检测用户在任务过程中的压力程度，以及使用主观量表对 CUI 的情感智能进行评价的方式来进行评估。对实验产生的数据进行定量和定性的分析，得出优化设计的方案并对设计原型进行迭代，最终产出设计方案以及设计建议。

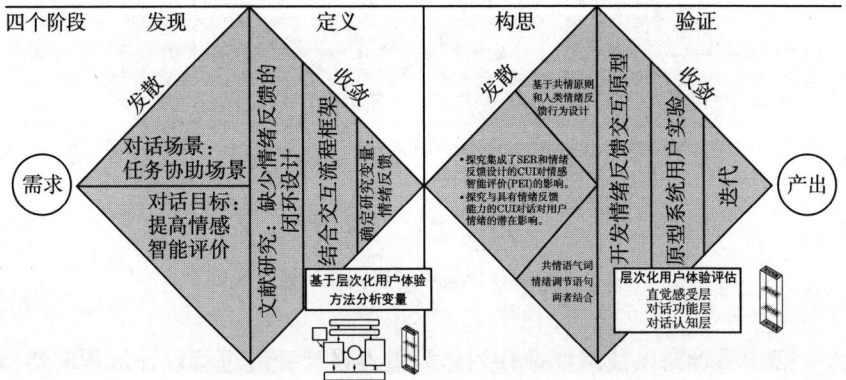

图 7.6　任务协作场景中的情绪反馈设计流程

7.2　对话交互的多元性设计

本节的思考和讨论将会围绕本书提出的研究问题 2（见 1.2 节），即对话交互的多元性设计。

7.2.1　当前 CUI 多元性的缺乏

目前 CUI 缺乏多元性设计，这种对多元性的缺乏不仅仅是受"请求–回复"或"指令–执行"的单一对话形式的限制，而是在各个层面的多元性缺乏。Lee 等人在对当前 CUI 设计的批判[42] 中提到对用户需求多元化考虑的欠缺、不平等的对话地位、算法的单一使用方式、对话场景多元性的欠缺。

首先，目前的 CUI 设计及产品仅为听说能力健全的人提供服务。这一点与本书所强调的 CUI 的对话功能层的用户体验是紧密相关的，尤其是基本对话能力的保证，即保证用户可以轻松地与 CUI 进行对话，包括能对话、能理解。例如语音对话，要保证用户可以轻松的听见且听懂 CUI 所说的话，CUI 也可以听见并听懂用户的话。但要保证这最基本的对话功能层体验会涉及许多因素，用户方面包括语言能力、听说能力、认知能力等；而对应的设计方面包括语音识别、语音合成算法的选择、语言风格的设计等。而目前的 CUI 设计考虑的是说主流语言、听说能力正常、具有较好认知能力的用户群体。对于小语种的用户群体，算法领域已经有尝试使用迁移学习的方法将主流语种的神经网络模型参数的效果迁移到小语种上的语音识别[392]，商用的 CUI 产品通常也支持多种语言，例如 Google Assistant 支持 30 种语言，但仅占世界语言种类的 0.4%（全世界范围共有 7117 种语言[393]）。具有当地特色的语言风格和音色合成等本地化设计仍然欠缺。对于有听说能力障碍的用户群体，目前的 CUI 设计也尚未充分考虑[211-212]。虽然 CUI（尤其是基于语音的 VUI）的典型应用场景，是帮助视觉障碍或身体障碍的用户群体通过语音控制来完成原本不方便的交互操作，但随着 CUI 逐渐成为主要的交互方式，在听说能力方面有障碍的人群反而会因 CUI 的主流化而出现不方便的情况。设计师作为变革的先导力量，应当考虑这些情况来帮助更多人。目前的 CUI 设计同样欠缺对于一些认知能力相对有限的用户群体的考虑，例如老人、儿童、受教育程度较低的人群。Jain 等人设计的 CUI 服务于文化程度较低的农民群体，尽管目标用户群体对 CUI 服务整体表现出积极态度，但其对科技产品的使用经验会显著影响使用体验[223]。因此，考虑多元化的用户需求是 CUI 目前面临的重要问题。

其次，是不平等的对话地位。由于目前 CUI 对话能力、对话形式、对话身份的单一，造成其在与用户的对话中始终处于较低的地位。由于"指令–执行"这类对话形式的大量使用，CUI 的对话角色更像是一个"工具人"，负责执行用户的各种指令要求；或者"询问–回答"形式的对话让 CUI 的对话角色变成一个信息搜索入口。尽管在人与人的交流中也广泛存在这类对话，但其在人机对话中的过度主导地位确实造成了许多伦理问题。这种不对等的对话地位使得部分用户经常对 CUI 进行语言攻击[188,190]，尤其是对女性音色的 CUI 进行性骚扰[170–171,190]。现在已经有研究在探索 CUI 应当如何回应用户的语言攻击行为[154,394]，但出现这种现象的根源在于 CUI 多元性的缺陷。考虑多元化的对话设计来获得平等的对话地位才是有效的解决途径。

算法的单一使用方式源于数据的滥用。目前许多 CUI 依赖于由语料数据训练的语言模型，而这些语料数据通常来自网络，可能包含了大量不适宜的对话数据。例如使用网络对话数据训练的聊天机器人 SimSimi 就存在这类问题，其开发者目前还上线了用户标注任务以众包的方式标注含有不当用语的语料数据，如图 7.7所示，用户可以自愿帮助 SimSimi 标注其语料数据中含有不当用语的部分。

最后，对话场景的单一。这是指目前的 CUI 大多用于以任务为中心的对话场景，例如语音助手、家电控制。在 2.5.6 节中介绍了许多对 CUI 新场景的探索，但此处想要强调的单一性是一对一对话。目前的 CUI 基本上是按照同一时间只与一位用户进行对话来设计的，但在实际使用场景中，一个 CUI 经常会同时面对多个用户展开对话，例如居家环境中的智能语音音箱，甚至会出现多名家庭成员用户争夺与 CUI 话语权的情况[41]。在这类多方对话的场景中，第一个难题就是 CUI 对不同说话人识别的问题，这使得语音识别的任务升级到了"鸡尾酒会问题"的难度[260]。另外设计方面也面临挑战，一些前沿的研究已经开始讨论多人共用一个 CUI 时遇到的问题，例如多个家庭成员使用同一个 CUI 时如何保护各自隐私的问题[387]。总之，随着 CUI 使用场景的多元化，多人对话场景下的 CUI 设计需要重新被考虑。

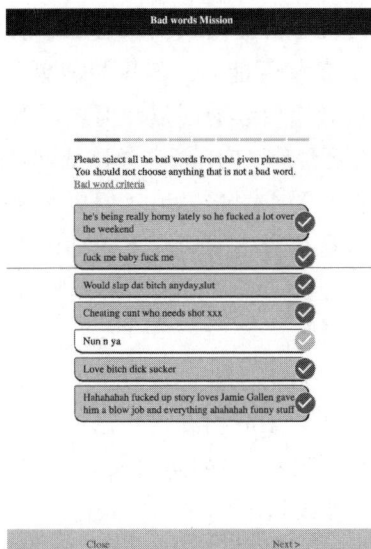

图 7.7　SimSimi 的不当用语标注任务（见文前彩插）

7.2.2　主动提问——CUI 对话地位的提升

第一项研究不仅验证了追问技巧设计在访谈场景中的有效性，也尝试了一种新的人机对话模式，即机器根据人类说的话语来进行提问。比较常见的人机对话形式是用户提问，CUI 回答；CUI 提问、用户回答的情况并不多。当然，研究探索的人机访谈场景本身就是一个新的对话场景，在访谈场景下接受 CUI 的提问显得比较合情合理，但 CUI 提问的形式和设计可以推广延伸到其他领域或场景。当人们习惯于认为 CUI 随时可能会反问他们问题，双方在对话中的地位就会更加接近平等。未来的 CUI 设计研究中可以考虑检验 CUI 的主动提问能力对用户的对话认知层体验的影响，即当用户了解了 CUI 具有提问能力且在对话中会根据用户所说的内容进行主动提问，会不会改变用户对 CUI 的智能程度、自然度、拟人度等多方面的评价。

另一个可以加入 CUI 主动提问的场景是对用户的对话输入进行识别的时候。尽管现在的语音识别技术已经取得了很大的进展，但在许多复杂的声学场景中，还是无法保证 100% 的识别准确，在一些情况下人类也无法保证可以听清对方的说的每一个字。即便能听清，不理解的情况也会时常出现。人类在这种情况下会提问或确认自己不清楚的部分，而机器或者 CUI 目前还没有完备的提问能力。CUI 目前更常见的做法是按照错误识别或错误理解的内容做出后续的回复，但这通常会导致对话终结或者沟通失败。当然，现在已经有 CUI 研究尝试处理这种情况，例如在语音识别结果的置信度过低时要求用户复述。但更重要的其实是下一步需要知道，这种在对话输入存在疑惑的情况下主动向用户询问和确认是否会影响用户对其智能度的评价，即对话认知层体验是否可以因此获得提升，对话交互是否会更接近自然。

随着不断的探索 CUI 在各种新的场景下的使用效果，对 CUI 的提问需求也会随之出现。金融类 App 会在用户出现异常转账行为时使用 CUI 来防止用户被诈骗，通过询问一系列问题来确定转账对象身份、转账原因等信息来确认用户是否被诈骗[395]。在这一场景中，CUI 不再只是言听计从的角色，而是对用户在诈骗风险前作出警戒和提醒的角色，其代表的是为用户保管财富的服务方，虽然也是为用户提供服务，但仅从对话中的地位来讲，与个人助理类的 CUI 是有显著不同的。在博物馆中，为了配合展品传达信息，CUI 会对用户提出一些艰深的问题促使用户对展品进一步的思考[396]。在这样的对话中，CUI 成为展品的代言人，其身份与参观展品的用户又产生了一种独特的对话关系。

当然，主动提问的行为只是改变 CUI 对话地位的一种形式，在对话中加入情绪信息同样可以改变人与机器的对话关系。

7.2.3 新的对话通道：情绪

CUI 设计研究者们在探索为人机语音对话打开一个新的通道——"情绪"。目前的 CUI 基本上不具备反馈用户情绪能力，但用户却会经常向 CUI 表达自己的情绪，因此当前的情绪交互通道是一种类似单向封堵的状态。根据"Media Equation"理论，人在与计算机交互时会倾向表现出与其他人交流一样的社交性质[180]。但 Yi Mou 和 Kun Xu 提出的"Media Inequality"又强调人与计算机进行对话交流时还是会与人对话时存在区别，比如人在与计算机对话中所表现出来的人格特征是与平时不同的[187]。这也有可能解释了为什么会在人机对话中发现更多的对 CUI 的语言攻击[188,190]。而 CUI 应对来自用户的语言攻击的设计[154,191]

实际上也是打通了情绪在整个对话中的交互闭环，用户向 CUI 表达情绪，CUI 给予相应的反馈从而改变了用户对 CUI 的认知（对话认知层体验），进而改变用户在人机对话中的行为。

　　然而对话中的情绪是复杂且广泛存在的，正如 2.2.2 节介绍的，对话中的情感无处不在。为 CUI 设计情绪通道是一项艰难且目标长远的研究工作。第二项研究提出的 HUE–CUI 通过从用户语音中的声学信号识别情绪信息，并在对话中加入对情绪的反馈来完成情绪通道的交互。实验验证了此方案在任务协助场景中提升对话认知层和直觉感受层用户体验的效果，具体来说是提高了用户对 CUI 的情感智能评价。此外，研究中的用户访谈还揭示了用户对于可以感受情绪、反馈情绪的 CUI 的需求。情绪交互对 CUI 设计的影响将会是螺旋进行的，当用户初步认识到 CUI 的情感智能之后会更愿意与之分享情绪，从而出现更多的人机对话话题场景，这些新的需求又会促使设计师进行针对性的设计，进一步增强 CUI 在不同场景下感受、理解、使用以及反馈情绪的能力，进一步提升了用户对 CUI 的情感智能评价。

7.2.4　CUI 多元性设计的探索方法

　　本书所提出的 CUI 设计流程，对于人机对话交互形式的多元化促进的关键点在于，尽量选择可能产生创新人机对话形式的设计变量进行研究。正如本书介绍的两项具体场景中的研究，追问技巧和情绪反馈都是时下具有创新性的 CUI 对话形式。当然，对话形式只是 CUI 多元性的一个部分，正如 3.4.2 节提到的，CUI 的多元性还包括许多方面。

　　探索 CUI 多元性设计，首先要思考的是对新的对话场景的探索。将 CUI 应用于新的目的和场景自然会出现对新的对话形式和内容的设计需求。其次，面对新的对话形式和内容的设计需求时，要充分利用文献以及已有的对话数据来归纳人在此类自然对话中的行为模式，并参考这些对话行为模式来进行具体的设计。接着，在制作早期原型时可以使用 WOz 一类的实验方法，来对设计方案进行初步的测试和迭代，之后再选择合适的算法工程解决方案，来制作高保真的设计原型系统。在进行用户实验时，应当尽量还原真实的对话场景，保证用户实验结果的外部有效性。用户实验的重点是需要充分考虑各个用户群体、各个层次的用户体验来进行评估和测量。最后，还要从设计回到研究当中，基于用户实验中产生的经验、数据，提出新的优化设计方案，或者总结成下一步的研究问题，形成设计与研究之间的闭环。

7.3　本书的局限性

本书的研究仍然存在一些局限性。本书提出的主要设计理论是层次化用户体验的 CUI 设计方法，包括 CUI 交互流程框架、CUI 设计流程。基于所提出的设计理论进行了两项不同场景，关注不同层次用户体验的研究。虽然在本书包括的两项研究中，所提出的层次化用户体验 CUI 设计方法体现出了具体场景中的有效性，但要形成更全面扎实的设计理论，仍然需要在更多不同场景中进行测试和验证，获得更多具有实践指导意义的研究经验。

两项研究分别通过探索主动追问和情绪反馈行为的设计，来对人机对话交互进行创新，丰富多元化 CUI 设计。但对于创新性、多元性人机对话交互的探索仅停留在经验总结上，需要在未来梳理成更具有系统性的 CUI 多元化设计理论，并进一步通过实践来验证。另外，本书介绍的设计理论和实践更偏向于学术研究，未来可以尝试将所提出的理论方法在更接近产业的环境中进行验证。

7.4　CUI 的未来发展

7.4.1　未来技术发展对 CUI 设计的影响

本节主要讨论自然语言处理技术和情感计算技术未来对 CUI 设计的影响。

自然语言处理技术是 CUI 的重要实现基础，每一次 CUI 的革新换代离不开背后的自然语言处理的突破性进展。本节主要会在以下两个方面讨论自然语言处理技术对未来的 CUI 设计产生的影响：数据集和大规模预训练语言模型。

随着各种新的对话场景出现对 CUI 的需求，自然语言领域在不断产出新的数据集。与 CUI 相关的自然语言数据集包括知识图谱和语料库。知识图谱可以为 CUI 提供通用常识和某话题领域专用知识，主要用于回答用户提出的各种问题。例如包含 11 万条常识信息的 SWAG 数据集[397] 以及在第一项研究中使用到的多语言常识知识图谱数据集 ConceptNet[320]。除了用于回答用户提出的问题，知识图谱也可以像第一项研究和 Su 等人提出的算法[319] 一样用于向用户提出问题。

语料库类型的数据集则分为两个用途，自然语言理解和自然语言生成。用于自然语言理解的数据集可以用于训练神经网络语言模型来扩展 CUI 对于新的对话内容的理解能力，而具体理解什么内容则由数据集的标注决定。例如，UR-FUNNY 数据集标注了具有幽默感的对话片段，可以赋予 CUI 理解幽默感的能力[398]；标记有讽刺标签的数据集可以赋予 CUI 理解讽刺挖苦的能力[399]。用于自然语言生成的数据集则是通过训练神经网络语言模型来扩展了 CUI 新的语言表达能力。例如表 2.1 中列出的语料库可以让 CUI 与用户谈论电影、音乐等话题。

大规模预训练语言模型的出现，让用于训练语言模型的数据集利用率变得更高。预训练语言模型是先用大规模无标注的语料数据对语言模型的参数进行预训练，从而获取语言中的一些通用特征。例如，经过预训练的 BERT 文本表征模型[139] 可以将两段相似的文本编码成距离更接近的向量，这种语言本身的特质是与具体的下游任务类型（文本分类、文本生成）没有直接关联的。因此，使用预训练语言模型结合小规模数据优化微调的方法，可以让 CUI 设计更为快速高效，在 CUI 原型系统中可以更快地部署相关话题内容的语言模型来完成设计迭代。

虽然目前市场上的大多数 CUI 还没有嵌入情感计算的技术，但正如 2.5.5 节中所介绍的，前沿的设计研究探索已经开始尝试在不同的对话交互环节中加入情感计算技术来赋予 CUI 情感智能。随着情感计算技术的不断发展，可被 CUI 设计利用的能力也会越来越丰富，为 CUI 带来更多情感智能设计的可能性。

本书的第二项研究将语音情绪识别技术加入到 CUI 的情绪反馈设计，该尝试也被证实可以有效提升直觉感受层和对话认知层的用户体验。研究所提出的 HUE-CUI 设计框架主要是对用户语音输入的情绪进行分析，并通过 CUI 的语音回复内容来反馈用户情绪，但这仅仅是自然对话完成情绪反馈闭环的一种形式。根据对话的基础理论，包括 2.2.1 节中介绍的多模态言语行为，2.2.2 节介绍的对话中无处不在的情感，对话中的情绪是具有普遍性和多元性的。多模态、多形式的情绪反馈设计在未来会更多地出现在 CUI 中。

2.4.1 节介绍了最新的情绪识别技术，情绪识别技术是情感计算技术中的核心部分，它赋予了 CUI 感知和理解用户情绪的能力。第二项研究中仅利用了声音模态的信息，而对话中语义、视觉、触觉、生理、甚至更为抽象的情绪状态特征都可以成为 CUI 感知用户情绪的通道。不过目前大部分情感计算技术是以通用场景作为搭建的，没有针对对话场景做出优化。大部分文本情感分类、语音情绪识别、表情识别、心率信号情绪识别的输出结果，一般来说是"正向情绪–负向情绪""快乐–悲伤–愤怒–沮丧"一类的标签，或是按照情绪的效价（Valence）和唤醒（Arousal）程度给出两个数值，这些标注是按照心理学中对情绪的定义而来的。例如，利用电影评分数据来训练的识别文本中正向和负向情感的模型[335]、利用离散情绪类型标注的数据库 IEMOCAP[121] 训练的语音情绪识别模型可以识别快乐、中性、愤怒、悲伤等类型的语音情绪[340]。但对话中的情绪与当前的语境是紧密相关的，也就是说，对于对话中的情绪的理解应当建立在语义和语境的基础之上，而目前的情感计算主要还是在一个单一的模态内对某几类通用情绪的识别。虽然数量不多，但有一些针对对话的情绪识别工作也陆续开展了起来，例如上一节提到的可以为 CUI 提供幽默感识别[398] 和讽刺挖苦[399] 识别的数据集和模型，这两类情绪都是在对话中结合语境出现的。又比如使用具有语义性的 emoji 表情符号来作为情绪识别的输出[400]，也有利于对话中用户情绪的理解。总的来说，情感计算技术的发展会受 CUI 发展的影响，开发出更多适用于对话场景、考虑语境信息的情感识别及情感合成的技术，反过来 CUI 也会受益于这些技术，产生出更多的情感智能设计。

7.4.2   CUI 未来对人机关系的潜在影响

CUI 的多元化发展最终改变的是人机关系。首先，CUI 的广泛应用已经对人们的认知和行为产生了一定影响，如今各大厂商所生产和售卖的设备几乎都会加上"智能"两个字。许多设备会在出厂时内置一个具有

CUI 的智能语音助手，例如电脑、电视、扫地机器人，这会使得人们更愿意认为数字设备是可对话的，甚至对于一个不熟悉的设备，也会去尝试使用语音唤醒。这也使得下一代用户，也就是现在的儿童用户，从一开始就生活于充满了可对话 CUI 设备的环境中，使他们在早期就养成对话的交互习惯。经历过非智能时代（大约 2008 年以前）的用户，对 CUI 的认知很多还停留在语音指令的状态，成年人用户倾向于把对话助手看作工具[203]，而儿童更愿意将其看作人来进行对话[213]。儿童用户对 CUI 背后的算法实现了解得更少，更容易把 CUI 的许多行为直接解释为其人格特征的表现，这让同一个 CUI 的儿童用户和成年人用户很可能具有截然不同的对话认知层体验。目前的 CUI 的对话能力仍然和人类有着明显差距，儿童对 CUI 的认知可能不是简单的真实的人，而是更复杂的介于有生命的对话对象和无生命的机器之间[214]。CUI 设计师需要更多地考虑下一代用户的认知和行为习惯，并且对人机对话关系要时刻保持敏感。

人机对话的关系可能不是单纯的"平等"，或者说与人类对话中的平等概念是有本质区别的。本书之前所说的让人机对话关系更加平等，指的是基于目前机器仅作为单纯功能性的对话角色，增加机器的对话能力和对话范围，改变人对于机器在对话中的刻板印象，从而使具有 CUI 的机器在对话中具有更多的对话身份的可能性。但人机对话的关系也可以说是永远不可能完全平等，这源于机器与人感官方式的不同。人的感官主要有视觉、听觉、味觉、嗅觉、触觉，这五感让人可以对当下所发生的事件和情景进行及时、多角度、灵敏的察觉。同样地，机器可以通过传感技术模拟人的五感对当下的环境进行感知，但机器还具有人所不具备的感官能力——物联网技术（Internet of Things, IoT）。物联网技术的普及使得 CUI 可以更及时、更广、更深地对人类用户生活的真实和数字世界进行感知。

人的五感虽然灵敏，但无法一直持续不断地在一个地方工作。例如，人们常常利用摄像监控设备来查看家中老人、孩子的安全，这些监控设备也是"智能"的，它们可以检测到异常情况（例如跌倒、火灾等）并利用 CUI 与家中的用户进行情况确认，或者远程向监控的用户发送及时通知。这些物联网技术可以赋予 CUI 一种持续在现场的能力。传感技术不仅可以在居家环境中对人们生活的周围环境进行感知，甚至还可以将感知范围扩展到社区、街道、城市，乃至更广。例如远程部署的传感器可以收集社区和街道附近的交通情况信息、当前区域的天气信息等，且这些数据和信息可以自动传输到 CUI 的后台。CUI 往往比用户更为及时地了解这些信息。

这种及时且大范围的数据来源，使 CUI 在对话中可以比用户掌握更多实际情况的信息，而用户往往需要询问 CUI 来获取这些信息。而且这些信息的深度与人的感知有本质的不同。物联网技术所收集到的数据的维度丰富，远远超过了五感的限制，例如，无线局域网设备的信号数据可以用于周围用户的行为检测[401]，通过手机触屏的使用行为就可以进行用户情绪状态的检测[402]。也就是说，CUI 完全可以从人类五感之外的维度对世界进行感知，并且每个感知维度的数据量也是惊人的。如今许多内容推荐的算法出现在日常生活的各个地方，例如短视频平台的视频推荐、电子商务平台的商品推荐等，会根据用户的使用行为历史以及平台所储存的大量不同类型用户的样本，对每一位用户进行精准推荐。这种基于大量数据的内容推荐在 CUI 中也有，因此，CUI 在对话中所掌握的信息，从某种意义上是远超人类用户的。但目前这些感知到的信息还没有在 CUI 设计中被充分利用，未来的 CUI 设计研究工作应当在考虑机器已经超越人类感知能力的基础上来探索新的对话的可能性。

第 8 章 总　结

对话是人机交互的重要形式之一，随着科学技术以及相关应用的飞速发展，对话交互界面（CUI）迅速应用到各种场景当中。对话交互不同于其他的交互形式，其易学易用的特点和社交属性使其适用于更多场景。但要营造自然的对话交互体验并不容易，因为用户不仅要求 CUI 能满足基本功能，还要求其提供近似自然语言对话的体验，而自然语言对话的模拟无论从算法工程角度还是从设计角度都是一项艰难的任务。人工智能算法目前还无法完全模拟人脑的语言模型，因此，综合考虑用户体验和算法能力的对话交互设计，会在未来相当长的一段时间内对人机对话交互起到重要作用。

目前关于 CUI 的研究更多关注的是功能性或易用性，即 CUI 是否可以帮助用户进行有效的人机对话，是否可以完成对话承载的任务。然而，用户的对话交互体验还受许多其他设计变量的影响，例如情感、语言风格等，因此又出现了许多针对特定设计变量或对话场景的研究。当前研究的现状是，较为系统的 CUI 设计理论主要面向的是已有的语音交互产品，其对话交互缺乏创新性和多元性，而且未能形成一个考虑多层次用户体验的设计方法。

由此，本书在文献调研的基础上分析了 CUI 的特点，并归纳出自然人机对话的三个特性：不确定性、多元性、系统性。本书设计理论的核心是层次化用户体验的 CUI 设计方法，该方法强调在进行 CUI 设计时，要考虑多个层次的用户体验，包括直觉感受层、对话功能层、对话认知层。所提出的交互流程框架可以帮助设计师在具体场景中，确定重点研究的设计变量、梳理对话交互流程，而设计流程可以指导设计师开发交互原型、开展用户实验，并对多层次的用户体验进行评估，从而得到优化的设计方案。

　　本书强调理论与实践的结合，针对所提出的设计理论进行了两项具体场景的研究，研究重点设计变量对多层次用户体验的影响。具体来说，第一项研究关注的设计变量是智能访谈场景中 CUI 的追问技巧设计。在该场景中，CUI 需要协助用户分享信息，保证访谈对话体验。研究探索了不同的追问技巧设计对该场景中多个层次的用户体验影响。根据文献调研和对话数据分析，研究提出了三类追问技巧设计，即基于上文中的用户关键词提出的直接追问和关联追问，以及无需关键词提出的通用追问。在之后的用户实验中，基于原型系统验证了追问技巧设计在优化直觉感受层、对话功能层、对话认知层用户体验上的有效性。第一项研究在一个新兴的 CUI 应用场景中，探索了为 CUI 赋予主动追问能力的可能性。这不仅弥补了其他访谈 CUI 只能机械地提出固定脚本问题而带来的用户体验缺陷，还为人机对话交互的形式带来了新的可能性，丰富了 CUI 设计的多元性。

　　第二项研究关注的设计变量是任务协助场景中的 CUI 的情绪反馈设计。在任务协助场景中，CUI 需要帮助用户处理任务时出现的负面情绪。研究探索了不同的情绪反馈方式设计对该场景下多层次用户体验的影响。根据文献调研，本项研究提出了 Heard yoUr Emotion，即 HUE，一种可以感知用户语音情绪并在对话中给予反馈的 CUI 设计。基于 HUE 设计的 CUI 可以通过语音情绪识别算法 SER 对用户语音中的情绪进行有效识别，并基于语气词和情绪调节语句对用户的情绪予以反馈。用户实验的结果表明，基于 HUE 设计的 CUI 原型系统可以帮助用户提升直觉感受层和对话认知层的体验。第二项研究探索了在语音通道上人机情绪交互的闭环设计，使得 CUI 可以在输入端感受情绪并在输出端反馈情绪，为具有情感智能的人机对话交互提供了新的可能。

　　两项研究分别在具体的场景中，一定程度上验证了层次化用户体验CUI 设计方法的可行性，为回答本书提出的研究问题 1 提供了参考依据；两项研究探索了具有创新性和多元性的人机对话交互形式，为回答本书提出的研究问题 2 提供了参考依据。

　　图 8.1 总结了本书所讨论的 CUI 设计。整体来说，CUI 设计包含三个部分，最底层是设计研究的基础素材，包含对话交互技术和设计研究的

方法、工具。将这些基础素材与本书所提出的设计方法结合，有助于达成
设计目标。在达成用户体验需求，和其他利益相关方需求的基础之上，还
要寻求更高的目标，也就是自然人机对话的达成。

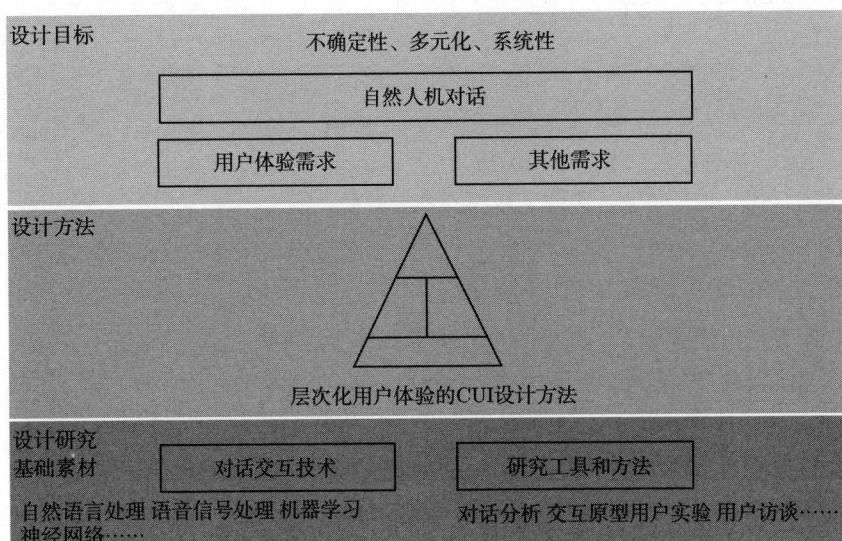

图 8.1　CUI 设计总结

本书的实践工作仍有不足，未来将会：

- 在更多的对话场景中实践所提出的 CUI 设计理论。
- 在多元对话形式的基础上，探索具有系统性的多元化 CUI 设计
  理论。
- 在访谈场景中探索更多不同类型的 CUI 追问方式对用户体验的
  影响。
- 尝试更多模态的情绪反馈设计来提升用户体验。

总之，本书通过系统的分析研究，形成了以下结论或创新：

（1）通过对相关研究工作的梳理总结，以及对 CUI 的界面特点分析，
归纳出了自然人机对话的主要特性。

（2）基于情感化设计理论，提出了层次化用户体验的 CUI 设计方
法，帮助设计师以及研究者在进行 CUI 设计时更全面地考虑多层次用
户体验。

（3）所进行的研究实践在具体的对话交互场景中验证了所提出的设计方法的可行性，为设计师及研究者提供具有实践意义的参考。

（4）所进行的研究实践探索了具有创新性的人机对话形式，对发展CUI 多元化设计提供了思路。

参 考 文 献

[1] Dixon K D. Digital design theory: readings from the field[M]. Chronicle Books, 2016.

[2] Weizenbaum J. Eliza—a computer program for the study of natural language communication between man and machine[J]. Communications of the ACM, 1966, 9(1): 36–45.

[3] Nye B D, Graesser A C, Hu X. Autotutor and family: A review of 17 years of natural language tutoring[J]. International Journal of Artificial Intelligence in Education, 2014, 24(4): 427–469.

[4] Ruan S, Jiang L, Xu J, et al. Quizbot: A dialogue-based adaptive learning system for factual knowledge[M/OL]. New York, NY, USA: Association for Computing Machinery, 2019: 1–13. https://doi.org/10.1145/3290605.3300587.

[5] Winkler R, Hobert S, Salovaara A, et al. Sara, the lecturer: Improving learning in online education with a scaffolding-based conversational agent[M/OL]. New York, NY, USA: Association for Computing Machinery, 2020: 1–14. https://doi.org/10.1145/3313831.3376781.

[6] Ceha J, Lee K J, Nilsen E, et al. Can a humorous conversational agent enhance learning experience and outcomes?[M/OL]. New York, NY, USA: Association for Computing Machinery, 2021. https://doi.org/10.1145/3411764.3445068.

[7] Winkler R, Sollner M, Neuweiler M L, et al. Alexa, can you help us solve this problem? how conversations with smart personal assistant tutors increase task group outcomes[C/OL]//CHI EA'19: Extended Abstracts of the 2019 CHI Conference on Human Factors in Computing Systems. New York, NY, USA: Association for Computing Machinery, 2019: 1–6. https://doi.org/10.1145/3290607.3313090.

[8] Braun M, Schubert J, Pfleging B, et al. Improving driver emotions with affective strategies[J]. Multimodal Technologies and Interaction, 2019, 3(1): 21.

[9] Stier D, Munro K, Heid U, et al. Towards situation-adaptive in-vehicle voice output[C/OL]// CUI'20: Proceedings of the 2nd Conference on Conversational User Interfaces. New York, NY, USA: Association for Computing Machinery, 2020. https://doi.org/10.1145/3405755.3406127.

[10] Meng F, Cheng P, Wang Y. Voice user-interface (vui) in automobiles: Exploring design opportunities for using vui through the observational study [C]//International Conference on Human-Computer Interaction. Springer, 2020: 40–50.

[11] Braun M, Mainz A, Chadowitz R, et al. At your service: Designing voice assistant personalities to improve automotive user interfaces[M/OL]. New York, NY, USA: Association for Computing Machinery, 2019: 1–11. https://doi.org/10.1145/3290605.3300270.

[12] Wiegand G, Eiband M, Haubelt M, et al. "i'd like an explanation for that!" exploring reactions to unexpected autonomous driving[M/OL]. New York, NY, USA: Association for Computing Machinery, 2020. https://doi.org/10.1145/3379503.3403554.

[13] Park H, Lee J. Designing a conversational agent for sexual assault survivors: Defining burden of self-disclosure and envisioning survivor-centered solutions[M/OL]. New York, NY, USA: Association for Computing Machinery, 2021. https://doi.org/10.1145/3411764.3445133.

[14] Lee Y C, Yamashita N, Huang Y, et al. "I hear you, I feel you": Encouraging deep self-disclosure through a chatbot[M/OL]. New York, NY, USA: Association for Computing Machinery, 2020: 1–12. https://doi.org/10.1145/3313831.3376175.

[15] Fitzpatrick K K, Darcy A, Vierhile M. Delivering cognitive behavior therapy to young adults with symptoms of depression and anxiety using a fully automated conversational agent (woebot): a randomized controlled trial[J]. JMIR mental health, 2017, 4(2): e7785.

[16] Lee M, Ackermans S, van As N, et al. Caring for vincent: A chatbot for self-compassion[M/OL]. New York, NY, USA: Association for Computing Machinery, 2019: 1–13. https://doi.org/10.1145/3290605.3300932.

[17] Cha I, Kim S I, Hong H, et al. Exploring the use of a voice-based conversational agent to empower adolescents with autism spectrum disorder[M/OL]. New York, NY, USA: Association for Computing Machinery, 2021. https://doi.org/10.1145/3411764.3445116.

[18] Reicherts L, Zargham N, Bonfert M, et al. May I interrupt? diverging opinions on proactive smart speakers[C/OL]//CUI'21: CUI 2021–3rd Confer-

ence on Conversational User Interfaces. New York, NY, USA: Association for Computing Machinery, 2021. https://doi.org/10.1145/34 69595.3469629.

[19] Edwards J, Janssen C, Gould S, et al. Eliciting spoken interruptions to inform proactive speech agent design[C/OL]//CUI'21: CUI 2021–3rd Conference on Conversational User Interfaces. New York, NY, USA: Association for Computing Machinery, 2021. https://doi.org/10.1145/34 69595.3469618.

[20] Ahire S, Rohs M. Tired of wake words? moving towards seamless conversations with intelligent personal assistants[C/OL]//CUI'20: Proceedings of the 2nd Conference on Conversational User Interfaces. New York, NY, USA: Association for Computing Machinery, 2020. https://doi.org/10.1145/3405755.3406141.

[21] Catania F, Spitale M, Cosentino G, et al. What is the best action for children to "wake up" and "put to sleep" a conversational agent? a multi-criteria decision analysis approach[C/OL]//CUI'20: Proceedings of the 2nd Conference on Conversational User Interfaces. New York, NY, USA: Association for Computing Machinery, 2020. https://doi.org/10.1145/3405755.3406129.

[22] Yan Y, Yu C, Zheng W, et al. Frownonerror: Interrupting responses from smart speakers by facial expressions[M/OL]. New York, NY, USA: Association for Computing Machinery, 2020: 1–14. https://doi.org/10.1145/3313831.3376810.

[23] Bonfert M, Zargham N, Saade F, et al. An evaluation of visual embodiment for voice assistants on smart displays[C/OL]//CUI'21: CUI 2021–3rd Conference on Conversational User Interfaces. New York, NY, USA: Association for Computing Machinery, 2021. https://doi.org/10.1145/3469595.3469611.

[24] Kunchay S, Abdullah S. Assessing effectiveness and interpretability of light behaviors in smart speakers[C/OL]//CUI'21: CUI 2021–3rd Conference on Conversational User Interfaces. New York, NY, USA: Association for Computing Machinery, 2021. https://doi.org/10.1145/3469595.3469610.

[25] Ho A, Hancock J, Miner A S. Psychological, relational, and emotional effects of self-disclosure after conversations with a chatbot[J]. Journal of Communication, 2018, 68(4): 712–733.

[26] Hu T, Xu A, Liu Z, et al. Touch your heart: A tone-aware chatbot for customer care on social media[M/OL]. New York, NY, USA: Association for Computing Machinery, 2018: 1–12. https://doi.org/10.1145/3173574.3173989.

[27] Hu J, Huang Y, Hu X, et al. Enhancing the perceived emotional intelligence of conversational agents through acoustic cues[M/OL]. New York, NY, USA: Association for Computing Machinery, 2021. https://doi.org/10.1145/

3411763.3451660.

[28] McTear M F, Callejas Z, Griol D. The conversational interface: volume 6[M]. Springer, 2016.

[29] Murad C, Munteanu C, Cowan B R, et al. Revolution or evolution? speech interaction and hci design guidelines[J]. IEEE Pervasive Computing, 2019, 18(2): 33–45.

[30] Murad C, Munteanu C, R. Cowan B, et al. Finding a new voice: Transitioning designers from gui to vui design[C/OL]//CUI'21: CUI 2021–3rd Conference on Conversational User Interfaces. New York, NY, USA: Association for Computing Machinery, 2021. https://doi.org/10.1145/34 69595.3469617.

[31] Langevin R, Lordon R J, Avrahami T, et al. Heuristic evaluation of conversational agents[M/OL]. New York, NY, USA: Association for Computing Machinery, 2021. https://doi.or g/10.1145/3411764.3445312.

[32] Yang X, Aurisicchio M. Designing conversational agents: A self-determination theory approach[M/OL]. New York, NY, USA: Association for Computing Machinery, 2021. https://doi.org/10.1145/3411764.3445445.

[33] Moore R J, Liu E Y, Mishra S, et al. Design systems for conversational ux[C/OL]//CUI'20: Proceedings of the 2nd Conference on Conversational User Interfaces. New York, NY, USA: Association for Computing Machinery, 2020. https://doi.org/10.1145/3405755.3406150.

[34] Norman D A. Emotional design: Why we love (or hate) everyday things[M]. Basic Civitas Books, 2004.

[35] Grice H P. Logic and conversation[M]//Speech acts. Brill, 1975: 41–58.

[36] 张雪. 面向智能音箱的语音交互用户心智模型探究与设计应用 [D/OL]. 2020. DOI: 10.274 61/d.cnki.gzjdx.2020.000438.

[37] 刘佳萌. 语音交互智能音箱情感化设计策略研究 [D/OL]. 2020. DOI: 10.27169/ d.cnki.gwqgu.2020.000610.

[38] 杨洋. 基于语音交互的手持移动端多通道交互研究 [D]. 2018.

[39] 李豪. 面向智能家居的语音交互设计评估体系研究 [D]. 2019.

[40] 贾国忠. 面向老年人的智能音箱语音交互设计研究 [D]. 2018.

[41] Porcheron M, Fischer J E, Reeves S, et al. Voice interfaces in everyday life[M/OL]. New York, NY, USA: Association for Computing Machinery, 2018: 1–12. https://doi.org/10.1145/3173574.3174214.

[42] Lee M, Noortman R, Zaga C, et al. Conversational futures: Emancipating conversational interactions for futures worth wanting[M/OL]. New York, NY, USA: Association for Computing Machinery, 2021. https://doi.org/ 10.1145/3411764.3445244.

[43] Lee M. Speech acts redux: Beyond request-response interactions[C/OL]//

CUI'20: Proceedings of the 2nd Conference on Conversational User Interfaces. New York, NY, USA: Association for Computing Machinery, 2020. https://doi.org/10.1145/3405755.3406124.

[44] Völkel S T, Buschek D, Eiband M, et al. Eliciting and analysing users' envisioned dialogues with perfect voice assistants[M/OL]. New York, NY, USA: Association for Computing Machinery, 2021. https://doi.org/10.1145/ 3411764.3445536.

[45] Pinhanez C S. Hci research challenges for the next generation of conversational systems[C/OL]//CUI'20: Proceedings of the 2nd Conference on Conversational User Interfaces. New York, NY, USA: Association for Computing Machinery, 2020. https://doi.org/10.1145/3405755.3406153.

[46] 李真真, 谢文娟, 唐凌, 等. 基于情感化的移动端语音交互设计探究 [J]. 工业设计研究, 2018.

[47] Thornbury S, Slade D. Conversation: From description to pedagogy[M]. Cambridge University Press, 2006.

[48] Warren M. Features of naturalness in conversation: volume 152[M]. John Benjamins Publishing, 2006.

[49] Searle J R. What is a speech act[J]. Perspectives in the philosophy of language: a concise anthology, 1965, 2000: 253–268.

[50] Austin J L. How to do things with words[M]. Oxford university press, 1975.

[51] Gumperz J J. Discourse strategies[M/OL]. Cambridge University Press, 1982. https://books.google.com.hk/books?hl=zh-CN&lr=&id=aUJNgHWl_koC &oi=fnd&pg=PR7&dq=Discourse&ots=jDAYTISc0i&sig=UDDuqWsrtvM JW1IxDPEtwSNmNnU&redir_esc=y#v=one page&q=Discourse&f= false.

[52] McMillan D, Brown B, Kawaguchi I, et al. Designing with gaze: Tama–a gaze activated smart-speaker[J/OL]. Proc. ACM Hum.-Comput. Interact., 2019, 3(CSCW). https://doi.org/10.1145/3359278.

[53] Norman M A, Thomas P J. Informing hci design through conversation analysis [J/OL]. International Journal of Man-Machine Studies, 1991, 35(2): 235–250. https://www.sciencedirect.com/science/article/pii/S0020737305801506.DOI: https://doi.org/10.1016/S0020-7373(05)80150-6.

[54] Woodruff A, Szymanski M H, Grinter R E, et al. Practical strategies for integrating a conversation analyst in an iterative design process[C/OL]//DIS'02: Proceedings of the 4th Conference on Designing Interactive Systems: Processes, Practices, Methods, and Techniques. New York, NY, USA: Association for Computing Machinery, 2002: 255–264. https://doi.org/ 10.1145/778712.778748.

[55] Beneteau E, Richards O K, Zhang M, et al. Communication breakdowns be-

tween families and alexa[M/OL]. New York, NY, USA: Association for Computing Machinery, 2019: 1–13. https://doi.org/10.1145/3290605.3300473.

[56] Li C H, Yeh S F, Chang T J, et al. A conversation analysis of non-progress and coping strategies with a banking task-oriented chatbot[M/OL]. New York, NY, USA: Association for Computing Machinery, 2020: 1–12. https://doi.org/10.1145/3313831.3376209.

[57] Lyons J. Semantics: Volume 1[J]. 1977.

[58] Besnier N. Language and affect[J]. Annual review of anthropology, 1990, 19(1): 419–451.

[59] Clore G L, Ortony A, Foss M A. The psychological foundations of the affective lexicon.[J]. Journal of personality and social psychology, 1987, 53(4): 751.

[60] 鲍志坤. 情感的英汉语言表达对比研究 [D]. 复旦大学, 2003.

[61] Van Dijk T A. Prejudice in discourse: An analysis of ethnic prejudice in cognition and conversation[M]. John Benjamins Publishing, 1984.

[62] Burke K. A rhetoric of motives[M]. Univ of California Press, 1969.

[63] Khoo C S, Johnkhan S B. Lexicon-based sentiment analysis: Comparative evaluation of six sentiment lexicons[J]. Journal of Information Science, 2018, 44(4): 491–511.

[64] Taboada M, Brooke J, Tofiloski M, et al. Lexicon-based methods for sentiment analysis[J]. Computational linguistics, 2011, 37(2): 267–307.

[65] 周涌华. 现代汉语从他亲属称谓研究 [D]. 湘潭大学, 2006.

[66] 张春泉. 第一人称代词的虚指及其心理动因 [D]. 2005.

[67] Biber D, Finegan E. Styles of stance in english: Lexical and grammatical marking of evidentiality and affect[J]. Text-interdisciplinary journal for the study of discourse, 1989, 9(1): 93–124.

[68] Schiffrin D, et al. Meaning, form, and use in context: linguistic applications[J]. 1984.

[69] Geis M L. The language of television advertising[M]. Academic Press, 1982.

[70] 邵敬敏. 拟声词的修辞特色 [J]. 当代修辞学, 1984(4): 47–48.

[71] 汪奎. 网络会话中 "呵呵" 的功能研究 [D]. 华东师范大学, 2012.

[72] Wierzbicka A. Emotions across languages and cultures: Diversity and universals[M]. Cambridge University Press, 1999.

[73] 齐沪扬. 情态语气范畴中语气词的功能分析 [J]. 南京师范大学文学院学报, 2002(3): 141–152.

[74] Grice M, Baumann S. An introduction to intonation–functions and models [M]//Non-native prosody. De Gruyter Mouton, 2008: 25–52.

[75] Cruttenden A, et al. Intonation[M]. Cambridge University Press, 1997.

[76] Scherer K R, Ladd D R, Silverman K E. Vocal cues to speaker affect: Testing

two models[J]. The Journal of the Acoustical Society of America, 1984, 76(5): 1346–1356.

[77] Scherer K R. On the symbolic functions of vocal affect expression[J]. Journal of Language and Social Psychology, 1988, 7(2): 79–100.

[78] Irvine J T. Language and affect: Some cross-cultural issues[J]. Contemporary perceptions of language: Interdisciplinary dimensions, 1982: 31–47.

[79] Irvine J T. Registering affect: Heteroglossia in the linguistic expression of emotion[J]. Language and the Politics of Emotion, 1990: 126–161.

[80] Besnier N. Conflict management, gossip, and affective meaning on nukulae-lae[J]. Disentangling: Conflict discourse in pacific societies, 1990: 290–334.

[81] Menn L, Boyce S. Fundamental frequency and discourse structure[J]. Language and Speech, 1982, 25(4): 341–383.

[82] 刘晓雪, 苏丽琴. 英汉夸张修辞格的比较 [J]. 上饶师范学院学报, 2003, 23(4): 73–75.

[83] 徐默凡. 语法性重复和修辞性重复 [J]. 修辞学习, 2009(2): 1–10.

[84] Horn L. A natural history of negation[J]. 1989.

[85] 崔显军. 双重否定句和一般肯定句的分工 [J]. 天津外国语学院学报, 2001, 8(1): 56–61.

[86] Kuno S. Functional syntax: Anaphora, discourse and empathy.[M]. University of Chicago Press, 1987.

[87] Hodge R, Kress G R. Language as ideology: volume 2[M]. Routledge London, 1993.

[88] Dillon G L. Constructing texts: Elements of a theory of composition and style[M]. Indiana University Press, 1981.

[89] 朱小舟. 反讽的语用研究 [J]. 湖南师范大学社会科学学报, 2002, 31(3): 99–101.

[90] 轩治峰. 汉英侮辱性语言对比与翻译 [J]. 商丘师范学院学报, 2003, 19(3): 107–110.

[91] Briggs C L. The pragmatics of proverb performances in new mexican span-ish[J]. American Anthropologist, 1985, 87(4): 793–810.

[92] Heath C. Embarrassment and interactional organization[J]. Erving Goffman: Exploring the interaction order, 1988, 136: 160.

[93] Nachman S R. Anti-humor: Why the grand sorcerer wags his penis[J]. Ethos, 1982, 10(2): 117–135.

[94] Di Leonardo M. The varieties of ethnic experience[M]. Cornell University Press, 2018.

[95] Van Dam A. Post-wimp user interfaces[J]. Communications of the ACM, 1997, 40(2): 63–67.

[96] Turing A M. Computing machinery and intelligence[M]//Parsing the turing

test. Springer, 2009: 23–65.

[97] Wallace R S. The anatomy of alice[M]//Parsing the turing test. Springer, 2009: 181–210.

[98] Juang B H, Rabiner L R. Automatic speech recognition–a brief history of the technology development[J]. Georgia Institute of Technology. Atlanta Rutgers University and the University of California. Santa Barbara, 2005, 1: 67.

[99] Ferrucci D, Levas A, Bagchi S, et al. Watson: beyond jeopardy![J]. Artificial Intelligence, 2013, 199: 93–105.

[100] Gales M J. Maximum likelihood linear transformations for hmm-based speech recognition[J]. Computer speech & language, 1998, 12(2): 75–98.

[101] Lippmann R P. Review of neural networks for speech recognition[J]. Neural computation, 1989, 1(1): 1–38.

[102] Graves A, Jaitly N, Mohamed A r. Hybrid speech recognition with deep bidirectional lstm[C]//2013 IEEE workshop on automatic speech recognition and understanding. IEEE, 2013: 273–278.

[103] Graves A, Mohamed A r, Hinton G. Speech recognition with deep recurrent neural networks[C]//2013 IEEE international conference on acoustics, speech and signal processing. Ieee, 2013: 6645–6649.

[104] Abdel-Hamid O, Mohamed A r, Jiang H, et al. Convolutional neural networks for speech recognition[J]. IEEE/ACM Transactions on audio, speech, and language processing, 2014, 22(10): 1533–1545.

[105] Graves A, Jaitly N. Towards end-to-end speech recognition with recurrent neural networks[C]// International conference on machine learning. PMLR, 2014: 1764–1772.

[106] Aho A V, Corasick M J. Efficient string matching: an aid to bibliographic search[J]. Communications of the ACM, 1975, 18(6): 333–340.

[107] Liu F, Pennell D, Liu F, et al. Unsupervised approaches for automatic keyword extraction using meeting transcripts[C]//Proceedings of human language technologies: The 2009 annual conference of the North American chapter of the association for computational linguistics. 2009: 620–628.

[108] Joulin A, Grave E, Bojanowski P, et al. Bag of tricks for efficient text classification[C/OL]// Proceedings of the 15th Conference of the European Chapter of the Association for Computational Linguistics: Volume 2, Short Papers. Valencia, Spain: Association for Computational Linguistics, 2017: 427–431. https://aclanthology.org/E17-2068.

[109] Gomaa W H, Fahmy A A, et al. A survey of text similarity approaches[J]. International journal of Computer Applications, 2013, 68(13): 13–18.

[110] Kowsari K, Jafari Meimandi K, Heidarysafa M, et al. Text classification

algorithms: A survey[J]. Information, 2019, 10(4): 150.

[111] Radford A, Narasimhan K, Salimans T, et al. Improving language understanding by generative pre-training[J]. 2018.

[112] Lucey P, Cohn J F, Kanade T, et al. The extended cohn-kanade dataset (ck+): A complete dataset for action unit and emotion-specified expression[C]//2010 ieee computer society conference on computer vision and pattern recognition-workshops. IEEE, 2010: 94–101.

[113] Shih F Y, Chuang C F, Wang P S. Performance comparisons of facial expression recognition in jaffe database[J]. International Journal of Pattern Recognition and Artificial Intelligence, 2008, 22(03): 445–459.

[114] Pang B, Lee L. Seeing stars: Exploiting class relationships for sentiment categorization with respect to rating scales[C/OL]//ACL'05: Proceedings of the 43rd Annual Meeting on Association for Computational Linguistics. USA: Association for Computational Linguistics, 2005: 115–124. https://doi.org/10.3115/1219840.1219855.

[115] Zhai Z, Liu B, Xu H, et al. Constrained lda for grouping product features in opinion mining[C]// Pacific-Asia Conference on Knowledge Discovery and Data Mining. Springer, 2011: 448–459.

[116] Poria S, Cambria E, Gelbukh A. Aspect extraction for opinion mining with a deep convolutional neural network[J]. Knowledge-Based Systems, 2016, 108: 42–49.

[117] Bradley M M, Lang P J. Affective norms for english words (anew): Instruction manual and affective ratings[R]. Technical report C-1, the center for research in psychophysiology · · · , 1999.

[118] Breazeal C, Aryananda L. Recognition of affective communicative intent in robot-directed speech[J]. Autonomous robots, 2002, 12(1): 83–104.

[119] Lim W, Jang D, Lee T. Speech emotion recognition using convolutional and recurrent neural networks[C]//2016 Asia-Pacific signal and information processing association annual summit and conference (APSIPA). IEEE, 2016: 1–4.

[120] Wöllmer M, Metallinou A, Eyben F, et al. Context-sensitive multimodal emotion recognition from speech and facial expression using bidirectional lstm modeling[C]//Proc. INTERSPEECH 2010, Makuhari, Japan. 2010: 2362–2365.

[121] Busso C, Bulut M, Lee C C, et al. Iemocap: Interactive emotional dyadic motion capture database[J]. Language resources and evaluation, 2008, 42(4): 335.

[122] Nagrani A, Chung J S, Zisserman A. Voxceleb: A large-scale speaker iden-

tification dataset[C/OL]//Proc. Interspeech 2017. 2017: 2616–2620. http://dx.doi.org/10.21437/Interspeech.2017–950.

[123] Jafarpour S, Burges C J, Ritter A. Filter, rank, and transfer the knowledge: Learning to chat[J]. Advances in Ranking, 2010, 10(2329–9290): 17.

[124] Shang L, Lu Z, Li H. Neural responding machine for short-text conversation[C/OL]// Proceedings of the 53rd Annual Meeting of the Association for Computational Linguistics and the 7th International Joint Conference on Natural Language Processing (Volume 1: Long Papers). Beijing, China: Association for Computational Linguistics, 2015: 1577–1586. https://aclanthology.org/P15-1152. DOI: 10.3115/v1/P15-1152.

[125] Young S, Gašić M, Keizer S, et al. The hidden information state model: A practical framework for pomdp-based spoken dialogue management[J]. Computer Speech & Language, 2010, 24(2): 150–174.

[126] Mrkšić N, Ó Séaghdha D, Wen T H, et al. Neural belief tracker: Data-driven dialogue state tracking[C/OL]//Proceedings of the 55th Annual Meeting of the Association for Computational Linguistics (Volume 1: Long Papers). Vancouver, Canada: Association for Computational Linguistics, 2017: 1777–1788. https://aclanthology.org/P17-1163. DOI: 10.18653/v1/P17-1163.

[127] Ritter A, Cherry C, Dolan B. Data-driven response generation in social media[C]//Empirical Methods in Natural Language Processing (EMNLP). 2011.

[128] Wang H, Lu Z, Li H, et al. A dataset for research on short-text conversations[C]//Proceedings of the 2013 conference on empirical methods in natural language processing. 2013: 935–945.

[129] Li Y, Su H, Shen X, et al. DailyDialog: A manually labelled multi-turn dialogue dataset[C/OL]// Proceedings of the Eighth International Joint Conference on Natural Language Processing (Volume 1: Long Papers). Taipei, Taiwan: Asian Federation of Natural Language Processing, 2017: 986–995. https://aclanthology.org/I17-1099.

[130] Wang Y, Ke P, Zheng Y, et al. A large-scale chinese short-text conversation dataset[C]//CCF International Conference on Natural Language Processing and Chinese Computing. Springer, 2020: 91–103.

[131] Wu W, Guo Z, Zhou X, et al. Proactive human-machine conversation with explicit conversation goal[C/OL]//Proceedings of the 57th Annual Meeting of the Association for Computational Linguistics. Florence, Italy: Association for Computational Linguistics, 2019: 3794–3804. https://aclanthology.org/P19-1369. DOI: 10.18653/v1/P19-1369.

[132] Zhou H, Zheng C, Huang K, et al. Kdconv: A chinese multi-domain dialogue

dataset towards multi-turn knowledge-driven conversation[C]//Proceedings of the 58th Annual Meeting of the Association for Computational Linguistics. 2020: 7098–7108.

[133] Choi E, He H, Iyyer M, et al. QuAC: Question answering in context[C/OL]//Proceedings of the 2018 Conference on Empirical Methods in Natural Language Processing. Brussels, Belgium: Association for Computational Linguistics, 2018: 2174–2184. https://aclanthology.org/D18-1 241. DOI: 10.18653/v1/D18-1241.

[134] Liu B. Neural question generation based on seq2seq[C/OL]//ICMAI 2020: Proceedings of the 2020 5th International Conference on Mathematics and Artificial Intelligence. New York, NY, USA: Association for Computing Machinery, 2020: 119–123. https://doi.org/10.1145/3395260.3395275.

[135] Zhou W, Zhang M, Wu Y. Question-type driven question generation [C]//Proceedings of the 2019 Conference on Empirical Methods in Natural Language Processing and the 9th International Joint Conference on Natural Language Processing (EMNLP-IJCNLP). 2019: 6032–6037.

[136] Zhou H, Huang M, Zhang T, et al. Emotional chatting machine: Emotional conversation generation with internal and external memory[C]//Proceedings of the AAAI Conference on Artificial Intelligence: volume 32. 2018.

[137] Lee C W, Wang Y S, Hsu T Y, et al. Scalable sentiment for sequence-to-sequence chatbot response with performance analysis[C]//2018 IEEE International Conference on Acoustics, Speech and Signal Processing (ICASSP). IEEE, 2018: 6164–6168.

[138] Qian Q, Huang M, Zhao H, et al. Assigning personality/profile to a chatting machine for coherent conversation generation.[C]//Ijcai. 2018: 4279–4285.

[139] Devlin J, Chang M W, Lee K, et al. Bert: Pre-training of deep bidirectional transformers for language understanding[C/OL]//Proceedings of the 2019 Conference of the North American Chapter of the Association for Computational Linguistics: Human Language Technologies, Volume 1 (Long and Short Papers). Association for Computational Linguistics, 2019: 4171–4186. https://www.aclweb.org/anthology/N19-1423http://dx.doi.org/10.18653/v1/N19-1423.

[140] Brown T, Mann B, Ryder N, et al. Language models are few-shot learners[J]. Advances in neural information processing systems, 2020, 33: 1877–1901.

[141] 冯哲, 孙吉贵, 张长胜, 等. 汉语语音合成的研究进展 [J]. 吉林大学学报: 信息科学版, 2007, 25(2): 9.

[142] 邱泽宇, 屈丹, 张连海. 基于 WaveNet 的端到端语音合成方法 [J]. 计算机应用, 2019, 39(5): 1325–1329.

[143] Ashktorab Z, Jain M, Liao Q V, et al. Resilient chatbots: Repair strat-egy preferences for conversational breakdowns[M/OL]. New York, NY, USA: Association for Computing Machinery, 2019: 1–12. https://doi.org/10.1145/3290605.3300484.

[144] Myers C M, Laris Pardo L F, Acosta-Ruiz A, et al. "try, try, try again:" sequence analysis of user interaction data with a voice user interface [C/OL]//CUI'21: CUI 2021–3rd Conference on Conversational User Inter-faces. New York, NY, USA: Association for Computing Machinery, 2021. https://doi.org/10.1145/3469595.3469613.

[145] Yuan S, Brüggemeier B, Hillmann S, et al. User preference and cate-gories for error responses in conversational user interfaces[C/OL]//CUI'20: Proceedings of the 2nd Conference on Conversational User Interfaces. New York, NY, USA: Association for Computing Machinery, 2020. https://doi.org/10.1145/3405755.3406126.

[146] Fischer J E, Reeves S, Porcheron M, et al. Progressivity for voice interface design[C/OL]//CUI'19: Proceedings of the 1st International Conference on Conversational User Interfaces. New York, NY, USA: Association for Com-puting Machinery, 2019. https://doi.org/10.1145/3342775.3342788.

[147] Kirschthaler P, Porcheron M, Fischer J E. What can i say? effects of discov-erability in vuis on task performance and user experience[C]//Proceedings of the 2nd Conference on Conversational User Interfaces. 2020: 1–9.

[148] Albert S, Hamann M. Putting wake words to bed: We speak wake words with systematically varied prosody, but cuis don't listen[C/OL]// CUI'21: CUI 2021–3rd Conference on Conversational User Interfaces. New York, NY, USA: Association for Computing Machinery, 2021. https://doi.org/10.1145/3469595.3469608.

[149] Jung H, Kim H. Finding contextual meaning of the wake word[C/OL]// CUI'19: Proceedings of the 1st International Conference on Conversational User Interfaces. New York, NY, USA: Association for Computing Machinery, 2019. https://doi.org/10.1145/3342775.3342805.

[150] Schaffer S, Reithinger N. Conversation is multimodal: Thus conversational user interfaces should be as well[C/OL]//CUI'19: Proceedings of the 1st International Conference on Conversational User Interfaces. New York, NY, USA: Association for Computing Machinery, 2019. https://doi.org/10.1145/3342775.3342801.

[151] Jaber R, McMillan D, Belenguer J S, et al. Patterns of gaze in speech agent interaction[C/OL]// CUI'19: Proceedings of the 1st International Confer-

ence on Conversational User Interfaces. New York, NY, USA: Association for Computing Machinery, 2019. https://doi.org/10.1145/33 42775.3342791.

[152] Nie L, Jia M, Song X, et al. Multimodal activation: Awakening dialog robots without wake words[M/OL]. New York, NY, USA: Association for Computing Machinery, 2021: 491–500. https://doi.org/10.1145/3404835.3462964.

[153] Aneja D, Hoegen R, McDuff D, et al. Understanding conversational and expressive style in a multimodal embodied conversational agent[M/OL]. New York, NY, USA: Association for Computing Machinery, 2021. https://doi.org/10.1145/3411764.3445708.

[154] Ma X, Yang E, Fung P. Exploring perceived emotional intelligence of personality-driven virtual agents in handling user challenges[C/OL]// WWW'19: The World Wide Web Conference. New York, NY, USA: Association for Computing Machinery, 2019: 1222–1233. https://doi.org/10.1145/3308558.3313400.

[155] Yang Y, Ma X, Fung P. Perceived emotional intelligence in virtual agents[C/OL]//CHI EA'17: Proceedings of the 2017 CHI Conference Extended Abstracts on Human Factors in Computing Systems. New York, NY, USA: Association for Computing Machinery, 2017: 2255–2262. https://doi.org/10.1145/3027063.3053163.

[156] Shi Y, Yan X, Ma X, et al. Designing emotional expressions of conversational states for voice assistants: Modality and engagement[C/OL]//CHI EA'18: Extended Abstracts of the 2018 CHI Conference on Human Factors in Computing Systems. New York, NY, USA: Association for Computing Machinery, 2018: 1–6. https://doi.org/10.1145/3170427.3188560.

[157] Holmes W. Speech synthesis and recognition[M]. CRC press, 2001.

[158] Choi D, Kwak D, Cho M, et al. "nobody speaks that fast!" an empirical study of speech rate in conversational agents for people with vision impairments[M/OL]. New York, NY, USA: Association for Computing Machinery, 2020: 1–13. https://doi.org/10.1145/3313831.3376569.

[159] Cowan B R, Doyle P, Edwards J, et al. What's in an accent? the impact of accented synthetic speech on lexical choice in human-machine dialogue[C/OL]//CUI'19: Proceedings of the 1st International Conference on Conversational User Interfaces. New York, NY, USA: Association for Computing Machinery, 2019. https://doi.org/10.1145/3342775.3342786.

[160] Dubiel M, Halvey M, Gallegos P O, et al. Persuasive synthetic speech: Voice perception and user behaviour[C/OL]//CUI'20: Proceedings of the 2nd Conference on Conversational User Interfaces. New York, NY, USA: Association

for Computing Machinery, 2020. https://doi.org/10.1145/3405755.3406120.

[161] Aylett M P, Sutton S J, Vazquez-Alvarez Y. The right kind of unnatural: Designing a robot voice[C/OL]//CUI'19: Proceedings of the 1st International Conference on Conversational User Interfaces. New York, NY, USA: Association for Computing Machinery, 2019. https://doi.org/10.1145/3342775.3342806.

[162] Chiba Y, Nose T, Kase T, et al. An analysis of the effect of emotional speech synthesis on non-task-oriented dialogue system[C]//Proceedings of the 19th Annual SIGdial Meeting on Discourse and Dialogue. 2018: 371–375.

[163] An S, Ling Z, Dai L. Emotional statistical parametric speech synthesis using lstm-rnns[C]//2017 Asia-Pacific Signal and Information Processing Association Annual Summit and Conference (APSIPA ASC). IEEE, 2017: 1613–1616.

[164] Cohn M, Chen C Y, Yu Z. A large-scale user study of an alexa prize chatbot: Effect of tts dynamism on perceived quality of social dialog[C]//Proceedings of the 20th Annual SIGdial Meeting on Discourse and Dialogue. 2019: 293–306.

[165] Candello H, Pinhanez C, Pichiliani M, et al. Can direct address affect user engagement with chatbots embodied in physical spaces?[C/OL]//CUI'19: Proceedings of the 1st International Conference on Conversational User Interfaces. New York, NY, USA: Association for Computing Machinery, 2019. https://doi.org/10.1145/3342775.3342787.

[166] An S, Moore R, Liu E Y, et al. Recipient design for conversational agents: Tailoring agent's utterance to user's knowledge[C/OL]// CUI'21: CUI 2021–3rd Conference on Conversational User Interfaces. New York, NY, USA: Association for Computing Machinery, 2021. https://doi.org/10.1145/3469595.3469625.

[167] Chaves A P, Gerosa M A. How should my chatbot interact? a survey on social characteristics in human–chatbot interaction design[J]. International Journal of Human–Computer Interaction, 2021, 37(8): 729–758.

[168] Liao Q V, Mas-ud Hussain M, Chandar P, et al. All work and no play? [M/OL]. New York, NY, USA: Association for Computing Machinery, 2018: 1–13. https://doi.org/10.1145/3173574.3173577.

[169] Silvervarg A, Jönsson A. Iterative development and evaluation of a social conversational agent[C]//6th International Joint Conference on Natural Language Processing (IJCNLP 2013), 14–18 October 2013, Nagoya, Japan. 2013: 1223–1229.

[170] De Angeli A, Brahnam S. Sex stereotypes and conversational agents[J]. Proc.

of Gender and Interaction: real and virtual women in a male world, Venice, Italy, 2006.

[171] Brahnam S, De Angeli A. Gender affordances of conversational agents[J]. Interacting with Computers, 2012, 24(3): 139–153.

[172] Sutton S J. Gender ambiguous, not genderless: Designing gender in voice user interfaces (vuis) with sensitivity[C/OL]//CUI'20: Proceedings of the 2nd Conference on Conversational User Interfaces. New York, NY, USA: Association for Computing Machinery, 2020. https://doi.org/10.1145/3405755.3406123.

[173] Araujo T. Living up to the chatbot hype: The influence of anthropomorphic design cues and communicative agency framing on conversational agent and company perceptions[J]. Computers in Human Behavior, 2018, 85: 183–189.

[174] Kuzminykh A, Sun J, Govindaraju N, et al. Genie in the bottle: Anthropomorphized perceptions of conversational agents[M/OL]. New York, NY, USA: Association for Computing Machinery, 2020: 1–13. https://doi.org/10.1145/3313831.3376665.

[175] Shum H y, He X d, Li D. From eliza to xiaoice: challenges and opportunities with social chatbots[J]. Frontiers of Information Technology & Electronic Engineering, 2018, 19(1): 10–26.

[176] Sjödén B, Silvervarg A, Haake M, et al. Extending an educational math game with a pedagogical conversational agent: Facing design challenges[C]//International Conference on Interdisciplinary Research on Technology. Springer, 2010: 116–130.

[177] Ptaszynski M, Dybala P, Higuhi S, et al. Towards socialized machines: Emotions and sense of humour in conversational agents[J]. Web intelligence and intelligent agents, 2010, 173.

[178] 廖青林, 王玫, 冯战. 基于情感交互的智能家居产品语音交互设计 [J]. 包装工程, 2019, 40(16): 7.

[179] Duijst D. Can we improve the user experience of chatbots with personalisation[J]. Master's thesis. University of Amsterdam, 2017.

[180] Reeves B, Nass C. The media equation: How people treat computers, television, and new media like real people[M]. Cambridge university press Cambridge, United Kingdom, 1996.

[181] Walker M A. Endowing virtual characters with expressive conversational skills[C]// International workshop on intelligent virtual agents. Springer, 2009: 1–2.

[182] Wallis P, Norling E. The trouble with chatbots: social skills in a social world[J]. Virtual Social Agents, 2005, 29: 29–36.

[183] Salovey P, Mayer J D. Emotional intelligence[J]. Imagination, cognition and personality, 1990, 9(3): 185–211.

[184] Björkqvist K, Österman K, Kaukiainen A. Social intelligence-empathy= aggression?[J]. Aggression and violent behavior, 2000, 5(2): 191–200.

[185] Neururer M, Schlögl S, Brinkschulte L, et al. Perceptions on authenticity in chat bots[J]. Multimodal Technologies and Interaction, 2018, 2(3): 60.

[186] Luger E, Sellen A. "like having a really bad pa": The gulf between user expectation and experience of conversational agents[C/OL]//CHI'16: Proceedings of the 2016 CHI Conference on Human Factors in Computing Systems. New York, NY, USA: Association for Computing Machinery, 2016: 5286–5297. https://doi.org/10.1145/2858036.2858288.

[187] Mou Y, Xu K. The media inequality: Comparing the initial human—human and human—ai social interactions[J]. Computers in Human Behavior, 2017, 72: 432–440.

[188] Hill J, Ford W R, Farreras I G. Real conversations with artificial intelligence: A comparison between human–human online conversations and human–chatbot conversations[J]. Computers in human behavior, 2015, 49: 245–250.

[189] Jain M, Kumar P, Kota R, et al. Evaluating and informing the design of chatbots[C/OL]//DIS'18: Proceedings of the 2018 Designing Interactive Systems Conference. New York, NY, USA: Association for Computing Machinery, 2018: 895–906. https://doi.org/10.1145/3196709.3196735.

[190] Curry A C, Rieser V. # metoo alexa: How conversational systems respond to sexual harassment[C]//Proceedings of the second acl workshop on ethics in natural language processing. 2018: 7–14.

[191] Chin H, Molefi L W, Yi M Y. Empathy is all you need: How a conversational agent should respond to verbal abuse[M/OL]. New York, NY, USA: Association for Computing Machinery, 2020: 1–13. https://doi.org/10.1145/3313831.3376461.

[192] Toxtli C, Monroy-Hernández A, Cranshaw J. Understanding chatbot-mediated task management[M/OL]. New York, NY, USA: Association for Computing Machinery, 2018: 1–6. https://doi.org/10.1145/3173574.3173632.

[193] Kumar R, Ai H, Beuth J L, et al. Socially capable conversational tutors can be effective in collaborative learning situations[C]//International conference on intelligent tutoring systems. Springer, 2010: 156–164.

[194] Dang N C, Moreno-García M N, De la Prieta F. Sentiment analysis based on deep learning: A comparative study[J]. Electronics, 2020, 9(3): 483.

[195] Yadav A, Vishwakarma D K. Sentiment analysis using deep learning archi-

tectures: a review[J]. Artificial Intelligence Review, 2020, 53(6): 4335–4385.

[196] Akçay M B, Oğuz K. Speech emotion recognition: Emotional models, databases, features, preprocessing methods, supporting modalities, and classifiers[J]. Speech Communication, 2020, 116: 56–76.

[197] Khalil R A, Jones E, Babar M I, et al. Speech emotion recognition using deep learning techniques: A review[J]. IEEE Access, 2019, 7: 117327–117345.

[198] Li S, Deng W. Deep facial expression recognition: A survey[J]. IEEE transactions on affective computing, 2020.

[199] Shu L, Xie J, Yang M, et al. A review of emotion recognition using physiological signals[J]. Sensors, 2018, 18(7): 2074.

[200] Sun X, Peng X, Ding S. Emotional human-machine conversation generation based on long short-term memory[J]. Cognitive Computation, 2018, 10(3): 389–397.

[201] Kowalski J, Jaskulska A, Skorupska K, et al. Older adults and voice interaction: A pilot study with google home[C/OL]//CHI EA'19: Extended Abstracts of the 2019 CHI Conference on Human Factors in Computing Systems. New York, NY, USA: Association for Computing Machinery, 2019: 1–6. https://doi.org/10.1145/3290607.3312973.

[202] Ziman R, Walsh G. Factors affecting seniors' perceptions of voice-enabled user interfaces[C/OL]//CHI EA'18: Extended Abstracts of the 2018 CHI Conference on Human Factors in Computing Systems. New York, NY, USA: Association for Computing Machinery, 2018: 1–6. https://doi.org/10.1145/3170427.3188575.

[203] Sayago S, Neves B B, Cowan B R. Voice assistants and older people: Some open issues[C/OL]//CUI'19: Proceedings of the 1st International Conference on Conversational User Interfaces. New York, NY, USA: Association for Computing Machinery, 2019. https://doi.org/10.1145/3342775.3342803.

[204] Trajkova M, Martin-Hammond A. "alexa is a toy": Exploring older adults' reasons for using, limiting, and abandoning echo[M/OL]. New York, NY, USA: Association for Computing Machinery, 2020: 1–13. https://doi.org/10.1145/3313831.3376760.

[205] Zubatiy T, Vickers K L, Mathur N, et al. Empowering dyads of older adults with mild cognitive impairment and their care partners using conversational agents[M/OL]. New York, NY, USA: Association for Computing Machinery, 2021. https://doi.org/10.1145/3411764.3445124.

[206] Ring L, Shi L, Totzke K, et al. Social support agents for older adults: longitudinal affective computing in the home[J]. Journal on Multimodal User Interfaces, 2015, 9(1): 79–88.

[207] El Kamali M, Angelini L, Caon M, et al. Nestore: Mobile chatbot and tangible vocal assistant to support older adults' wellbeing[C/OL]//CUI'20: Proceedings of the 2nd Conference on Conversational User Interfaces. New York, NY, USA: Association for Computing Machinery, 2020. https://doi.org/10.1145/3405755.3406167.

[208] 喻言. 适老化视角下的语音交互设计研究 [D]. 2021.

[209] 王攀凯. 针对老年陪伴机器人的语音交互设计研究 [D]. 2019.

[210] Corbett E, Weber A. What can i say? addressing user experience challenges of a mobile voice user interface for accessibility[C/OL]//MobileHCI'16: Proceedings of the 18th International Conference on Human—Computer Interaction with Mobile Devices and Services. New York, NY, USA: Association for Computing Machinery, 2016: 72–82. https://doi.org/10.1145/2935334.2935386.

[211] Clark L, Cowan B R, Roper A, et al. Speech diversity and speech interfaces: Considering an inclusive future through stammering[C/OL]//CUI'20: Proceedings of the 2nd Conference on Conversational User Interfaces. New York, NY, USA: Association for Computing Machinery, 2020. https://doi.org/10.1145/3405755.3406139.

[212] Glasser A, Mande V, Huenerfauth M. Accessibility for deaf and hard of hearing users: Sign language conversational user interfaces[C/OL]//CUI'20: Proceedings of the 2nd Conference on Conversational User Interfaces. New York, NY, USA: Association for Computing Machinery, 2020. https://doi.org/10.1145/3405755.3406158.

[213] Druga S, Williams R, Breazeal C, et al. "hey google is it ok if i eat you?": Initial explorations in child-agent interaction[C/OL]//IDC'17: Proceedings of the 2017 Conference on Interaction Design and Children. New York, NY, USA: Association for Computing Machinery, 2017: 595–600. https://doi.org/10.1145/3078072.3084330.

[214] Xu Y, Warschauer M. What are you talking to?: Understanding children's perceptions of conversational agents[M/OL]. New York, NY, USA: Association for Computing Machinery, 2020: 1–13. https://doi.org/10.1145/3313831.3376416.

[215] Tanaka F, Matsuzoe S. Children teach a care-receiving robot to promote their learning: Field experiments in a classroom for vocabulary learning[J]. Journal of Human-Robot Interaction, 2012, 1(1): 78–95.

[216] Garg R, Sengupta S. Conversational technologies for in-home learning: Using co-design to understand children's and parents' perspectives[M/OL].

New York, NY, USA: Association for Computing Machinery, 2020: 1–13. https://doi.org/10.1145/3313831.3376631.

[217] Tellex S, Gopalan N, Kress-Gazit H, et al. Robots that use language[J]. Annual Review of Control, Robotics, and Autonomous Systems, 2020, 3: 25–55.

[218] Eyben F, Wöllmer M, Poitschke T, et al. Emotion on the road—necessity, acceptance, and feasibility of affective computing in the car[J]. Advances in human-computer interaction, 2010.

[219] Williams K, Flores J A, Peters J. Affective robot influence on driver adherence to safety, cognitive load reduction and sociability[C/OL]// AutomotiveUI'14: Proceedings of the 6th International Conference on Automotive User Interfaces and Interactive Vehicular Applications. New York, NY, USA: Association for Computing Machinery, 2014: 1–8. https://doi.org/10.1145/2667317.2667342.

[220] Large D R, Clark L, Burnett G, et al. "it's small talk, jim, but not as we know it.": Engendering trust through human-agent conversation in an autonomous, self-driving car[C/OL]//CUI'19: Proceedings of the 1st International Conference on Conversational User Interfaces. New York, NY, USA: Association for Computing Machinery, 2019. https://doi.org/10.1145/3342775.3342789.

[221] Frison A K, Wintersberger P, Oberhofer A, et al. Athena: Supporting ux of conditionally automated driving with natural language reliability displays[C/OL]//AutomotiveUI'19: Proceedings of the 11th International Conference on Automotive User Interfaces and Interactive Vehicular Applications: Adjunct Proceedings. New York, NY, USA: Association for Computing Machinery, 2019: 187–193. https://doi.org/10.1145/3349263.3351312.

[222] Moon Y. Intimate exchanges: Using computers to elicit self-disclosure from consumers[J]. Journal of consumer research, 2000, 26(4): 323–339.

[223] Jain M, Kumar P, Bhansali I, et al. Farmchat: A conversational agent to answer farmer queries[J/OL]. Proc. ACM Interact. Mob. Wearable Ubiquitous Technol., 2018, 2(4). https://doi.org/10.1145/3287048.

[224] Kim S, Lee J, Gweon G. Comparing data from chatbot and web surveys: Effects of platform and conversational style on survey response quality[M/OL]. New York, NY, USA: Association for Computing Machinery, 2019: 1–12. https://doi.org/10.1145/3290605.3300316.

[225] 桂宇晖, 刘婧, 刘军, 等. 基于智慧工厂的语音交互设计研究 [J]. 包装工程, 2020, 41(6): 6.

[226] Pearl C. Designing voice user interfaces: Principles of conversational expe-

riences[M]. O'Reilly Media, Inc., 2016.

[227] Dahlbäck N, Jönsson A, Ahrenberg L. Wizard of oz studies—why and how[J]. Knowledgebased systems, 1993, 6(4): 258–266.

[228] Klemmer S R, Sinha A K, Chen J, et al. Suede: A wizard of oz proto-typing tool for speech user interfaces[C/OL]//UIST'00: Proceedings of the 13th Annual ACM Symposium on User Interface Software and Technology. New York, NY, USA: Association for Computing Machinery, 2000: 1–10. https://doi.org/10.1145/354401.354406.

[229] Porcheron M, Fischer J E, Valstar M. Nottreal: A tool for voice-based wizard of oz studies[C/OL]//CUI'20: Proceedings of the 2nd Conference on Conversational User Interfaces. New York, NY, USA: Association for Computing Machinery, 2020. https://doi.org/10.1145/340575 5.3406168.

[230] Devlin J, Chang M W, Lee K, et al. BERT: Pre-training of deep bidi-rectional transformers for language understanding[C/OL]//Proceedings of the 2019 Conference of the North American Chapter of the Association for Computational Linguistics: Human Language Technologies, Volume 1 (Long and Short Papers). Minneapolis, Minnesota: Association for Computational Linguistics, 2019: 4171–4186. https://aclanthology.org/N19-1423. DOI: 10.18653/v1/N19-1423.

[231] Rough D, Cowan B. Don't believe the hype! white lies of conversational user interface creation tools[C/OL]//CUI'20: Proceedings of the 2nd Conference on Conversational User Interfaces. New York, NY, USA: Association for Computing Machinery, 2020. https://doi.org/10.1145/3405755.3406140.

[232] Rough D, Cowan B. Don't believe the hype! white lies of conversational user interface creation tools[C]//Proceedings of the 2nd Conference on Conversational User Interfaces. 2020: 1–3.

[233] Nielsen J, Molich R. Heuristic evaluation of user interfaces[C/OL]//CHI'90: Proceedings of the SIGCHI Conference on Human Factors in Computing Systems. New York, NY, USA: Association for Computing Machinery, 1990: 249–256. https://doi.org/10.1145/97243.97281.

[234] Santhanam S, Karduni A, Shaikh S. Studying the effects of cognitive biases in evaluation of conversational agents[M/OL]. New York, NY, USA: Association for Computing Machinery, 2020: 1–13. https://doi.org/10.1145/3313831.3376318.

[235] 孙妍彦, 李士岩, 陈宪涛. 情感化语音交互设计——百度 AI 用户体验部门人机交互研究地图与设计案例 [J]. 装饰, 2019(11): 6.

[236] Ammari T, Kaye J, Tsai J Y, et al. Music, search, and iot: How people (really) use voice assistants[J/OL]. ACM Trans. Comput.-Hum. Interact.,

2019, 26(3). https://doi.org/10.1145/ 3311956.

[237] Nass C, Steuer J, Tauber E R. Computers are social actors[C/OL]//CHI'94: Conference Companion on Human Factors in Computing Systems. New York, NY, USA: Association for Computing Machinery, 1994: 204. https:// doi.org/10.1145/259963.260288.

[238] Fogg B J. Persuasive technology: Using computers to change what we think and do[J/OL]. Ubiquity, 2002, 2002(December). https://doi.org/10.1145/ 764008.763957.

[239] Marenko B, Van Allen P. Animistic design: how to reimagine digital interaction between the human and the nonhuman[J]. Digital Creativity, 2016, 27(1): 52–70.

[240] Simon H A. Bounded rationality[M]//Utility and probability. Springer, 1990: 15–18.

[241] 丹尼尔·卡尼曼. 思考, 快与慢 [J]. 教育, 2012, 28.

[242] Cho J. Mental models and home virtual assistants (hvas)[C/OL]//CHI EA'18: Extended Abstracts of the 2018 CHI Conference on Human Factors in Computing Systems. New York, NY, USA: Association for Computing Machinery, 2018: 1–6. https://doi.org/10.1145/3170427.3180286.

[243] Ram A, Prasad R, Khatri C, et al. Conversational ai: The science behind the alexa prize[J]. arXiv preprint arXiv:1801.03604, 2018.

[244] Green M. Context and conversation[J]. Wiley Blackwell Companion to Semantics, 2021.

[245] Millis K, Forsyth C, Butler H, et al. Operation aries!: A serious game for teaching scientific inquiry[M]//Serious games and edutainment applications. Springer, 2011: 169–195.

[246] Xiao Z, Zhou M X, Chen W, et al. If i hear you correctly: Building and evaluating interview chatbots with active listening skills[M/OL]. New York, NY, USA: Association for Computing Machinery, 2020: 1–14. https:// doi.org/10.1145/3313831.3376131.

[247] Laiq M, Dieste O. Chatbot-based interview simulator: A feasible approach to train novice requirements engineers[C/OL]//2020 10th International Workshop on Requirements Engineering Education and Training (REET). 2020: 1–8. DOI: 10.1109/REET51203.2020.00007.

[248] Yankelovich N, Levow G A, Marx M. Designing speechacts: Issues in speech user interfaces[C]//Proceedings of the SIGCHI conference on Human factors in computing systems. 1995: 369–376.

[249] Wei Z, Landay J A. Evaluating speech-based smart devices using new usability heuristics[J]. IEEE Pervasive Computing, 2018, 17(2): 84–96.

[250] Suhm B. Towards best practices for speech user interface design[C]//Eighth European Conference on Speech Communication and Technology. 2003.

[251] Yu K, Zhao Z, Wu X, et al. Rich short text conversation using semantic-key-controlled sequence generation[J]. IEEE/ACM Transactions on Audio, Speech, and Language Processing, 2018, 26(8): 1359–1368.

[252] Ren S, He K, Girshick R, et al. Faster r-cnn: Towards real-time object detection with region proposal networks[J]. Advances in neural information processing systems, 2015, 28.

[253] 俞凯, 陈露, 陈博, 等. 任务型人机对话系统中的认知技术——概念, 进展及其未来 [J]. 计算机学报, 2015, 38(12): 2333–2348.

[254] Du C, Yu K. Phone-level prosody modelling with gmm-based mdn for diverse and controllable speech synthesis[J]. IEEE/ACM Transactions on Audio, Speech, and Language Processing, 2021.

[255] Wu P, Ling Z, Liu L, et al. End-to-end emotional speech synthesis using style tokens and semi-supervised training[C]//2019 Asia-Pacific Signal and Information Processing Association Annual Summit and Conference (APSIPA ASC). IEEE, 2019: 623–627.

[256] Li C, Qian Y. Listen, watch and understand at the cocktail party: Audio-visual-contextual speech separation.[C]//Interspeech. 2020: 1426–1430.

[257] Wu Y, Li C, Yang S, et al. Audio-visual multi-talker speech recognition in a cocktail party[J]. Proc. Interspeech 2021, 2021: 3021–3025.

[258] Park D S, Chan W, Zhang Y, et al. Specaugment: A simple data augmentation method for automatic speech recognition[C/OL]//Proc. Interspeech, 2019: 2613–2617. http://dx.doi.org/10.21437/Interspeech.2019-2680.

[259] Qian Y m, Weng C, Chang X k, et al. Past review, current progress, and challenges ahead on the cocktail party problem[J]. Frontiers of Information Technology & Electronic Engineering, 2018, 19(1): 40–63.

[260] 黄雅婷, 石晶, 许家铭, 等. 鸡尾酒会问题与相关听觉模型的研究现状与展望 [J]. 自动化学报, 2019, 45(2): 234–251.

[261] 丁俊武, 杨东涛, 曹亚东, 等. 情感化设计的主要理论、方法及研究趋势 [J]. 工程设计学报, 2010, 17(1): 8.

[262] Nagamachi M. Kansei engineering: a new ergonomic consumer-oriented technology for product development[J]. International Journal of industrial ergonomics, 1995, 15(1): 3–11.

[263] Breckler S J. Empirical validation of affect, behavior, and cognition as distinct components of attitude.[J]. Journal of personality and social psychology, 1984, 47(6): 1191.

[264] Gibson J J. The ecological approach to visual perception: classic edition[M].

Psychology Press, 2014.

[265] 唐纳德•A•诺曼. 设计心理学: 日常的设计 [M]. 北京: 中信出版社, 2015.

[266] Norman D. The design of everyday things: Revised and expanded edition[M]. Basic books, 2013.

[267] Yankelovich N. How do users know what to say?[J/OL]. Interactions, 1996, 3(6): 32–43. https://doi.org/10.1145/242485.242500.

[268] Weld H, Huang X, Long S, et al. A survey of joint intent detection and slot-filling models in natural language understanding[J]. arXiv preprint arXiv:2101.08091, 2021.

[269] Clark H H, Brennan S E. Grounding in communication.[J]. 1991.

[270] Most T. The use of repair strategies by children with and without hearing impairment[J]. 2002.

[271] Brinton B, Fujiki M, Loeb D F, et al. Development of conversational repair strategies in response to requests for clarification[J]. Journal of Speech, Language, and Hearing Research, 1986, 29(1): 75–81.

[272] Porcheron M, Fischer J E, Sharples S. "do animals have accents?": Talking with agents in multiparty conversation[C/OL]//CSCW'17: Proceedings of the 2017 ACM Conference on Computer Supported Cooperative Work and Social Computing. New York, NY, USA: Association for Computing Machinery, 2017: 207–219. https://doi.org/10.1145/2998181.2998298.

[273] Myers C, Furqan A, Nebolsky J, et al. Patterns for how users overcome obstacles in voice user interfaces[M/OL]. New York, NY, USA: Association for Computing Machinery, 2018: 1–7. https://doi.org/10.1145/3173574.3173580.

[274] Schegloff E A, Jefferson G, Sacks H. The preference for self-correction in the organization of repair in conversation[J]. Language, 1977, 53(2): 361–382.

[275] Skantze G, Edlund J. Early error detection on word level[C]//COST278 and ISCA Tutorial and Research Workshop (ITRW) on Robustness Issues in Conversational Interaction. 2004.

[276] Meena R, Lopes J, Skantze G, et al. Automatic detection of miscommunication in spoken dialogue systems[C]//Proceedings of the 16th Annual Meeting of the Special Interest Group on Discourse and Dialogue. 2015: 354–363.

[277] Bohus D. Error awareness and recovery in conversational spoken language interfaces[D]. Carnegie Mellon University, 2007.

[278] Lee M K, Kiesler S, Forlizzi J, et al. Gracefully mitigating breakdowns in robotic services[C]//2010 5th ACM/IEEE International Conference on Human-Robot Interaction (HRI). IEEE, 2010: 203–210.

[279] Yan Y, Yu C, Shi Y, et al. Privatetalk: Activating voice input with hand-on-

mouth gesture detected by bluetooth earphones[C/OL]//UIST'19: Proceedings of the 32nd Annual ACM Symposium on User Interface Software and Technology. New York, NY, USA: Association for Computing Machinery, 2019: 1013–1020. https://doi.org/10.1145/3332165.3347950.

[280] Zen H, Tokuda K, Black A W. Statistical parametric speech synthesis[J]. speech communication, 2009, 51(11): 1039–1064.

[281] Li N, Liu S, Liu Y, et al. Neural speech synthesis with transformer network[C]//Proceedings of the AAAI Conference on Artificial Intelligence: volume 33. 2019: 6706–6713.

[282] Wang Y, Stanton D, Zhang Y, et al. Style tokens: Unsupervised style modeling, control and transfer in end-to-end speech synthesis[C]//International Conference on Machine Learning. PMLR, 2018: 5180–5189.

[283] Fan Z, Chen L. Diverse conversation generation system with sentence function classification[C/OL]//ICMLC 2021: 2021 13th International Conference on Machine Learning and Computing. New York, NY, USA: Association for Computing Machinery, 2021: 515–521. https://doi.org/10.1145/3457682.3457761.

[284] Sutton S J, Foulkes P, Kirk D, et al. Voice as a design material: Sociophonetic inspired design strategies in human-computer interaction[C/OL]//CHI'19: Proceedings of the 2019 CHI Conference on Human Factors in Computing Systems. New York, NY, USA: Association for Computing Machinery, 2019: 1–14. https://doi.org/10.1145/3290605.3300833.

[285] Tolmeijer S, Zierau N, Janson A, et al. Female by default?–exploring the effect of voice assistant gender and pitch on trait and trust attribution[M/OL]. New York, NY, USA: Association for Computing Machinery, 2021. https://doi.org/10.1145/3411763.3451623.

[286] Liu L, Hu J, Wu Z, et al. Controllable emphatic speech synthesis based on forward attention for expressive speech synthesis[C/OL]//2021 IEEE Spoken Language Technology Workshop (SLT). 2021: 410–414. DOI: 10.1109/SLT48900.2021.9383537.

[287] Oliveira C S, Moraes J V, Filho T S, et al. A two-level item response theory model to evaluate speech synthesis and recognition[J/OL]. Speech Communication, 2022, 137: 19–34. https://www.sciencedirect.com/science/article/pii/S0167639321001266. DOI: https://doi.org/10.1016/j.specom.2021.11.002.

[288] Vaccaro K, Agarwalla T, Shivakumar S, et al. Designing the future of personal fashion[M/OL]. New York, NY, USA: Association for Computing Machinery, 2018: 1–11. https://doi.org/10.1145/3173574.3174201.

[289] Walters M L, Koay K L, Syrdal D S, et al. Preferences and perceptions

of robot appearance and embodiment in human-robot interaction trials[J]. Procs of New Frontiers in Human-Robot Interaction, 2009.

[290] Harbers M, Peeters M M, Neerincx M A. Perceived autonomy of robots: effects of appearance and context[M]//A World with Robots. Springer, 2017: 19–33.

[291] DiSalvo C F, Gemperle F, Forlizzi J, et al. All robots are not created equal: the design and perception of humanoid robot heads[C]//Proceedings of the 4th conference on Designing interactive systems: processes, practices, methods, and techniques. 2002: 321–326.

[292] Bartneck C, Bleeker T, Bun J, et al. The influence of robot anthropomorphism on the feelings of embarrassment when interacting with robots[J]. Paladyn, 2010, 1(2): 109–115.

[293] Kwak S S. The impact of the robot appearance types on social interaction with a robot and service evaluation of a robot[J]. Archives of Design Research, 2014, 27(2): 81–93.

[294] Nakanishi J, Baba J, Kuramoto I, et al. Smart speaker vs. social robot in a case of hotel room[C/OL]//2020 IEEE/RSJ International Conference on Intelligent Robots and Systems (IROS). 2020: 11391–11396. DOI: 10.1109/IROS45743.2020.9341537.

[295] Nelson T M, Nilsson T H. Comparing headphone and speaker effects on simulated driving[J]. Accident Analysis & Prevention, 1990, 22(6): 523–529.

[296] 贝拉·马丁, 布鲁斯·汉宁顿. 通用设计方法 [M]. 北京: 中央编译出版社, 2013.

[297] Heilman M, Smith N A. Good question! statistical ranking for question generation[C]//Human Language Technologies: The 2010 Annual Conference of the North American Chapter of the Association for Computational Linguistics. 2010: 609–617.

[298] Hoque M, Courgeon M, Martin J C, et al. Mach: My automated conversation coach[C]// Proceedings of the 2013 ACM international joint conference on Pervasive and ubiquitous computing. 2013: 697–706.

[299] Jones H, Sabouret N. Tardis-a simulation platform with an affective virtual recruiter for job interviews[J]. IDGEI (Intelligent Digital Games for Empowerment and Inclusion), 2013.

[300] Su M H, Wu C H, Huang K Y, et al. Attention-based dialog state tracking for conversational interview coaching[C]//2018 IEEE International Conference on Acoustics, Speech and Signal Processing (ICASSP). IEEE, 2018: 6144–6148.

[301] Sidaoui K, Jaakkola M, Burton J. Ai feel you: customer experience assessment via chatbot interviews[J/OL]. Journal of Service Management, 2020,

31: 745–766. DOI: 10.1108/JOSM-11-2019-0341.

[302] Leech B L. Asking questions: Techniques for semistructured interviews [J/OL]. PS: Political Science & Politics, 2002, 35(4): 665–668. DOI: 10.1017/S1049096502001129.

[303] Barriball K L, While A. Collecting data using a semi-structured interview: A discussion paper[J]. Journal of Advanced Nursing, 1994, 19(2): 328–335.

[304] Willis G. Cognitive interviewing[DS/OL]. 2013.

[305] Berry J. Validity and reliability issues in elite interviewing[J]. PS: Political Science & Politics, 2002, 35: 679–682.

[306] Janarthanam S. Hands-on chatbots and conversational ui development: build chatbots and voice user interfaces with chatfuel, dialogflow, microsoft bot framework, twilio, and alexa skills[M]. Packt Publishing Ltd, 2017.

[307] Minhas R, Elphick C, Shaw J. Protecting victim and witness statement: examining the effectiveness of a chatbot that uses artificial intelligence and a cognitive interview[J/OL]. AI & SOCIETY, 2021. https://doi.org/10.1007/s00146-021-01165-5.

[308] Rajpurkar P, Jia R, Liang P. Know what you don't know: Unanswerable questions for squad[C]//Proceedings of the 56th Annual Meeting of the Association for Computational Linguistics (Volume 2: Short Papers). 2018: 784–789.

[309] Xiao Z, Zhou M X, Liao Q V, et al. Tell me about yourself: Using an ai-powered chatbot to conduct conversational surveys with open-ended questions[J]. ACM Transactions on Computer-Human Interaction (TOCHI), 2020, 27(3): 1–37.

[310] Zhou M X, Mark G, Li J, et al. Trusting virtual agents: The effect of personality[J/OL]. ACM Trans. Interact. Intell. Syst., 2019, 9(2–3). https://doi.org/10.1145/3232077.

[311] Li J, Zhou M X, Yang H, et al. Confiding in and listening to virtual agents: The effect of personality[Z]. 2018.

[312] McCracken G. The long interview: volume 13[M]. Sage, 1988.

[313] Nguyen T, Rosenberg M, Song X, et al. Ms marco: A human generated machine reading comprehension dataset[C]//CoCo@ NIPS. 2016.

[314] Garfinkel H. Ethnomethodology[J]. Studies in ethnomethodology, 1967.

[315] Sacks H. Lectures on conversation: Volume i[J]. Malden, Massachusetts: Blackwell, 1992.

[316] Nasar Z, Jaffry S W, Malik M K. Textual keyword extraction and summarization: State-of-theart[J]. Information Processing & Management, 2019, 56(6): 102088.

[317] Zheng X, Chen H, Xu T. Deep learning for chinese word segmentation and pos tagging[C]// Proceedings of the 2013 conference on empirical methods in natural language processing. 2013: 647–657.

[318] Moore J, Mittal V. Dynamically generated follow-up questions[J/OL]. Computer, 1996, 29(7): 75–86. DOI: 10.1109/2.511971.

[319] Su M H, Wu C H, Chang Y C. Follow-up question generation using neural tensor network-based domain ontology population in an interview coaching system[C]//INTERSPEECH. 2019.

[320] Speer R, Chin J, Havasi C. Conceptnet 5.5: An open multilingual graph of general knowledge[J/OL]. Proceedings of the AAAI Conference on Artificial Intelligence, 2017, 31(1). https://ojs.aaai.org/index.php/AAAI/article/view/11164.

[321] Maynard S K. Analyzing interactional management in native/non-native english conversation: A case of listener response[J]. IRAL, International Review of Applied Linguistics in Language Teaching, 1997, 35(1): 37.

[322] Holt E. The last laugh: Shared laughter and topic termination[J]. Journal of Pragmatics, 2010, 42(6): 1513–1525.

[323] Potter J, Hepburn A. Putting aspiration into words: 'laugh particles', managing descriptive trouble and modulating action[J]. Journal of Pragmatics, 2010, 42(6): 1543–1555.

[324] Truong K P, Trouvain J. On the acoustics of overlapping laughter in conversational speech[C]//Thirteenth Annual Conference of the International Speech Communication Association. 2012.

[325] Cui Y, Che W, Liu T, et al. Pre-training with whole word masking for chinese bert[J/OL]. IEEE Transactions on Audio, Speech and Language Processing, 2021. https://ieeexplore.ieee.org/document/9599397. DOI: 10.1109/TASLP.2021.3124365.

[326] Wu Y, Wu W, Xing C, et al. Sequential matching network: A new architecture for multi-turn response selection in retrieval-based chatbots [C]//Proceedings of the 55th Annual Meeting of the Association for Computational Linguistics (Volume 1: Long Papers). 2017: 496–505.

[327] Gu J C, Li T, Liu Q, et al. Speaker-aware bert for multi-turn response selection in retrievalbased chatbots[C/OL]//CIKM'20: Proceedings of the 29th ACM International Conference on Information & Knowledge Management. New York, NY, USA: Association for Computing Machinery, 2020: 2041–2044. https://doi.org/10.1145/3340531.3412330.

[328] Han X, Zhou M, Turner M J, et al. Designing effective interview chatbots: Automatic chatbot profiling and design suggestion generation for chatbot

debugging[C/OL]//CHI'21: Proceedings of the 2021 CHI Conference on Human Factors in Computing Systems. New York, NY, USA: Association for Computing Machinery, 2021. https://doi.org/10.1145/3411764.3445569.

[329] Guest G, MacQueen K M, Namey E E. Applied thematic analysis[M]. sage publications, 2011.

[330] Ayedoun E, Hayashi Y, Seta K. Communication strategies and affective backchannels for conversational agents to enhance learners' willingness to communicate in a second language[C]//André E, Baker R, Hu X, et al. Artificial Intelligence in Education. Cham: Springer International Publishing, 2017: 459–462.

[331] Ghandeharioun A, McDuff D, Czerwinski M, et al. Emma: An emotion-aware wellbeing chatbot[C]//2019 8th International Conference on Affective Computing and Intelligent Interaction (ACII). IEEE, 2019: 1–7.

[332] Huang J, Li Q, Xue Y, et al. Teenchat: a chatterbot system for sensing and releasing adolescents' stress[C]//International Conference on Health Information Science. Springer, 2015: 133–145.

[333] Ivanović M, Radovanović M, Budimac Z, et al. Emotional intelligence and agents: Survey and possible applications[C]//International Conference on Web Intelligence. 2014.

[334] Chen H, Sun M, Tu C, et al. Neural sentiment classification with user and product attention[C]//Proceedings of the 2016 Conference on Empirical Methods in Natural Language Processing. 2016: 1650–1659.

[335] Qian Q, Huang M, Lei J, et al. Linguistically regularized LSTM for sentiment classification[C/OL]//Proceedings of the 55th Annual Meeting of the Association for Computational Linguistics (Volume 1: Long Papers). Vancouver, Canada: Association for Computational Linguistics, 2017: 1679–1689. https://www.aclweb.org/anthology/P17-1154. DOI: 10.18653/v1/P17-1154.

[336] Williams C E, Stevens K N. Emotions and speech: Some acoustical correlates[J]. The Journal of the Acoustical Society of America, 1972, 52(4B): 1238–1250.

[337] Johnstone T, Scherer K R. The effects of emotions on voice quality[C]// Proceedings of the XIVth international congress of phonetic sciences. Citeseer, 1999: 2029–2032.

[338] Albanie S, Nagrani A, Vedaldi A, et al. Emotion recognition in speech using cross-modal transfer in the wild[J/OL]. 2018: 292–301. https://doi.org/10.1145/3240508.3240578.

[339] Zhou S, Jia J, Wang Q, et al. Inferring emotion from conversational voice data: A semisupervised multi-path generative neural network approach[C]//

Thirty-Second AAAI Conference on Artificial Intelligence. 2018.

[340] Mirsamadi S, Barsoum E, Zhang C. Automatic speech emotion recognition using recurrent neural networks with local attention[C]//2017 IEEE International Conference on Acoustics, Speech and Signal Processing (ICASSP). IEEE, 2017: 2227–2231.

[341] Chen S, Jin Q, Zhao J, et al. Multimodal multi-task learning for dimensional and continuous emotion recognition[C]//Proceedings of the 7th Annual Workshop on Audio/Visual Emotion Challenge. ACM, 2017: 19–26.

[342] Moridis C N, Economides A A. Affective learning: Empathetic agents with emotional facial and tone of voice expressions[J]. IEEE Transactions on Affective Computing, 2012, 3(3): 260–272.

[343] Wierzbicka A. Studies in emotion and social interaction: Emotions across languages and cultures: Diversity and universals[M/OL]. Cambridge University Press, 1999. DOI: 10.1017/CBO9780511521256.

[344] Drescher M. French interjections and their use in discourse[J]. The Language of Emotions, 1997: 233–246.

[345] Picard R W. Affective computing[M]. MIT press, 2000.

[346] Yang X, Aurisicchio M, Baxter W. Understanding affective experiences with conversational agents[C/OL]//CHI'19: Proceedings of the 2019 CHI Conference on Human Factors in Computing Systems. New York, NY, USA: Association for Computing Machinery, 2019: 1–12. https://doi.org/10.1145/3290605.3300772.

[347] Salovey P E, Sluyter D J. Emotional development and emotional intelligence: Educational implications.[M]. Basic Books, 1997.

[348] Swain M, Routray A, Kabisatpathy P. Databases, features and classifiers for speech emotion recognition: A review[J/OL]. Int. J. Speech Technol., 2018, 21(1): 93–120. https://doi.org/10.1007/s10772-018-9491-z.

[349] Ooi C S, Seng K P, Ang L M, et al. A new approach of audio emotion recognition[J]. Expert systems with applications, 2014, 41(13): 5858–5869.

[350] Brester C, Semenkin E, Sidorov M. Multi-objective heuristic feature selection for speech-based multilingual emotion recognition[J]. Journal of Artificial Intelligence and Soft Computing Research, 2016, 6(4): 243–253.

[351] Wu T, Yang Y, Wu Z, et al. Masc: a speech corpus in mandarin for emotion analysis and affective speaker recognition[C]//2006 IEEE Odyssey-the speaker and language recognition workshop. IEEE, 2006: 1–5.

[352] Jiang D n, Zhang W, Shen L q, et al. Prosody analysis and modeling for emotional speech synthesis[C]//Proceedings.(ICASSP'05). IEEE International Conference on Acoustics, Speech, and Signal Processing, 2005: volume 1.

　　　　IEEE, 2005: I–281.

[353] Bozkurt E, Erzin E, Erdem Ç E, et al. Improving automatic emotion recognition from speech signals[C]//Tenth Annual Conference of the International Speech Communication Association. 2009.

[354] Jeon J H, Le D, Xia R, et al. A preliminary study of cross-lingual emotion recognition from speech: automatic classification versus human perception.[C]//Interspeech. 2013: 2837–2840.

[355] Yeh L Y, Chi T S. Spectro-temporal modulations for robust speech emotion recognition[C]//Eleventh Annual Conference of the International Speech Communication Association. 2010.

[356] Song Z, Zheng X, Liu L, et al. Generating responses with a specific emotion in dialog[C]//Proceedings of the 57th Conference of the Association for Computational Linguistics. 2019: 3685–3695.

[357] Andre E, Rehm M, Minker W, et al. Endowing spoken language dialogue systems with emotional intelligence[C]//Tutorial and Research Workshop on Affective Dialogue Systems. Springer, 2004: 178–187.

[358] Dohsaka K, Asai R, Higashinaka R, et al. Effects of conversational agents on human communication in thought-evoking multi-party dialogues[C]// SIG-DIAL'09: Proceedings of the SIGDIAL 2009 Conference: The 10th Annual Meeting of the Special Interest Group on Discourse and Dialogue. USA: Association for Computational Linguistics, 2009: 217–224.

[359] McQuiggan S W, Rowe J P, Lester J C. The effects of empathetic virtual characters on presence in narrative-centered learning environments[C/OL]//CHI'08: Proceedings of the SIGCHI Conference on Human Factors in Computing Systems. New York, NY, USA: Association for Computing Machinery, 2008: 1511—1520. https://doi.org/10.1145/1357054.1357291.

[360] Morris R, Kouddous K, Kshirsagar R, et al. Towards an artificially empathic conversational agent for mental health applications: System design and user perceptions[J/OL]. Journal of Medical Internet Research, 2018, 20. DOI: https://doi.org/10.2196/10148.

[361] Gennaro M, Krumhuber E, Lucas G. Effectiveness of an empathic chatbot in combating adverse effects of social exclusion on mood[J/OL]. Frontiers in Psychology, 2020, 10: 3061. DOI: https://doi.org/10.3389/fpsyg.2019.03061.

[362] Mumm J, Mutlu B. Designing motivational agents: The role of praise, social comparison, and embodiment in computer feedback[J]. Computers in Human Behavior, 2011, 27(5): 1643–1650.

[363] Tzeng J Y, Chen C T. Computer praise, attributional orientations, and

games: A reexamination of the casa theory relative to children[J]. Computers in Human Behavior, 2012, 28(6): 2420–2430.

[364] Craske M G, Street L, Barlow D H. Instructions to focus upon or distract from internal cues during exposure treatment of agoraphobic avoidance[J]. Behaviour research and therapy, 1989, 27(6): 663–672.

[365] Ochsner K N, Gross J J. The cognitive control of emotion[J]. Trends in cognitive sciences, 2005, 9(5): 242–249.

[366] Ochsner K N, Gross J J. Cognitive emotion regulation: Insights from social cognitive and affective neuroscience[J]. Current directions in psychological science, 2008, 17(2): 153–158.

[367] Kanske P, Heissler J, Schönfelder S, et al. How to regulate emotion? neural networks for reappraisal and distraction[J]. Cerebral Cortex, 2011, 21(6): 1379–1388.

[368] Niculescu A, Ge S, van Dijk E, et al. Making social robots more attractive: the effects of voice pitch, humor and empathy[J/OL]. International journal of social robotics, 2013, 5(2): 171–191. DOI: https://doi.org/10.1007/s12369-012-0171-x.

[369] Özge Nilay Yalçın. Empathy framework for embodied conversational agents[J/OL]. Cognitive Systems Research, 2020, 59: 123–132. http://www.sciencedirect.com/science/article/pii/S1389041719304826. DOI: https://doi.org/10.1016/j.cogsys.2019.09.016.

[370] Chepenik L, Cornew L, Farah M. The influence of sad mood on cognition[J/OL]. Emotion, 2007, 7(4): 802–811. https://www2.scopus.com/inward/record.uri?eid=2-s2.0-38149005480&doi=10.1037%2f1528-3542.7.4.802 &partnerID=40&md5=eea751e576f4461810f2617805f9d66b. DOI: 10.1037/1528-3542.7.4.802.

[371] Bavelas J B, Black A, Lemery C R, et al. Motor mimicry as primitive empathy.[J]. 1987.

[372] Hasler B S, Hirschberger G, Shani-Sherman T, et al. Virtual peacemakers: Mimicry increases empathy in simulated contact with virtual outgroup members[J]. Cyberpsychology, Behavior, and Social Networking, 2014, 17(12): 766–771.

[373] Scheirer J, Fernandez R, Klein J. Frustrating the user on purpose: a step toward building an affective computer[J]. Interacting with Computers, 2002, 14(2): 93–118.

[374] Klein J, Moon Y, R.W. P. This computer responds to user frustration: Theory, design, and results[J]. Interacting with Computers, 2002(2): 2.

[375] Reuderink B, Nijholt A, Poel M. Affective pacman: A frustrating game for

brain-computer interface experiments[C]//Nijholt A, Reidsma D, Hondorp H. Intelligent Technologies for Interactive Entertainment. Berlin, Heidelberg: Springer Berlin Heidelberg, 2009: 221–227.

[376] Du J, Tu Y H, Sun L, et al. The ustc-iflytek system for chime-4 challenge[J]. Proc. CHiME, 2016: 36–38.

[377] Neculoiu P, Versteegh M, Rotaru M. Learning text similarity with Siamese recurrent networks[C/OL]//Proceedings of the 1st Workshop on Representation Learning for NLP. Berlin, Germany: Association for Computational Linguistics, 2016: 148–157. https://www.aclweb.org/a nthology/W16-1617. DOI: https://doi.org/10.18653/v1/W16-1617.

[378] Yorkesmith N, Saadati S, Myers K L, et al. Like an intuitive and courteous butler: a proactive personal agent for task management.[C]//International Conference on Autonomous Agents & Multiagent Systems. 2009.

[379] Kim Y, Baylor A L. Pedagogical agents as learning companions: Building empathetic relationships with learners[J]. Human Computer/robot Interaction with An Emphasis on Anthropomorphism, 2005.

[380] Bickmore T W, Mauer D, Crespo F, et al. Persuasion, task interruption and health regimen adherence[C]//International Conference on Persuasive Technology. 2007.

[381] Kretzschmar K, Tyroll H, Pavarini G, et al. Can your phone be your therapist? young people's ethical perspectives on the use of fully automated conversational agents (chatbots) in mental health support[J/OL]. Biomedical Informatics Insights, 2019, 11: 1178222619829083. https://doi.org/ 10.1177/1178222619829083.

[382] Ark W S, Dryer D C, Lu D J. The emotion mouse[C]//Hci International. 1999.

[383] Macaulay M. The speed of mouse-click as a measure of anxiety during human-computer interaction[J]. Behaviour & Information Technology, 2004, 23(6): 427–433.

[384] Kirsch D. The sentic mouse: Developing a tool for measuring emotional valence[J]. Mit Media Laboratory Perceptual Computing, 1997.

[385] Wierzbicka, Anna. The semantics of interjection[J]. Journal of Pragmatics, 1992, 18(2–3): 159–192.

[386] Fredrickson B L. Positive emotions broaden and build[M]//Advances in experimental social psychology: volume 47. Elsevier, 2013: 1–53.

[387] Luria M, Zheng R, Huffman B, et al. Social boundaries for personal agents in the interpersonal space of the home[C/OL]//CHI'20: Proceedings of the 2020 CHI Conference on Human Factors in Computing Systems. New

York, NY, USA: Association for Computing Machinery, 2020: 1–12. DOI: https://doi.org/10.1145/3313831.3376311.

[388] Van Buskirk R, LaLomia M. The just noticeable difference of speech recognition accuracy[C/OL]//CHI'95: Conference Companion on Human Factors in Computing Systems. New York, NY, USA: Association for Computing Machinery, 1995: 95. DOI: https://doi.org/10.1145/223355.223446.

[389] Karam M, schraefel m c. Investigating user tolerance for errors in vision-enabled gesturebased interactions[C/OL]//AVI'06: Proceedings of the Working Conference on Advanced Visual Interfaces. New York, NY, USA: Association for Computing Machinery, 2006: 225–232. DOI: https://doi.org/10.1145/1133265.1133309.

[390] Crumpton J, Bethel C L. A survey of using vocal prosody to convey emotion in robot speech[J/OL]. International Journal of Social Robotics, 2016, 8(2): 271–285. DOI: https://doi.org/10.1007/s12369-015-0329-4.

[391] Bickmore T W, Fernando R, Ring L, et al. Empathic touch by relational agents[J/OL]. IEEE Transactions on Affective Computing, 2010, 1(1): 60–71. DOI: https://doi.org/10.1109/T-AFFC.2010.4.

[392] Kunze J, Kirsch L, Kurenkov I, et al. Transfer learning for speech recognition on a budget[C/OL]//Proceedings of the 2nd Workshop on Representation Learning for NLP. Vancouver, Canada: Association for Computational Linguistics, 2017: 168–177. https://aclanthology.org/W17-2620. DOI: https://doi.org/10.18653/v1/W17-2620.

[393] Lewis M P, Simons G F, Fennig C D. Ethnologue: languages of the world, dallas, texas: Sil international[J]. Online version: http://www. ethnologue. com, 2009, 12(12): 2010.

[394] Søndergaard M L J, Hansen L K. Intimate futures: Staying with the trouble of digital personal assistants through design fiction[C/OL]//DIS'18: Proceedings of the 2018 Designing Interactive Systems Conference. New York, NY, USA: Association for Computing Machinery, 2018: 869–880. DOI: https://doi.org/10.1145/3196709.3196766.

[395] Guo J, Guo J, Yang C, et al. Shing: A conversational agent to alert customers of suspected online-payment fraud with empathetical communication skills[C/OL]//CHI'21: Proceedings of the 2021 CHI Conference on Human Factors in Computing Systems. New York, NY, USA: Association for Computing Machinery, 2021. DOI: https://doi.org/10.1145/3411764.3445129.

[396] Roussou M, Perry S, Katifori A, et al. Transformation through provocation?[C/OL]//CHI'19: Proceedings of the 2019 CHI Conference on Hu-

man Factors in Computing Systems. New York, NY, USA: Association for Computing Machinery, 2019: 1–13. DOI: https://doi.org/10.1145/3290605.3300857.

[397] Zellers R, Bisk Y, Schwartz R, et al. Swag: A large-scale adversarial dataset for grounded commonsense inference[C/OL]//EMNLP. 2018: 93–104. https://aclanthology.info/papers/D18-1009/d18-1009.

[398] Hasan M K, Rahman W, Bagher Zadeh A, et al. UR-FUNNY: A multimodal language dataset for understanding humor[C/OL]//Proceedings of the 2019 Conference on Empirical Methods in Natural Language Processing and the 9th International Joint Conference on Natural Language Processing (EMNLP-IJCNLP). Hong Kong, China: Association for Computational Linguistics, 2019: 2046–2056. https://aclanthology.org/D19-1211. DOI: https://doi.org/10.18653/v1/D19-1211.

[399] Gu Y, Lyu X, Sun W, et al. Mutual correlation attentive factors in dyadic fusion networks for speech emotion recognition[C/OL]//MM'19: Proceedings of the 27th ACM International Conference on Multimedia. New York, NY, USA: Association for Computing Machinery, 2019: 157–166. DOI: https://doi.org/10.1145/3343031.3351039.

[400] 胡佳雄. 基于情感计算的语音交互界面设计, Affective Computing Based Voice User Interface Design[D]. 2019.

[401] Yousefi S, Narui H, Dayal S, et al. A survey on behavior recognition using wifi channel state information[J]. IEEE Communications Magazine, 2017, 55(10): 98–104.

[402] Ghosh S, Ganguly N, Mitra B, et al. Tapsense: Combining self-report patterns and typing characteristics for smartphone based emotion detection[C/OL]//MobileHCI'17: Proceedings of the 19th International Conference on Human-Computer Interaction with Mobile Devices and Services. New York, NY, USA: Association for Computing Machinery, 2017. DOI: https://doi.org/10.1145/3098279.3098564.

附　　录

附表 1　HUE 使用的语气词词表

情绪类型	插入位置	备选语气词
正向情绪		
	句末	"吧!""啦!"
高唤醒度	句首	"哈哈""哈哈哈""哇"
低唤醒度	句首	"噢""呼呼"
负向情绪		
	句末	"吧……"
	句首	"嗯……""唉……""呃……""那……"

附表 2　Anna 的部分对话脚本

问题	被试回答	实验分组	反馈示例	
			正面情绪	负面情绪
"你觉得任务困难吗?"	"难。"	控制组	"好,谢谢你的反馈。"	"好,谢谢你的反馈。"
		WI	"噢,谢谢你的反馈。"	"嗯……谢谢你的反馈……"
		EF	"可是听起来你好像很有信心!"	"没关系,大部分人都觉得难。"
		WI+EF	"噢,可是听起来你好像很有信心!"	"嗯……没关系,大部分人都觉得难。"
	"不难。"	控制组	"好,谢谢你的反馈。"	"好,谢谢你的反馈。"
		WI	"噢!谢谢你的反馈。"	"嗯……谢谢你的反馈。"
		EF	"可以的!"	"是吗?你表现得还不错。"

续表

问题	被试回答	实验分组	反馈示例	
			正面情绪	负面情绪
"你觉得 任务难度 降低 了吗?"	"没有降低。"	WI+EF	"噢!你可以啊!"	"嗯……你表现得还 不错。"
		控制组	"已经记录反馈。"	"已经记录反馈。"
		WI	"噢,已经记录啦。"	"嗯……记下了……"
		EF	"我也觉得没有。"	"但你操作得更熟 练了!"
		WI+EF	"噢,我也觉得没有。"	"嗯……但你操作得 更熟练了……"
	"降低了。"	控制组	"OK"	"OK"
		WI	"噢,OK。"	"嗯……OK。"
		EF	"真棒!"	"OK"
		WI+EF	"噢!真棒!"	"嗯……OK。"
"你觉得 任务中最 困难的是 什么?"		控制组	"好的,我记下了。"	"好的,我记下了。"
		WI	"哈哈!我记下啦!"	"嗯……我记下了 ……"
		EF	"但我觉得你没 问题!"	"这确实挺难的。"
		WI+EF	"哈哈!但我觉得你没 问题!"	"嗯……这确实挺难 的……"
"如果让 你为任务 的趣味性 评级,1 到 5 分, 你会打 几分?"	小于 3 分	控制组	"好,辛苦了。"	"好,辛苦了。"
		WI	"哈哈哈!辛苦了!"	"唉……辛苦了……"
		EF	"我有同感!"	"其实我也会打一样 的分……"
		WI+EF	"哈哈哈!我有同感!"	"唉……其实我也会 打一样的分……"
	大于等于 3 分	控制组	"OK"	"OK"
		WI	"噢,OK。"	"嗯……OK。"
		EF	"真棒!"	"OK"
		WI+EF	"噢!真棒!"	"嗯……OK。"
"你准备好 下一次尝试 了吗?"	"准备好了。"	控制组	"好,再试一次。"	"好,再试一次。"
		WI	"呼呼,再试一次吧!"	"呃……再试一次吧 ……"

问题	被试回答	实验分组	反馈示例	
			正面情绪	负面情绪
		EF	"士气不错，再试一次！"	"稳，再试一次。"
		WI+EF	"呼呼！士气不错，再试一次。"	"嗯……稳，再试一次。"
	"没准备好。"	控制组	"好，再休息 30 秒。"	"好，再休息 30 秒。"
		WI	"哈哈！再休息 30 秒！"	"那……再休息 30 秒吧……"
		EF	"没关系。再休息 30 秒。"	"是挺磨人的，再休息 30 秒。"
		WI+EF	"哈哈！没关系。再休息 30 秒。"	"是挺磨人的，那……再休息 30 秒吧……"

致　　谢

感谢祖国重视学术研究，感谢母校提供优良条件。

衷心感谢我的导师，可爱可敬的徐迎庆教授。感谢您学术上的指导，学习上的帮助，过程中的鼓励，生活中的照顾。希望我也可以像您一样，为热爱的事业不懈奋斗。感谢美术学院的米海鹏老师、吴琼老师、师丹青老师，未来实验室的郑址洪老师，UIUC 的 Huang Yun 老师，上海交大的俞凯老师，以及美术学院和未来实验室的各位老师对我的帮助和照顾，不胜感激。

本课题还承蒙清华大学-阿里巴巴自然交互体验联合实验室联合共建科研项目的支持，特此致谢。还要感谢参与过课题的同学们：胡效竹、叶星宇、于沛、刘锦澄、冯怡、滕悦康、成怡婷、全可欣、陈翔宇、沈习远、肖诗铭、唐宁静、刘严璟、李娟。感谢实验中的被试们。

感谢我的同学朋友们：龚江涛、焦阳、付心仪、路奇、卢秋宇、王濛、徐千尧、姚远、高家思、麦龙辉、周雪怡、黄立、郭子淳、彭宇、张为威、江加贝、刘明惠、薛诚、冯元凌、殷楚彦、姚智皓、席雪宁、孙启瑞、李叔秦、高明月、吴昊、郭轶捷、冯菲钰、宋诗宇、王馨怡、李萌、赵获、王蕴、查思雨、李佳音、雷克华、刘知秀、徐飞、黄秋杰、郭静雅……

有大家的陪伴，在清华的日子很幸福。

感谢父母及家人的支持。

感谢亲爱的杜青遥女士。

感谢可爱的白桃乌龙。

感恩！

致谢！